全国水利行业规划教材　高职高专水利水电类
中国水利教育协会策划组织

水工钢筋混凝土结构

（修订版）

主　编　黄功学　谷艳玲
副主编　王淑平　邹　林
　　　　杨林林　张竟超
　　　　李晓芳
主　审　徐金荣

黄河水利出版社
·郑州·

内容提要

本书是全国水利行业规划教材,是根据中国水利教育协会全国水利水电高职教研会制定的水工钢筋混凝土结构课程标准编写完成的。本书主要参照《水工混凝土结构设计规范》(SL 191—2008)等编写,共有六个学习项目,分别是预备知识、钢筋混凝土梁板设计、钢筋混凝土柱设计、钢筋混凝土肋形结构设计、渡槽设计、预应力混凝土结构与钢-混凝土组合结构介绍。

本书为高职高专水利水电类专业教材,也可供水利类相关专业教学使用,同时可作为水利水电工程技术人员的参考用书。

图书在版编目(CIP)数据

水工钢筋混凝土结构/黄功学,谷艳玲主编.—郑州:黄河水利出版社,2013.7 (2019.6 修订版重印)
全国水利行业规划教材
ISBN 978-7-5509-0493-4

Ⅰ.①水… Ⅱ.①黄… ②谷… Ⅲ.①水工结构-钢筋混凝土结构-高等职业教育-教材 Ⅳ.①TV332

中国版本图书馆 CIP 数据核字(2013)第 126524 号

组稿编辑:王路平 电话:0371-66022212 E-mail:hhslwlp@163.com

出 版 社:黄河水利出版社 网址:www.yrcp.com
地址:河南省郑州市顺河路黄委会综合楼 14 层 邮政编码:450003
发行单位:黄河水利出版社
发行部电话:0371-66026940、66020550、66028024、66022620(传真)
E-mail:hhslcbs@126.com
承印单位:河南承创印务有限公司
开本:787 mm×1 092 mm 1/16
印张:16.5
字数:380 千字 印数:8 001—10 000
版次:2013 年 7 月第 1 版 印次:2019 年 6 月第 3 次印刷
2019 年 6 月修订版

定价:33.00 元

前　言

本书是根据《教育部关于全面提高高等职业教育教学质量的若干意见》(教高[2006]16号)、《教育部关于推进高等职业教育改革创新引领职业教育科学发展的若干意见》(教职成[2011]12号)等文件精神,由全国水利水电高职教研会拟定的教材编写规划,在中国水利教育协会指导下,由全国水利水电高职教研会组织编写的第二轮水利水电类专业规划教材。第二轮教材以学生能力培养为主线,具有鲜明的时代特点,体现出实用性、实践性、创新性的教材特色,是一套理论联系实际、教学面向生产的高职高专教育精品规划教材。

为推进教学改革,促进教学过程与生产实际紧密结合,本书从高等职业教育的实际出发,贯彻素质教育和能力本位思想,以培养学生的职业岗位能力为目标,遵循职业教育规律,按照现行的《水工混凝土结构设计规范》(SL 191—2008)和相关技术规范及由简单到复杂的学习认知规律,基于工作过程,构建了预备知识、钢筋混凝土梁板设计、钢筋混凝土柱设计、钢筋混凝土肋形结构设计、渡槽设计等学习项目,并结合建筑结构的发展和应用,构建了预应力混凝土结构与钢-混凝土组合结构介绍项目。在编写过程中还从满足行业对技能型人才的需求出发,注重课程内容的针对性,弱化公式推导,强化公式应用,做到理论与实践有机结合。为便于学生学习和训练,每个任务后面都安排有知识技能训练。

为不断提高教材质量,编者于2019年6月对全书进行了认真修订,改正了书中在教学实践中发现的问题和错误。

本书编写人员及编写分工如下:项目1任务1、项目2任务1中的1、项目2任务2、项目6任务1与任务2由河南水利与环境职业学院黄功学编写,项目1任务2、任务3由北京农业职业学院杨林林编写,项目2任务1中的2至4由内蒙古机电职业技术学院王淑平编写,项目2任务1中的5至6由新疆石河子职业技术学院李晓芳编写,项目3任务1、任务4由长江工程职业技术学院邹林编写,项目3任务2、任务3及项目4任务2由河南水利与环境职业学院蔡小超编写,项目4任务1及附录由河南水利与环境职业学院张竞超编写,项目5任务1、任务2由广西水利电力职业技术学院张侠编写。本书由黄功学、谷艳玲担任主编,黄功学负责全书统稿;由王淑平、邹林、杨林林、张竞超、李晓芳担任副主编;由河北工程技术高等专科学校徐金荣担任主审。

本书在编写过程中,参考并引用了有关院校编写的教材和科研单位的文献资料,得到了兄弟院校的大力支持和帮助,在此一并表示感谢!

由于编者水平有限,时间仓促,书中难免存在疏漏及不妥之处,欢迎读者批评指正。

编　者

2019年6月

目　录

前　言

项目1　预备知识 ……………………………………………………… (1)

任务1　认识钢筋混凝土结构 ……………………………………………… (1)

任务2　钢筋混凝土结构的材料 …………………………………………… (6)

任务3　结构极限状态设计表达式的应用 ………………………………… (27)

项目2　钢筋混凝土梁板设计 …………………………………………… (35)

任务1　钢筋混凝土梁的设计 ……………………………………………… (35)

任务2　钢筋混凝土板的设计 ……………………………………………… (97)

项目3　钢筋混凝土柱设计 ……………………………………………… (106)

任务1　钢筋混凝土柱及其构造要求 ……………………………………… (106)

任务2　钢筋混凝土轴心受压柱的设计 …………………………………… (111)

任务3　钢筋混凝土偏心受压柱的设计 …………………………………… (116)

任务4　钢筋混凝土受拉构件设计 ………………………………………… (135)

项目4　钢筋混凝土肋形结构设计 ……………………………………… (147)

任务1　钢筋混凝土单向板肋形结构设计 ………………………………… (147)

任务2　钢筋混凝土双向板肋形结构设计 ………………………………… (182)

项目5　渡槽设计 ………………………………………………………… (192)

任务1　认识渡槽 …………………………………………………………… (192)

任务2　钢筋混凝土梁式渡槽结构设计 …………………………………… (197)

项目6　预应力混凝土结构与钢－混凝土组合结构 ……………………… (217)

任务1　预应力混凝土结构简介 …………………………………………… (217)

任务2　钢－混凝土组合结构简介 ………………………………………… (230)

附　录 …………………………………………………………………… (243)

附录表1　钢筋的计算截面面积及公称质量 ……………………………… (243)

附录表2　每米板宽内的钢筋截面面积表 ………………………………… (243)

附录表3　钢筋混凝土构件纵向受力钢筋的最小配筋率 ρ_{min} ……………… (244)

附录表4　均布荷载和集中荷载作用下等跨连续梁的内力系数 ………… (245)

附录表5　按弹性理论计算在均布荷载作用下矩形双向板的弯矩系数 … (254)

参考文献 ………………………………………………………………… (257)

项目1　预备知识

学习目标

知识目标

(1)掌握混凝土结构的分类及钢筋混凝土结构的特点。

(2)掌握钢筋的力学性能、混凝土的强度和变形。

(3)理解钢筋的分类、钢筋的锚固与连接的规定。

(4)理解水工混凝土结构两种极限状态。

(5)理解作用、作用效应、抗力等概念。

能力目标

(1)能根据钢筋外形识别钢筋的品种。

(2)能合理选用钢筋和混凝土。

(3)能运用钢筋的锚固与连接构造知识解决实际问题。

(4)会计算构件控制截面的荷载效应组合值。

任务1　认识钢筋混凝土结构

任务描述：

混凝土结构在土木工程中应用十分广泛。为便于后面内容的学习，要知道混凝土结构的类型、优缺点、应用范围及发展方向。

任务分析：

规范对混凝土结构概念、类别进行了明确的界定，不同类型的混凝土结构应用范围有较大差异。钢筋混凝土结构应用比较广泛。随着科学技术的进步，结构材料、设计理论、施工技术等不断发展，混凝土结构为适应现代工程建设需要，其形式也在发生变革。要认识混凝土结构，掌握混凝土结构设计的知识和技能，必须加强理论与工程实践的结合。

任务知识点：

1　混凝土结构的概念

按照《水工混凝土结构设计规范》(SL 191—2008)(简称《规范》)和《混凝土结构设计规范》(GB 50010—2010)，以混凝土为主制成的结构称为混凝土结构，它包括素混凝土结构、钢筋混凝土结构和预应力混凝土结构。素混凝土结构是指无筋或不配置受力钢筋的混凝土结构；钢筋混凝土结构是指配置受力的普通钢筋、钢筋网或钢筋骨架的混凝土结构；预应力混凝土结构是指配置受力的预应力钢筋通过张拉或其他方法建立预加应力的混凝土结构。

在水利水电工程中，钢筋混凝土结构的应用非常广泛，主要用来建造混凝土坝（见图 1-1）、水闸（见图 1-2）、渡槽（见图 1-3）等。

图 1-1　混凝土坝

图 1-2　水闸

图 1-3　渡槽

2　钢筋混凝土结构的特点

众所周知,混凝土是一种抗压能力较强而抗拉能力很弱的建筑材料。这就使得素混凝土结构的应用受到很大限制。例如,一根截面尺寸为 200 mm×300 mm、跨长为 2.5 m、强度等级为 C20 的素混凝土简支梁,当跨中承受 13.5 kN 的集中力时,就会因拉应力超过混凝土的抗拉强度而使混凝土受拉开裂,导致整根梁迅速受拉断裂而破坏(见图 1-4(a))。但是,如果在这根梁的受拉区配置 2 根直径 20 mm 的 HRB335 级的钢筋(见图 1-4(b)),用钢筋代替开裂的混凝土来承受拉力,则裂缝受到钢筋的约束而逐渐向上发展,直到钢筋受拉屈服,受压区混凝土压碎而破坏,破坏时梁能承受的集中力可增加到 72.3 kN。由此可见,同样截面形状、尺寸及混凝土强度的钢筋混凝土梁可比素混凝土梁承受大得多的外荷载,破坏性质也得到改善。

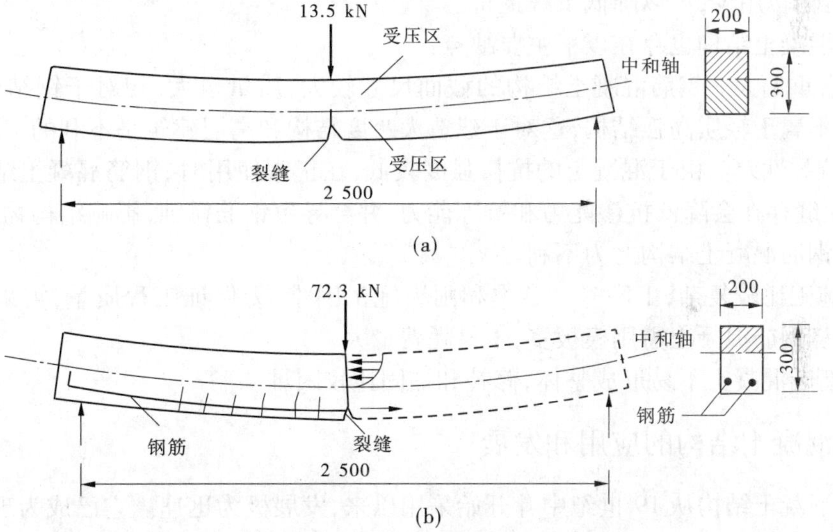

图 1-4　素混凝土与钢筋混凝土简支梁的破坏情况对比　(单位:mm)

从上述对比举例可以知道,一般情况下,钢筋混凝土是以混凝土承担压力、钢筋承担拉力的,能比较充分合理地利用混凝土和钢筋这两种材料的力学特性。钢筋有时也可以用来协助混凝土受压,改善混凝土的受压破坏性能。

钢筋和混凝土这两种物理、力学性能很不相同的材料,能有效地结合在一起共同工作,其主要原因是:

(1)钢筋与混凝土之间存在有良好的黏结力,能牢固地形成整体,保证在荷载作用下,钢筋和外围混凝土能够协调变形,相互传力,共同受力。

(2)钢筋和混凝土的温度线膨胀系数接近,钢筋的温度线膨胀系数为 1.2×10^{-5}/℃,混凝土的温度线膨胀系数为 1.0×10^{-5}/℃,当温度变化时,两者之间不会产生很大的相对变形而破坏它们之间的结合。

(3)钢筋表面的混凝土保护层保护钢筋,使其不易发生锈蚀,保证结构的耐久性。

钢筋混凝土结构除比较充分合理地利用混凝土和钢筋这两种材料的特性外,与其他材料的结构相比,还具有以下优点:

(1)耐久性好。在一般环境下,钢筋受混凝土保护而不易生锈,且混凝土的强度随着时间的增长还有所提高,所以钢筋混凝土结构的耐久性较好,不像钢结构那样需要经常维修和保养。处于侵蚀性气体中或受海水浸泡的钢筋混凝土结构,经过合理的设计及采取特殊的措施,一般也可以满足工程需要。

(2)耐火性好。混凝土是不良导热体,当遭受火灾时,钢筋因有混凝土包裹而不至于很快升温到失去承载力的程度,这是钢、木结构所不能比拟的。

(3)可模性好。混凝土可根据设计需要支模浇筑成各种形状和尺寸的结构,因而适用于建造形状复杂的大体积结构及空间薄壁结构,这一特点是砌体、钢、木等结构所不能代替的。

(4)整体性好。整体浇筑的钢筋混凝土结构整体性能好,有利于抗震、防爆。

(5)易于取材。混凝土所用的原材料中占很大比例的石子和砂子,一般可以就地取材,材料运输费用少,可以降低工程造价。

钢筋混凝土结构也存在以下主要缺点:

(1)自重偏大。钢筋混凝土结构的截面尺寸较大,质量也大,相对于钢结构来说,混凝土结构不属于轻质高强结构,这对于建造大跨度结构和高层建筑是不利的。

(2)抗裂性差。由于混凝土的抗拉强度较低,在正常使用时,钢筋混凝土结构往往带缝工作,裂缝存在会降低抗渗能力和抗冻能力,并会导致钢筋锈蚀,影响结构物的耐久性,这对水工钢筋混凝土结构尤为不利。

(3)施工比较复杂,工序多。冬季和雨天施工困难,为保证工程质量,需采取必要的措施。现浇钢筋混凝土需用模板多,木材耗费量大。

(4)新老混凝土不易形成整体,修补和加固比较困难。

3 钢筋混凝土结构的应用和发展

钢筋混凝土结构从19世纪中叶开始采用以来,发展极为迅速。它已成为现代工程建设中应用非常广泛的建筑结构。为了克服钢筋混凝土结构的缺点,发挥其优势,以适应社会建设不断发展的需要,对钢筋混凝土结构的计算理论、材料制造及施工技术等方面的研究也在不断的发展。

(1)在计算理论方面,从把材料看作弹性体的容许应力古典理论发展为考虑材料塑性的极限强度理论,并迅速发展成完整的按极限状态计算体系。目前,在工程结构设计规范中已采用基于概率论和数理统计分析的可靠度理论,混凝土的微观断裂机制、混凝土的强度理论及非线性变形的计算理论等方面也有很大进展。有限元方法和现代化测试技术的应用,使得钢筋混凝土结构的计算理论和设计方法向更高的阶段发展,并日趋完善。

(2)在材料研究方面,主要是向高强、轻质、耐久及具备某种特异性能方向发展。目前,强度为100~200 N/mm^2 的高强混凝土已在工程中应用。各种轻质混凝土(容重仅为14~18 kN/m^3)、纤维混凝土、聚合物混凝土、耐腐蚀混凝土、微膨胀混凝土、水下不分散混凝土以及品种繁多的外加剂也在工程上得到了应用。另外,已经研制开发了综合性能良好的钢筋,如低松弛高强预应力钢丝、钢绞线等,使得大跨度结构、高层建筑、高耸结构和具备某种特殊功能的钢筋混凝土结构的建造成为可能。

(3)在结构形式方面，预应力混凝土结构由于抗裂性能好，可充分利用高强度材料，各种应用发展迅速。近20多年来，钢－混凝土或钢－钢筋混凝土组合结构（如钢－混凝土组合梁结构、钢骨混凝土结构、外包钢混凝土结构及钢管混凝土结构）等也已在工程中逐步推广应用。这些高性能组合结构具有充分利用材料强度、较好的适应变形能力（延性）、施工比较简单等特点，从而大大拓宽了钢筋混凝土结构的应用范围。

(4)在施工技术方面，水工钢筋混凝土结构常因整体性要求而采用现浇混凝土施工，在大型水利工程的工地建有拌和楼（站）集中搅拌混凝土，并可将混凝土运至浇筑地点，这给机械化现浇混凝土施工带来很大方便。建筑工程中随着预拌混凝土（或称商品混凝土）、泵送混凝土及滑模施工等新技术的应用，既保证了混凝土质量，又节约了原材料和能源，而且减少了环境污染，从而实现了文明施工。采用预先在模板内填实粗骨料，再将水泥浆用压力灌入粗骨料空隙中形成的压浆混凝土，以及用于大体积混凝土结构（如水工大坝、大型基础）、公路路面与厂房地面的碾压混凝土，它们的浇筑过程都采用了机械化施工，浇筑工期可大为缩短，并能节约大量材料，从而获得较高的经济效益。

总之，随着科学技术的发展和对混凝土结构研究的深入，混凝土结构的缺点正在得到克服和改善。例如，采用轻质高强混凝土可减轻结构的自重；采用预制装配式构件可节约模板，加快施工进度，施工不受季节气候的影响；采用预应力混凝土结构可有效控制裂缝等。

目前，钢筋混凝土结构的跨度和高度都在不断的增大。世界上最高的重力坝——瑞士大狄克逊坝高达285 m；世界上最高的拱坝——我国云南小湾水电站拱坝坝高达292 m；全球第一摩天大楼——迪拜哈利法塔高达828 m；中国台北101大厦高508 m。预应力高强混凝土公路桥的跨度已超过600 m。某些有特殊要求的结构，例如核电站安全壳和压力容器、海上采油平台、大型蓄水池、贮气罐及贮油罐等抗裂及抗腐蚀能力要求较高的结构，采用预应力混凝土结构有其独特的优越性，而非其他材料可比拟。而钢－混凝土组合结构以其承载力高、自重轻、节约材料、截面尺寸小、抗震性能好及改善结构功能等突出特点，迎合了建筑结构的发展。钢筋混凝土结构在土木工程领域得到了极为广泛的应用，今后发展的前景也更加广阔。

活动：知识技能训练

一、填空题

1. 混凝土结构主要包括________、________、________。

2. 在水利水电工程中，钢筋混凝土结构主要有________、________、________等。

3. 钢筋混凝土结构发展主要体现在________、________、________、________等四个方面。

二、问答题

1. 什么是钢筋混凝土结构？

2. 钢筋混凝土结构有哪些优缺点？

3. 钢筋和混凝土这两种物理力学性能很不相同的材料，为什么能够共同工作？

任务2　钢筋混凝土结构的材料

任务描述：

本任务是掌握钢筋和混凝土的力学性能与强度指标，会正确选择使用钢筋和混凝土材料，能运用钢筋锚固和连接知识解决实际问题。

任务分析：

水工钢筋混凝土结构是由钢筋和混凝土两种材料组成的，其力学性能和强度指标决定结构的承载能力及结构能否正常使用，因此熟悉掌握钢筋和混凝土的强度指标、力学性能、相互作用和共同工作机理，是掌握水工钢筋混凝土构件的受力性能、计算原理和设计方法的基础，也是正确合理地进行水工钢筋混凝土结构设计的重要依据。

任务知识点：

1　钢筋

1.1　钢筋的种类

钢筋可按化学成分、外形、加工工艺等进行分类。

1.1.1　按化学成分分类

钢筋按其化学成分的不同，可分为碳素钢和普通低合金钢。

碳素钢除含有铁元素外，还含有少量的碳等元素。碳素钢的机械性能与含碳量多少有关，含碳量越高，钢筋的强度越高，但性质变硬，塑性和韧性降低，焊接性能也会变差。根据含碳量的多少，碳素钢又可分为低碳钢（含碳量 <0.25%）、中碳钢（含碳量 0.25% ~ 0.6%）和高碳钢（含碳量 0.6% ~1.4%）。

普通低合金钢是炼钢时，在碳素钢的基础上加入少量合金元素，如锰、硅、钒、钛、铬等，可使钢材的强度、塑性等综合性能提高，从而使普通低合金钢具有强度高、塑性及可焊性好的特点。目前，我国普通低合金钢按其加入元素的种类可分为以下几个体系：锰系（20 锰硅、25 锰硅）、硅钒系（40 硅 2 锰钒、45 硅锰钒）、硅钛系（45 硅 2 锰钛）、硅锰系（40 硅 2 锰、48 硅 2 锰）、硅铬系（45 硅铬）。普通低合金钢是根据主要合金元素命名的，名称前面的数字代表平均含碳量的万分数，合金元素后面的数字表明该元素含量取整的百分数。当其含量 <1.5% 时，合金元素后面不加数字；当其含量在 1.5% ~2.5% 内时，合金元素后面数字取 2。如 45 硅 2 锰钛（45Si2MnTi）表示其平均含碳量为 45‱，硅元素的平均含量为 2%，锰、钛的含量均小于 1.5%。

1.1.2　按外形分类

钢筋按外形可分为光圆钢筋和变形钢筋两种。光圆钢筋的表面是光面的，如图 1-5（a）所示。变形钢筋表面有两条纵向凸缘（纵肋，热处理钢筋也有无纵肋的），在纵向凸缘两侧有许多等间距和等高度的斜向凸缘（斜肋），凸缘斜向相同的表面形成螺旋纹，如图 1-5（b）所示；凸缘斜向不同的表面形成人字纹，如图 1-5（c）所示；斜向凸缘和纵向凸缘不相交，剖面几何形状呈月牙形的钢筋称为月牙肋钢筋，如图 1-5（d）所示。

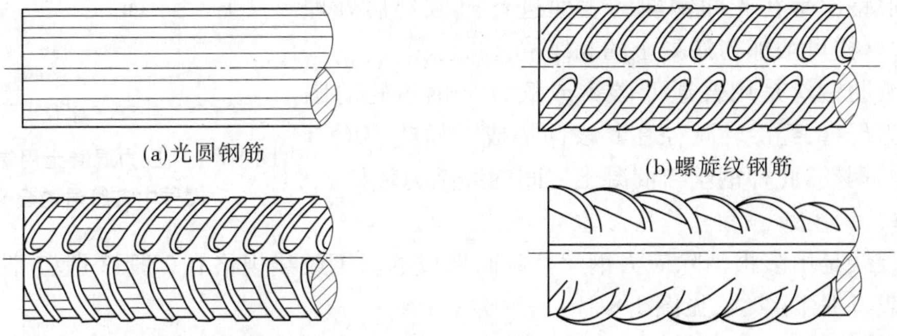

(a)光圆钢筋　(b)螺旋纹钢筋　(c)人字纹钢筋　(d)月牙肋钢筋

图 1-5　钢筋的表面形式

1.1.3　按加工工艺及力学性能分类

钢筋按其生产加工工艺和力学性能,可分为热轧钢筋、预应力混凝土用螺纹钢筋、钢丝、钢绞线、钢棒等。

1.1.3.1　热轧钢筋

热轧钢筋是由低碳钢或普通低合金钢在高温状态下轧制而成的,按屈服强度标准值大小分为 HPB235(Q235)、HRB335(20MnSi)、HRB400(20MnSiV、20MnSiNb、20MnTi)、RRB400(20MnSi,经余热处理),分别用符号Φ、Φ、Φ、Φ^{R} 表示。数字 235、335、400 表示屈服强度标准值分别为 235 MPa、335 MPa、400 MPa。HPB235 级钢筋为光圆钢筋,其余三级钢筋均为变形钢筋。

热轧钢筋代号中各符号的含义如图 1-6 所示。

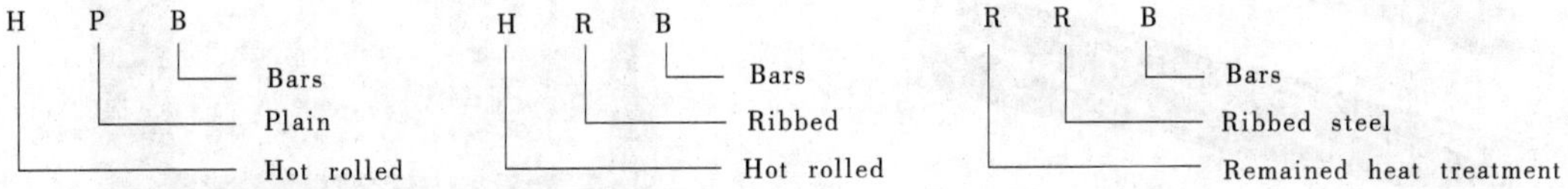

(a)热轧光圆钢筋　(b)热轧带肋钢筋　(c)余热处理钢筋

图 1-6　热轧钢筋代号中各符号的含义

1.1.3.2　预应力混凝土用螺纹钢筋

预应力混凝土用螺纹钢筋是采用热轧、轧后余热处理或热处理等工艺生产而成的,是一种热轧带有不连续的外螺纹的直条钢筋。预应力混凝土用螺纹钢筋以屈服强度划分级别,其代号为“PSB”加上规定屈服强度最小值表示,如 PSB785 表示屈服强度最小值为 785 MPa 的钢筋,该钢筋的直径有 18 mm、25 mm、32 mm、40 mm、50 mm 五种。

预应力混凝土用螺纹钢筋代号中各符号的含义如图 1-7 所示。

1.1.3.3　钢丝

预应力混凝土结构中常用高强钢丝,按其外形分为光面并消除应力的高强度光圆钢丝、刻痕钢丝、螺旋肋钢丝。

光圆钢丝是用高碳镇静钢轧制成圆盘后,经过多道冷拔并进行应力消除、矫直、回火处理而成的。其强度高、塑性好,但与混凝土的黏结力差。

刻痕钢丝是在光面钢丝的表面进行机械刻痕处理而成的,这样可增加与混凝土的黏结能力。

螺旋肋钢丝是用普通低碳钢或低合金钢热轧的圆盘条作为母材,经冷轧减径在其表面形成二面或三面有月牙肋的钢丝,此种钢丝与混凝土之间的黏结力较好。

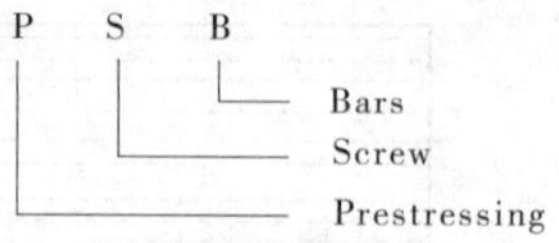

图 1-7 预应力混凝土用螺纹钢筋代号中各符号的含义

1.1.3.4 钢绞线

钢绞线是由多根消除应力钢丝捻制而形成的。钢绞线规格有 2 股、3 股、7 股等,常用的是 3 股、7 股钢绞线,见图 1-8。

1.1.3.5 钢棒

钢棒按表面形状分为光圆钢棒、螺旋槽钢棒、螺旋肋钢棒、带肋钢棒四种,是由热轧盘条经冷加工后淬火和回火所得。螺旋槽钢棒的代号为 HG(Helical Grooved Bars),常用直径为 7.1 ~ 12.6 mm。螺旋肋钢棒的代号为 HR(Helical Ribbed Bars),常用直径为 6 ~ 14 mm。预应力混凝土用钢棒见图 1-9。

我国常用钢筋的公称直径、计算截面面积及公称质量详见附录表 1、附录表 2。

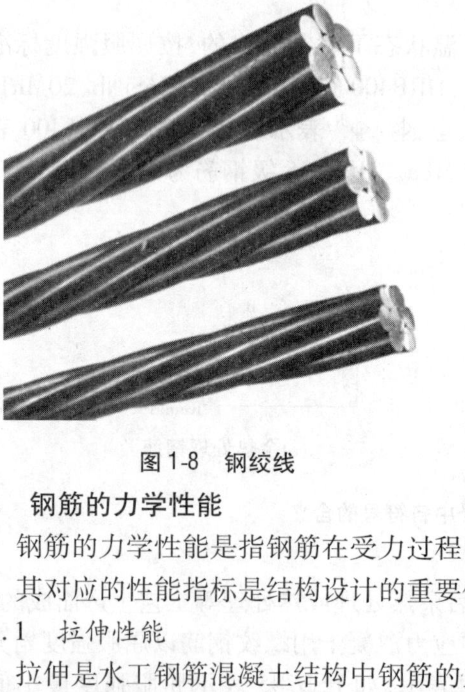
图 1-8 钢绞线

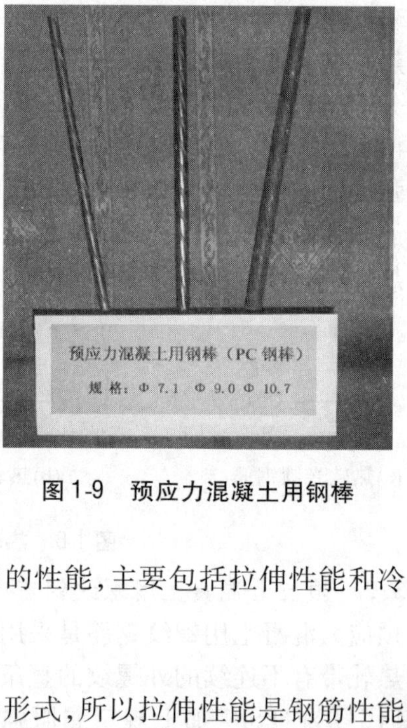

图 1-9 预应力混凝土用钢棒

1.2 钢筋的力学性能

钢筋的力学性能是指钢筋在受力过程中表现出的性能,主要包括拉伸性能和冷弯性能。其对应的性能指标是结构设计的重要依据。

1.2.1 拉伸性能

拉伸是水工钢筋混凝土结构中钢筋的主要受力形式,所以拉伸性能是钢筋性能和钢筋选用时的重要指标。按其应力—应变曲线性质的不同,可分为有明显屈服点的钢筋和无明显屈服点的钢筋两大类。

有明显屈服点的钢筋在工程上习惯称为软钢,如热轧钢筋。现将热轧钢筋 HPB235 级钢筋按规定制成一定形状和尺寸的试件,在材料试验机上进行拉伸试验,可绘制出如图 1-10所示的应力—应变($\sigma \sim \varepsilon$)曲线。从图 1-10 中可以看出,HPB235 级钢筋从开始加载到拉断,可分为四个受力阶段,即弹性阶段、屈服阶段、强化阶段和破坏阶段。

从图 1-10 可以看出:自开始加载到应力达到 a 点之前,应力—应变呈线性关系,a 点

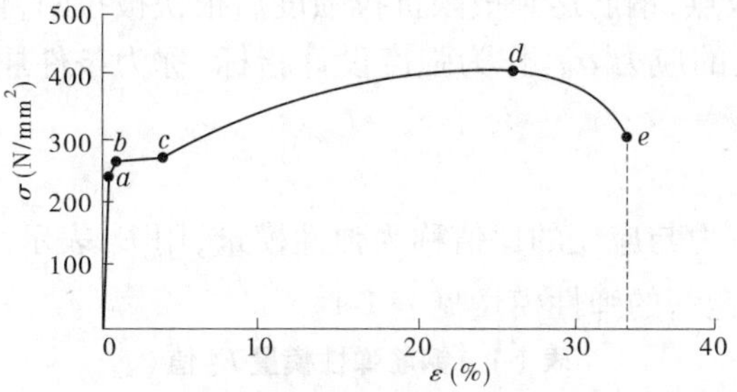

图 1-10　软钢受拉应力—应变曲线

对应的应力称为比例极限,0a 段属于弹性阶段。应力达到 b 点后,钢筋进入屈服阶段,产生很大的塑性变形,在应力—应变曲线中呈现出一水平段 bc,b 点对应的应力称为屈服强度或流限,bc 段称为屈服阶段或流幅。超过 c 点后,应力—应变关系重新表现为上升的曲线,cd 段称为强化阶段,曲线最高点 d 点对应的应力称为极限抗拉强度。过了 d 点后,钢筋试件产生“颈缩现象”,应力—应变关系成为下降曲线,应力下降,应变继续增大,直到 e 点钢筋被拉断,此阶段称为破坏阶段。

需要说明的是,钢材中含碳量越高,屈服强度和极限抗拉强度就越高,伸长率就越小,流幅也相应缩短,图 1-11 表示了不同级别软钢钢筋的应力—应变曲线的差异。

无明显屈服点的钢筋在工程中称为硬钢,如钢绞线、消除应力钢丝、螺旋肋钢丝、刻痕钢丝等。硬钢受拉应力—应变曲线见图 1-12。预应力钢筋大多为无明显屈服点的钢筋。

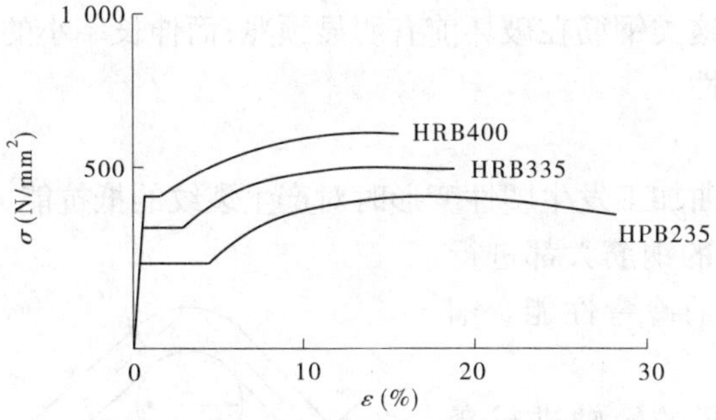

图 1-11　不同级别软钢钢筋的应力—应变曲线

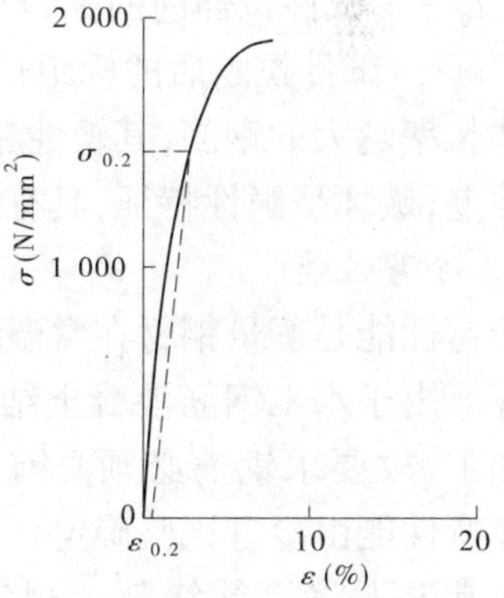

图 1-12　硬钢受拉应力—应变曲线

反映钢筋拉伸性能的基本指标主要有极限抗拉强度、屈服强度、弹性模量和伸长率。

1.2.1.1　极限抗拉强度

极限抗拉强度是钢筋受拉时所能承受的最大应力值,此时钢筋的塑性变形很大且即将发生破坏,钢筋的极限抗拉强度只作为一种安全储备考虑。

1.2.1.2　屈服强度

屈服强度是普通钢筋强度标准值的取值依据。因为钢筋屈服后将产生很大的塑性变形,且卸载后塑性变形不可恢复,这会使得钢筋混凝土构件产生很大的变形和不可闭合的裂缝,影响构件的正常使用,所以软钢钢筋的受拉强度限值以屈服强度为准。硬钢从加载到拉断没有明显的屈服点,钢筋达到极限抗拉强度后很快被拉断,伸长率很小。通常取残余应变为0.2%所对应的应力 $\sigma_{0.2}$ 作为强度设计指标,称为条件屈服强度,其值约为0.8倍的极限抗拉强度。

1.2.1.3 弹性模量

钢筋在弹性阶段应力与应变的比值称为弹性模量,用 E_s 表示。同一钢筋的受拉和受压弹性模量相同,各种钢筋的弹性模量见表1-1。

表1-1 钢筋弹性模量 E_s 值 （单位:N/mm^2）

钢筋种类	E_s
HPB235级钢筋	2.1×10^5
HRB335级钢筋、HRB400级钢筋、RRB400级钢筋	2.0×10^5
消除应力钢丝(光圆钢丝、螺旋肋钢丝、刻痕钢丝)	2.05×10^5
钢绞线	1.95×10^5
螺纹钢筋、钢棒(螺旋槽钢棒、螺旋肋钢棒)	2.0×10^5

注:必要时钢绞线可采用实测的弹性模量。

1.2.1.4 伸长率

钢筋被拉断时(e 点)的应变称为伸长率,它是钢筋塑性变形能力的表现,伸长率用下式计算:

$$\delta=\frac{l-l_0}{l_0}\times100\% \tag{1-1}$$

式中 δ——伸长率(%);

l_0——试件拉伸前的标距长度,一般取 $5d$ 或 $10d$,d 为钢筋直径;

l——试件拉断后的标距长度。

伸长率越大的钢筋,其塑性越好,这类钢筋在破坏前有明显预兆;而伸长率小的钢筋,其塑性差,破坏呈脆性特征,具有突发性。

1.2.2 冷弯性能

冷弯性能是衡量钢材在常温下弯曲加工发生塑性变形时对产生裂纹的抵抗能力的一项指标。由于水工钢筋混凝土结构中的钢筋大都进行弯曲加工,故要求钢筋必须具有良好的冷弯性能。钢筋的冷弯性能由冷弯试验确定。

在常温下将钢筋绕某一规定直径的辊轴进行弯曲,如图1-13所示。常用冷弯角度 α 和弯心直径 D 反映冷弯性能。冷弯角度越大,弯心直径越小,说明钢筋的冷弯性能越好。钢筋在达到规定的冷弯角度时,如不发生裂纹、分层或断裂,则钢筋的冷弯性能符合要求。

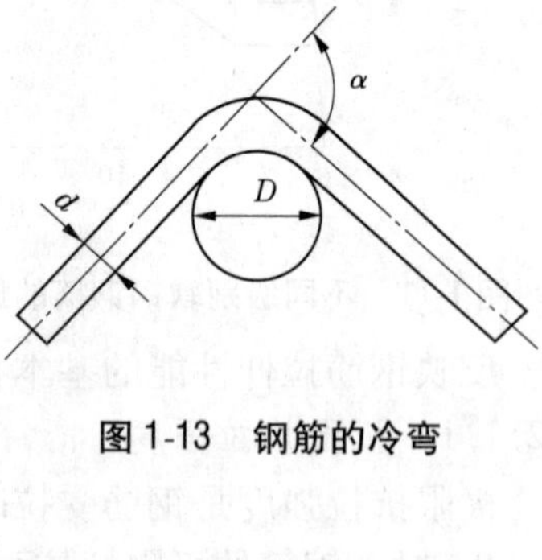

图1-13 钢筋的冷弯

1.2.3 钢筋强度的计算指标

1.2.3.1 钢筋强度标准值

钢筋强度是随机变量,具有变异性,在进行结构或构件设计时,需要确定一个材料强度的基本代表值,称为材料强度标准值。钢筋强度标准值应具有95%的保证率,即符合规定质量的钢筋强度总体分布中具有不小于95%保证率的强度值。

《规范》规定:普通钢筋的强度标准值根据屈服强度确定,用f_{yk}表示;预应力钢绞线、钢丝、螺纹钢筋及钢棒的强度标准值根据极限抗拉强度确定,用f_{ptk}表示。

各类钢筋强度标准值见表1-2、表1-3。

表1-2　普通钢筋强度标准值

种类		符号	d(mm)	f_{yk}(N/mm²)
热轧钢筋	HPB235	Φ	8~20	235
	HRB335	Φ	6~50	335
	HRB400	Φ	6~50	400
	RRB400	$Φ^R$	8~40	400

注:1. 热轧钢筋直径d是指公称直径。

2. 当采用直径大于40 mm的钢筋时,应有可靠的工程经验。

表1-3　预应力钢筋强度标准值

种类		符号	公称直径d(mm)	f_{ptk}(N/mm²)
钢绞线	1×2	$Φ^S$	5、5.8	1 570、1 720、1 860、1 960
			8、10	1 470、1 570、1 720、1 860、1 960
			12	1 470、1 570、1 720、1 860
	1×3		6.2、6.5	1 570、1 720、1 860、1 960
			8.6	1 470、1 570、1 720、1 860、1 960
			8.74	1 570、1 670、1 860
			10.8、12.9	1 470、1 570、1 720、1 860、1 960
	1×3I		8.74	1 570、1 670、1 860
	1×7		9.5、11.1、12.7	1 720、1 860、1 960
			15.2	1 470、1 570、1 670、1 720、1 860、1 960
			15.7	1 770、1 860
			17.8	1 720、1 860
	(1×7)C		12.7	1 860
			15.2	1 820
			18.0	1 720
消除应力钢丝	光圆 螺旋肋	$Φ^P$ $Φ^H$	4、4.8、5	1 470、1 570、1 670、1 770、1 860
			6、6.25、7	1 470、1 570、1 670、1 770
			8、9	1 470、1 570
			10、12	1 470
	刻痕	$Φ^I$	≤5	1 470、1 570、1 670、1 770、1 860
			>5	1 470、1 570、1 670、1 770

续表 1-3

种类		符号	公称直径 d(mm)	f_{ptk} (N/mm²)
钢棒	螺旋槽	Φ^{HC}	7.1、9、10.7、12.6	1 080、1 230、1 420、1 570
	螺旋肋	Φ^{HR}	6、7、8、10、12、14	
螺纹钢筋	PSB785	Φ^{PS}	18、25、32、40、50	980
	PSB830			1 030
	PSB930			1 080
	PSB1080			1 230

注:1. 钢绞线直径 d 是指钢绞线外接圆直径,即《预应力混凝土用钢绞线》(GB/T 5224—2003)中的公称直径 D_n;钢丝、螺纹钢筋及钢棒的直径 d 均指公称直径。

2. 1×3I 为三根刻痕钢丝捻制的钢绞线,(1×7)C 为七根钢丝捻制又经模拔的钢绞线。

3. 根据国家标准,同一规格的钢丝(钢绞线、钢棒)有不同的强度级别,因此表中对同一规格的钢丝(钢绞线、钢棒)列出了相应的 f_{ptk} 值,在设计中可自行选用。

1.2.3.2 钢筋强度设计值

《规范》规定:水工钢筋混凝土结构构件在进行承载能力极限状态计算时,钢筋及混凝土的强度应取强度设计值。钢筋强度设计值等于钢筋的强度标准值除以钢筋材料分项系数。钢筋的材料分项系数 γ_s 为:热轧钢筋取 1.10,预应力钢筋取 1.20。

《规范》规定:普通钢筋的抗拉强度设计值用 f_y 表示,抗压强度设计值用 f'_y 表示;预应力钢筋的抗拉强度设计值用 f_{py} 表示,抗压强度设计值用 f'_{py} 表示。

各类钢筋强度设计值见表 1-4、表 1-5。

表 1-4 普通钢筋强度设计值 (单位:N/mm²)

种类		符号	f_y	f'_y
热轧钢筋	HPB235	Φ	210	210
	HRB335	Φ	300	300
	HRB400	Φ	360	360
	RRB400	Φ^{R}	360	360

注:在钢筋混凝土结构中,当轴心受拉和小偏心受拉构件的钢筋抗拉强度设计值大于 300 N/mm² 时,仍应按 300 N/mm² 取用。

1.3 钢筋的选用

1.3.1 钢筋混凝土结构对钢筋性能的要求

钢筋混凝土结构对钢筋性能的要求主要有以下几个方面:

(1)具有较高的强度。即屈服强度和极限抗拉强度较高,可使用钢量减少,降低造价;同时,极限抗拉强度高,可以增加结构的安全性。

(2)具有良好的塑性。即保证钢筋在断裂前有足够的变形,从而减少脆性破坏的危险性;同时,塑性变形可将结构上的局部高峰应力重新分布,使之趋于平缓。

表1-5　预应力钢筋强度设计值　　（单位：N/mm^2）

种类		符号	f_{ptk}	f_{py}	f'_{py}
钢绞线	1×2 1×3 1×3I 1×7 (1×7)C	ϕ^{S}	1 470	1 040	390
			1 570	1 110	
			1 670	1 180	
			1 720	1 220	
			1 770	1 250	
			1 820	1 290	
			1 860	1 320	
			1 960	1 380	
消除应力钢丝	光圆 螺旋肋 刻痕	ϕ^{P} ϕ^{H} ϕ^{I}	1 470	1 040	410
			1 570	1 110	
			1 670	1 180	
			1 770	1 250	
			1 860	1 320	
钢棒	螺旋槽 螺旋肋	ϕ^{HG} ϕ^{HR}	1 080	760	400
			1 230	870	
			1 420	1 005	
			1 570	1 110	
螺纹钢筋	PSB785	ϕ^{PS}	980	650	400
	PSB830		1 030	685	
	PSB930		1 080	720	
	PSB1080		1 230	820	

注：当预应力钢绞线、钢丝的强度标准值不符合表1-3中规定时，其强度设计值应进行换算。

（3）具有良好的加工性能。即适合冷、热加工，同时应具有较好的可焊性，在加工时对强度、塑性等不会带来过大的有害影响。

（4）具有与混凝土良好的黏结性。即钢筋和混凝土之间有足够的黏结力，保证两者共同工作。

1.3.2　钢筋的选用

《规范》规定：在钢筋混凝土结构及预应力混凝土结构构件的钢筋中，普通钢筋宜采用HRB400级和HRB335级钢筋，也可采用HPB235级和RRB400级钢筋；预应力钢筋宜采用钢绞线、钢丝，也可采用螺纹钢筋或钢棒；当预应力钢筋采用符合强度和伸长率要求的冷加工钢筋及其他钢筋时，应符合专门标准的规定。

2　混凝土

混凝土是由水泥、细骨料（如砂子）、粗骨料（如卵石、碎石）和水按一定比例配合搅拌,并经一定条件养护硬化形成的人造石材。在硬化过程中,水泥和水形成水泥胶块与骨料黏结在一起,骨料与水泥胶块中的结晶体组成弹性骨架来承受外力,弹性骨架使混凝土具有弹性变形的特点。同时,水泥胶块中的凝胶体则起着调整和扩散混凝土应力的作用,又使混凝土具有塑性变形的性质。因此,混凝土内部结构复杂,所以它的力学性能也极为复杂。

2.1 混凝土的强度

混凝土的强度与所用水泥强度等级、水泥用量、骨料质量、水灰比、配合比大小有关,也与施工方法、养护条件、龄期有关,同时受测定其强度时所采用的试件形状、尺寸、试验方法等影响。工程中常用的混凝土强度有立方体抗压强度、轴心抗压强度、轴心抗拉强度等。

2.1.1 立方体抗压强度

抗压强度是混凝土的重要力学指标。《规范》规定:以边长为 150 mm 的立方体试件,在温度为(20±3)℃、相对湿度不小于 90% 的条件下养护 28 d,用标准方法(加荷速度为 0.15~0.3 N/(mm^2·s),试件表面不涂润滑剂,全截面受力)测得的抗压强度,称为立方体抗压强度。把具有 95% 保证率的立方体抗压强度称为立方体抗压强度标准值,用 f_{cuk} 表示。

混凝土强度等级按立方体抗压强度标准值确定,水利工程中采用的混凝土强度等级共分为 10 级,即 C15、C20、C25、C30、C35、C40、C45、C50、C55、C60。其中,符号 C 表示混凝土,后面的数字表示混凝土立方体抗压强度标准值的大小,单位为 N/mm^2。如 C25 表示混凝土立方体抗压强度标准值为 25 N/mm^2,即 25 MPa。一般认为,强度等级达到或超过 C50 的混凝土为高强度混凝土,强度等级为 C30~C45 的混凝土为中强度混凝土,强度等级为 C25 及以下的混凝土为低强度混凝土。

《规范》规定:钢筋混凝土结构构件的混凝土强度等级不应低于 C15;当采用 HRB335 级钢筋时,混凝土强度等级不宜低于 C20;当采用 HRB400 级和 RRB400 级钢筋或承受重复荷载时,混凝土强度等级不应低于 C20;预应力混凝土结构构件的混凝土强度等级不应低于 C30;当采用钢绞线、钢丝作预应力钢筋时,混凝土强度等级不宜低于 C40。

2.1.2 轴心抗压强度

在实际结构中,钢筋混凝土受压构件大多数是棱柱体而非立方体,采用棱柱体测得的抗压强度更能反映混凝土的真实抗压能力。试验表明,棱柱体试件的抗压强度比立方体抗压强度低,这是因为当试件高度增大后,两端接触面上的摩擦力对试件中部的影响逐渐减弱。试件越细长,棱柱体的抗压强度越低。但当试件高度与宽度之比 $h/b=2\sim3$ 时,其强度趋于稳定。

我国采用 150 mm×150 mm×300 mm 的棱柱体试件作为标准试件,在标准条件下,用标准方法测得的抗压强度称为混凝土轴心抗压强度,也称为棱柱体抗压强度。轴心抗压强度标准值用 f_{ck} 表示,轴心抗压强度设计值用 f_c 表示。

由试验分析可知,轴心抗压强度平均值 μ_{f_c} 与 150 mm 立方体抗压强度平均值 $\mu_{f_{cu,15}}$ 的关系为:

$$\mu_{f_c} = 0.76\mu_{f_{cu,15}} \tag{1-2}$$

考虑到结构中的混凝土强度与试件混凝土强度的差异,对试件混凝土强度进行修正,修正系数取0.88，则结构中的混凝土轴心抗压强度平均值μ_{f_c}与150 mm立方体抗压强度平均值$\mu_{f_{cu,15}}$的关系为：

$$\mu_{f_c} = 0.88 \times 0.76\mu_{f_{cu,15}} = 0.67\mu_{f_{cu,15}} \tag{1-3}$$

考虑引入高强混凝土脆性的折减系数α_c，在结构中的混凝土轴心抗压强度标准值为：

$$f_{ck} = 0.67\alpha_c f_{cu,k} \tag{1-4}$$

α_c的取值：对于C45以下混凝土，均取$\alpha_c = 1.0$；对于C45混凝土，取$\alpha_c = 0.98$；对于C60混凝土，取$\alpha_c = 0.96$；中间按直线内插法取用。

2.1.3 轴心抗拉强度

混凝土构件的开裂、裂缝宽度和变形等均与抗拉强度有关，混凝土的轴心抗拉强度是反映混凝土抗裂性能的重要指标。混凝土轴心抗拉强度很低，一般只有抗压强度的1/18～1/9。

我国近年来常用直接受拉法测定混凝土轴心抗拉强度。试件为100 mm×100 mm×500 mm的棱柱体，两端设有埋深为150 mm、直径为16 mm的对中变形钢筋。试验机夹紧两端钢筋使试件受拉，破坏时试件中部产生横向断裂，破坏截面上的平均拉应力即为轴心抗拉强度。混凝土轴心抗拉强度标准值用f_{tk}表示，轴心抗拉强度设计值用f_t表示。

结构中的混凝土轴心抗拉强度平均值μ_{f_t}与150 mm立方体抗压强度平均值$\mu_{f_{cu,15}}$的关系为：

$$\mu_{f_t} = 0.23\mu_{f_{cu,15}}^{2/3} \tag{1-5}$$

假定轴心抗拉强度的变异系数$\delta_{f_t} = \delta_{f_{cu}}$，在结构中混凝土轴心抗拉强度标准值为：

$$f_{tk} = 0.23 f_{cu,k}^{2/3}(1 - 1.645\delta_{f_{cu}})^{1/3} \tag{1-6}$$

需要说明的是，混凝土强度设计值等于混凝土强度标准值除以混凝土材料性能分项系数γ_c（$\gamma_c = 1.40$）。混凝土强度值见表1-6、表1-7。

表1-6 混凝土强度标准值 （单位：N/mm^2）

强度种类	符号	混凝土强度等级									
		C15	C20	C25	C30	C35	C40	C45	C50	C55	C60
轴心抗压	f_{ck}	10.0	13.4	16.7	20.1	23.4	26.8	29.6	32.4	35.5	38.5
轴心抗拉	f_{tk}	1.27	1.54	1.78	2.01	2.20	2.39	2.51	2.64	2.74	2.85

表1-7 混凝土强度设计值 （单位：N/mm^2）

强度种类	符号	混凝土强度等级									
		C15	C20	C25	C30	C35	C40	C45	C50	C55	C60
轴心抗压	f_c	7.2	9.6	11.9	14.3	16.7	19.1	21.1	23.1	25.3	27.5
轴心抗拉	f_t	0.91	1.10	1.27	1.43	1.57	1.71	1.80	1.89	1.96	2.04

注：计算现浇钢筋混凝土轴心受压和偏心受压构件时，如截面的长边或直径小于300 mm，则表中的混凝土强度设计值应乘以系数0.8；当构件质量（如混凝土成型、截面和轴线尺寸等）确有保证时，可不受此限制。

2.2 混凝土的变形

混凝土的变形有两类:一类是由外荷载作用下产生的变形,包括一次短期加荷下的变形、重复荷载作用下的变形、长期荷载作用下的变形;另一类是由非荷载作用如温度和干湿变化引起的变形。

2.2.1 混凝土在荷载作用下的变形

2.2.1.1 混凝土在一次短期加荷下的变形

混凝土在一次短期加荷下的应力—应变曲线如图 1-14 所示。从图 1-14 可以看出:

(1)Oa 段:当应力 $\sigma \leqslant 0.3f_c$ 时,应力—应变曲线接近直线,混凝土处于弹性阶段。

(2)ab 段:$0.3f_c < \sigma \leqslant 0.8f_c$ 时,随着应力增大,混凝土产生塑性变形,应变增长速率加快,应力—应变曲线越来越偏离直线。

(3)bc 段:$0.8f_c < \sigma < f_c$,随着应力进一步增大,且接近 f_c 时,混凝土塑性变形急剧增大,应力达到 f_c 时,试件表面出现与加压方向平行的纵向裂缝,试件开始破坏。c 点应力值为混凝土的轴心抗压强度 f_c,相应的应变为 ε_0,ε_0 约为 0.002。

(4)ce 段:超过 c 点后,试件承载能力随着应变增大逐渐减小,应力—应变曲线在 d 点出现反弯。d 点时试件在宏观上已经破坏,其对应的应变称为极限压应变 ε_{cu},ε_{cu} 一般为 0.003 3。过了 d 点后,通过骨料间的摩擦咬合力,试块还能承受一定的荷载。

应力—应变曲线中的 Oc 段称为上升段,ce 段称为下降段。其极限压应变 ε_{cu} 越大,表示混凝土的塑性变形能力越大,即延性(指构件最终破坏之前经受非弹性变形的能力)越好。

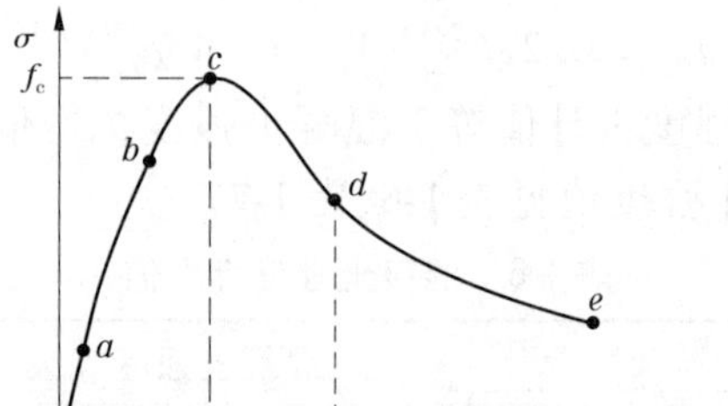

图 1-14 混凝土一次短期加荷下的应力—应变曲线

影响混凝土应力—应变曲线形状的因素很多,如混凝土的强度及加荷速度。当混凝土强度较低时,应力—应变曲线较平坦,随着混凝土强度的增加,曲线就越陡,ε_{cu} 也越小,如图 1-15 所示。当加荷速度比较快时,不仅最大应力有所提高,曲线坡度也较陡;当加荷速度缓慢时,曲线较平缓,ε_{cu} 增大,如图 1-16 所示。

在分析计算混凝土构件的截面应力、构件变形以及超静定结构内力、温度应力时,需要利用混凝土的弹性模量。但混凝土是弹塑性材料,其应力—应变关系为一曲线,如图 1-14所示,则通过原点 O 的切线斜率可认为是混凝土的"真正的"弹性模量,常称为初始弹性模量,简称弹性模量,用 E_c 表示。但初始弹性模量一般不易从试验中测得。根据大量试验结果和统计分析可知,混凝土的弹性模量与混凝土的立方体抗压强度之间的关系为:

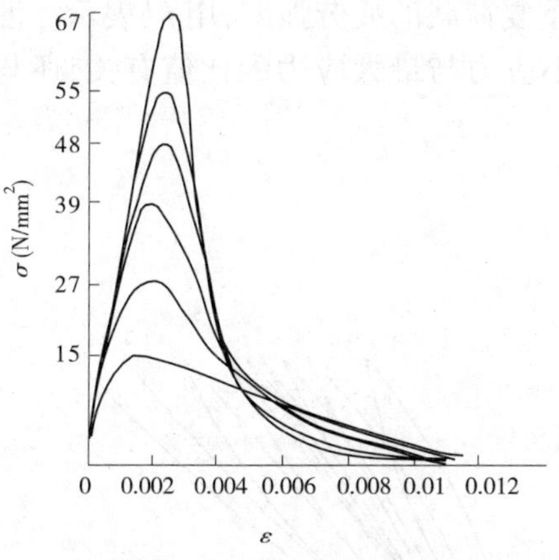

图 1-15　不同混凝土强度等级的应力—应变曲线

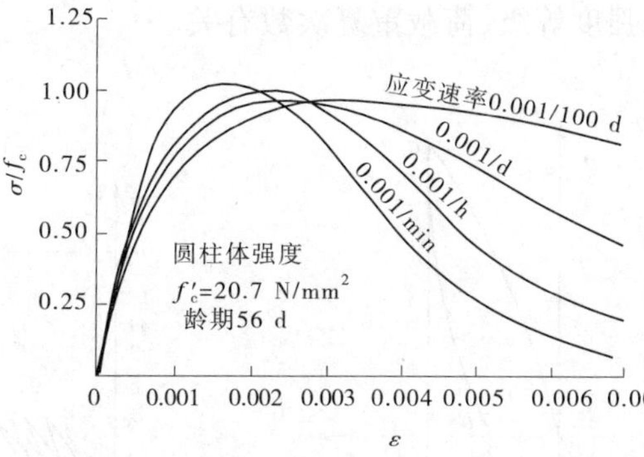

图 1-16　不同加荷速度的混凝土应力—应变曲线

$$E_c = \frac{10^5}{2.2 + \frac{34.7}{f_{cu,k}}} \quad (\text{N/mm}^2) \tag{1-7}$$

式中　$f_{cu,k}$——立方体抗压强度标准值，即混凝土强度等级值，按 N/mm² 计。

混凝土受拉弹性模量与受压弹性模量很接近，故二者取用相同的数值。《规范》给出各种强度等级混凝土 28 d 龄期受压或受拉的弹性模量 E_c（见表 1-8）。

表 1-8　混凝土弹性模量 E_c　（单位：N/mm²）

混凝土强度等级	E_c	混凝土强度等级	E_c
C15	2.20×10^4	C40	3.25×10^4
C20	2.55×10^4	C45	3.35×10^4
C25	2.80×10^4	C50	3.45×10^4
C30	3.00×10^4	C55	3.55×10^4
C35	3.15×10^4	C60	3.60×10^4

2.2.1.2　混凝土在重复荷载作用下的变形

对混凝土棱柱体试件加载，当应力达到某一数值时，卸载至零，如此重复循环加载卸载，称为多次重复加载。混凝土在多次重复荷载作用下，其应力—应变的性质与短期一次加荷有着显著不同。如图 1-17 所示为混凝土在短期一次加载卸载过程中的应力—应变曲线。因混凝土是弹塑性材料，初次卸载至应力为零时，应变不能全部恢复，可恢复的一部分称为弹性应变 ε_{ce}，不可恢复的残余应变称为塑性应变 ε_{cp}。因此，当加载时的最大应力小于某一限值时，一次加载卸载过程中，应力—应变曲线形成一环状。但随着加载卸载重复次数的增加，残余应变会逐渐减小，一般重复 5 ~ 10 次后，加载和卸载的应力—应变曲线就会闭合并接近一条直线，如图 1-18 所示，此时的混凝土如同弹性体一样工作。试验表明，这条直线与一次短期加荷时的应力—应变曲线在原点的切线基本平行。

需要注意的是，当应力超过某一限值时，经过多次循环，应力—应变关系成直线后，很快又重新变弯且应变越来越大，试件很快破坏，如图 1-18 所示。这种破坏称为混凝土的

“疲劳破坏”。这个限值就是材料能够抵抗周期重复荷载的疲劳强度,用f_c^f表示。混凝土的疲劳强度与重复荷载作用时混凝土受到的最小应力与最大应力的比值有关,还与混凝土的强度等级、荷载重复次数有关。

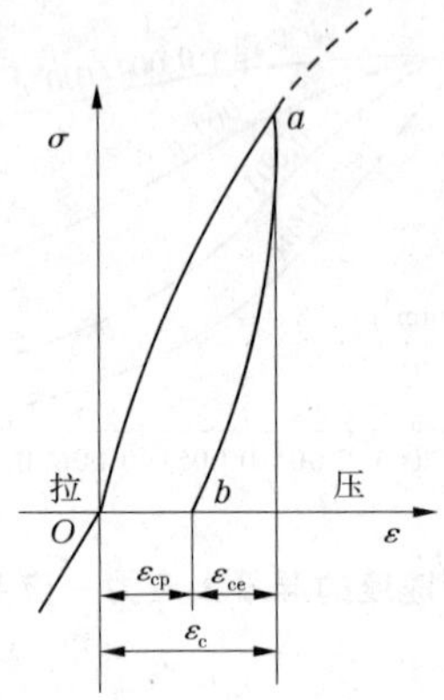

图 1-17　混凝土在短期一次加载卸载过程中的应力—应变曲线

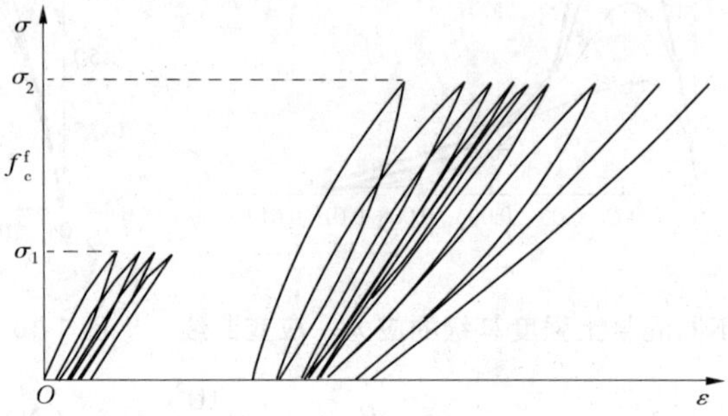

图 1-18　混凝土在重复荷载下的应力—应变曲线

2.2.1.3　混凝土在长期荷载作用下的变形——徐变

在混凝土试件上加载,试件就会产生变形,若维持荷载不变的条件下,混凝土的应变还会继续增加。荷载长期持续作用下,混凝土的应力保持不变,应变随着时间的增长而增大的现象称为混凝土的徐变。

如图 1-19 所示为混凝土试件在持续荷载作用下应变与时间的关系。在加载瞬间,试件就有一个变形,称为混凝土的初始瞬时应变 ε_0,在荷载保持不变且持续作用下,应变就会随时间的增长而增大。如果在时间 t_1 把荷载卸去,变形就会瞬时恢复一部分,这部分是混凝土弹性影响引起的,属于弹性变形;在卸载之后一段时间内,应变还可逐渐恢复一部分,这部分称为徐回,剩下的应变则不再恢复,称为永久变形。

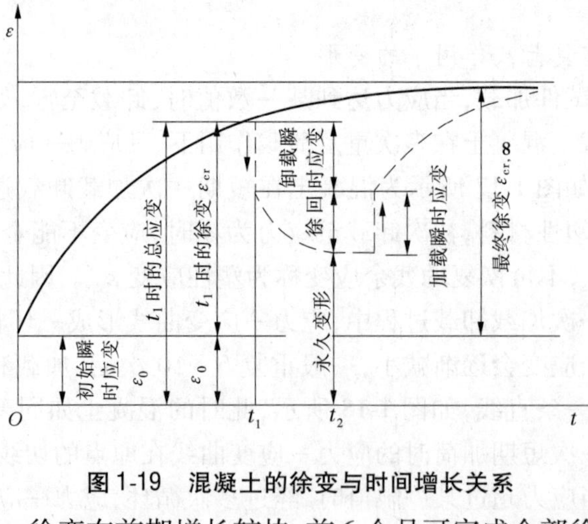

图 1-19　混凝土的徐变与时间增长关系

(1)徐变的特点。徐变在前期增长较快,前 6 个月可完成全部徐变的 70% ~80% ,一年后变形趋于稳定,两年后徐变就基本完成。

(2)产生徐变的原因。产生徐变的原因主要有两个方面:一是混凝土中水泥凝胶体在荷载作用下产生的黏性流动(颗粒间的相对滑动)要延续很长时间,并把它所承受的压应力逐渐传递给骨料颗粒,使骨料压应力增大,试件变形也随之增大;二是混凝土内的微裂缝在荷载长期作用下不断发展,也使变形增大。

(3)影响徐变的因素。徐变除与时间因素有关外,还与以下因素有关:

①应力条件:应力条件是引起徐变的直接原因,混凝土截面的应力越大,徐变也越大。

②加荷龄期:加荷时混凝土龄期越长,水泥石晶体所占比重越大,凝胶体的黏流就越少,徐变就越小。

③环境影响。环境影响主要是指混凝土的养护条件以及使用条件下的温湿度影响。养护温度越高,湿度越大,水泥水化作用越充分,徐变就越小。试件受荷后,使用环境温度越低,湿度越大,徐变就越小。

④内部因素。水泥用量越多,徐变越大;水灰比越大,徐变越大;骨料弹性模量越大,级配越好,徐变就越小。

(4)徐变对结构的影响。混凝土的徐变在很多情况下对水工结构来说是有利的,如局部的应力集中可以因徐变而得到缓和;支座沉陷引起的应力及温度应力、湿度应力也可由于徐变而得到松弛。但徐变对混凝土结构的不利影响也不容忽视,如徐变可使受弯构件的挠度增大 2～3 倍;可使细长柱附加偏心距增大,承载力下降;徐变还会导致预应力构件的预应力损失。

2.2.2 混凝土在非荷载作用下的变形

混凝土除因荷载作用引起的变形外,还会因温度和湿度的变化引起变形,分别称为温度变形和干湿变形。

2.2.2.1 温度变形

温度变形对水工建筑物中的大体积混凝土结构而言是非常重要的。当变形受到约束时,温度变化所引起的应力有可能使结构形成贯穿性裂缝,进而导致渗漏、钢筋锈蚀、整体性下降,使结构的承载力和混凝土的耐久性显著降低。

防止措施有控制水灰比和水泥用量、加强振捣、内部降温、使用纤维材料、外部保温等。

2.2.2.2 干湿变形

混凝土在凝结过程中,体积会发生变化。混凝土在空气中硬结时体积减小而产生收缩;已经干燥的混凝土再置于水中,混凝土又会重新发生膨胀。因混凝土的膨胀系数比收缩系数小得多,且湿胀产生的影响往往是有利的,故设计中一般不考虑湿胀现象。因不少结构构件都不同程度地受到边界的约束作用,如梁受到支座的约束,大体积混凝土的表面混凝土受到内部混凝土的约束作用等,故收缩变形必须加以注意。因为对于这些受到约束不能自由伸缩的构件,混凝土的收缩就会使构件产生有害的收缩应力,最终导致裂缝的产生。

引起混凝土收缩的原因主要有两种:一是硬化初期,水泥与水的水化作用形成水泥晶体,这种水泥晶体化合物较原材料的体积小,宏观上引起混凝土的收缩;二是后期混凝土内自由水分的蒸发而引起的收缩。

为防止由于收缩产生裂缝,应采取以下措施减少混凝土的收缩:①应加强混凝土的养护,在养护期内使混凝土保持潮湿环境;②要加强施工振捣,提高混凝土的密实度;③在满足设计要求的前提下,减少水泥用量,并降低水灰比;④采用级配好、弹性模量大的骨料;⑤使用纤维材料;⑥设置伸缩缝和后浇带,配置一定数量的构造钢筋。

3 钢筋与混凝土的黏结

3.1 钢筋与混凝土之间的黏结力

3.1.1 黏结力的组成

钢筋与混凝土能共同工作的基本前提是两者之间具有足够的黏结力,它起着在钢筋与混凝土之间传递应力的作用。钢筋与混凝土之间的黏结力主要由以下三个方面组成:

(1)化学胶结力。混凝土在结硬过程中因水化作用,在水泥胶体与钢筋间产生胶结力作用。这种力一般很小,当接触面发生相对滑移时,该力即消失。混凝土的强度等级越高,胶结力也越高。

(2)摩擦力。在混凝土凝结过程中及凝结以后,混凝土产生收缩,促使混凝土将钢筋紧紧裹住,钢筋与混凝土之间相互挤压,当钢筋和混凝土之间产生相对滑移趋势时,则此接触面上将产生摩擦力。该摩擦力的大小与混凝土的收缩量及钢筋表面粗糙程度有关,混凝土的收缩量越大,钢筋表面越粗糙,摩擦力就越大。

(3)机械咬合力。由于钢筋表面凹凸不平,混凝土和钢筋相互咬合,在钢筋与混凝土之间产生滑移趋势时,就存在机械咬合力。对于光面钢筋,由于其表面较光滑,机械咬合力不大;对于变形钢筋,其与混凝土的咬合力较大,是黏结力的主要来源。

3.1.2 影响黏结力的主要因素

(1)钢筋表面形状。钢筋表面形状对钢筋与混凝土的黏结力有很大影响。变形钢筋的黏结能力明显高于光面钢筋。

(2)混凝土强度等级。钢筋和混凝土的黏结能力随着混凝土强度等级的提高而提高。

(3)保护层厚度。混凝土保护层对黏结能力也有重要影响。当混凝土保护层过薄时,保护层混凝土可能产生径向劈裂,减少钢筋与混凝土之间的咬合作用和摩擦作用,黏结能力就会降低。

另外,浇筑混凝土时钢筋的位置和钢筋间距对钢筋与混凝土之间的黏结力也有影响,设计时应符合相关规范的要求。

3.1.3 黏结力的测定

钢筋与混凝土之间的黏结应力可用拔出试验来测定。如图 1-20 所示,在混凝土试件中心埋置钢筋,并在试件外留出一段用于加荷。在加荷端拉拔钢筋,沿钢筋长度上就产生了黏结应力。黏结应力沿钢筋长度不是均匀分布的,而是如图 1-20 所示的曲线分布,最大黏结力 τ_{max} 产生在距加荷端的某一距离处,设平均黏结应力为 τ,则在钢筋被拉拔到临界状态时,根据受力平衡得:

$$\tau = \frac{P}{\pi dl} \tag{1-8}$$

式中 P——极限拉拔力；

l——钢筋埋入混凝土的长度；

d——钢筋直径。

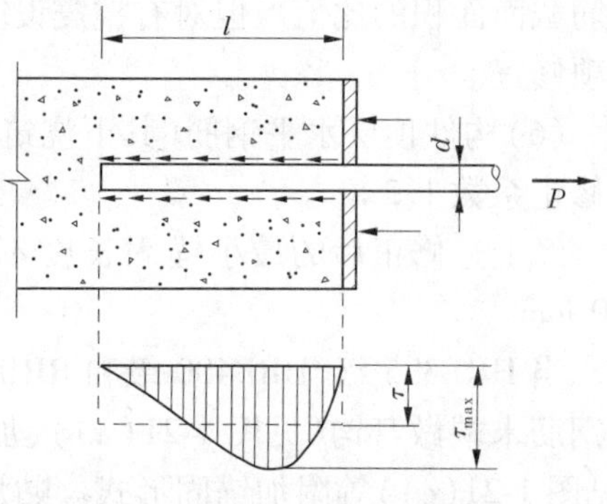

图 1-20 钢筋拔出试验的黏结应力图

3.2 钢筋的锚固与连接

3.2.1 钢筋的锚固

为了使钢筋和混凝土可靠地共同工作，设计时应使钢筋在混凝土中有足够的锚固长度 l_a。根据当充分利用钢筋的强度(钢筋应力达到屈服强度 f_y)时，钢筋才被拔动的条件，可确定锚固长度 l_a，即

$$f_y \frac{\pi d^2}{4} = \tau \pi d l_a \tag{1-9}$$

$$l_a = \frac{f_y d}{4\tau} \tag{1-10}$$

《规范》规定：当计算中充分利用钢筋的拉抗强度时，受拉钢筋伸入支座的锚固长度不应小于表 1-9 中规定的数值；受压钢筋的锚固长度不应小于表 1-9 中所给数值的 0.7 倍。

表 1-9 受拉钢筋的最小锚固长度 l_a

项次	钢筋类型	混凝土强度等级					
		C15	C20	C25	C30	C35	≥C40
1	HPB235 级	$40d$	$35d$	$30d$	$25d$	$25d$	$20d$
2	HRB335 级		$40d$	$35d$	$30d$	$30d$	$25d$
3	HRB400 级、RRB400 级		$50d$	$40d$	$35d$	$35d$	$30d$

注：1. d 为钢筋直径。

2. HPB235 级钢筋的最小锚固长度 l_a 值不包括弯钩长度。

当符合下列条件时，最小锚固长度应进行修正：

(1)当 HRB335 级、HRB400 级和 RRB400 级钢筋的直径大于 25 mm 时，其最小锚固长度应乘以修正系数 1.1。

(2)HRB335 级、HRB400 级和 RRB400 级的环氧树脂涂层钢筋，其最小锚固长度应乘以修正系数 1.25。

(3)当钢筋在混凝土施工过程中易受扰动(如滑模施工)时，其最小锚固长度应乘以修正系数 1.1。

(4)当 HRB335 级、HRB400 级和 RRB400 级钢筋在锚固区的间距大于 180 mm，混凝土保护层厚度大于钢筋直径的 3 倍或大于 80 mm 且配有箍筋时，其最小锚固长度应乘以修正系数 0.8。

(5)除构造需要达到锚固长度外，当受力钢筋的实际配筋截面面积大于其设计计算截面面积时，如有充分依据和可靠措施，其最小锚固长度可乘以设计计算截面面积与实际配筋截面面积的比值。但对有抗震设防要求及直接承受动力荷载的结构构件,不应采用此项修正。

(6)构件顶层水平钢筋(其下浇筑的新混凝土厚度大于 1 m 时)的最小锚固长度宜乘以修正系数 1.2。

经上述修正后的最小锚固长度不应小于表 1-9 中所列数值的 0.7 倍,且不应小于 250 mm。

当 HRB335 级、HRB400 级和 RRB400 级受拉钢筋锚固长度不能满足上述规定时,可在钢筋末端做弯钩(见图 1-21(a))、加焊锚板(见图 1-21(b)),或在末端采用贴焊锚筋(见图 1-21(c))等附加锚固形式。贴焊的锚筋直径取与受力筋的直径 d 相同,锚筋长度可取为 $5d$;弯钩的弯转角可取为 135°,弯钩直段可取为 $5d$。

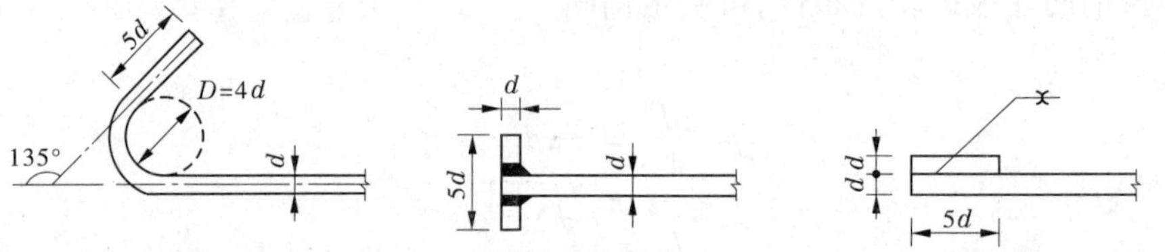

(a)末端带135°弯钩　(b)末端与钢板穿孔塞焊　(c)末端与短钢筋双面贴焊

图 1-21　钢筋附加锚固的形式及构造要求

采用附加锚固后,最小锚固长度可按上述方法规定的 l_a 乘以附加锚固的折减系数 0.7 后取用,但需符合下列要求:

(1)纵向钢筋的侧向保护层厚度不小于 $3d$。

(2)锚固长度范围内,箍筋间距不大于 $5d$ 及 100 mm;箍筋直径不应小于 $0.25d$,箍筋数量不少于 3 个;当纵向钢筋的混凝土保护层厚度不小于钢筋直径的 5 倍时,可不配置上述箍筋。

(3)附加锚固端头的搁置方向宜偏向截面内部或平置。

贴焊锚筋及做弯钩的锚固形式不用于受压钢筋的锚固。

为了保证光面钢筋黏结强度的可靠性,《规范》还规定绑扎骨架中的受力光圆钢筋应在末端做成 180°弯钩,弯后的平直段长度不应小于 $3d$(d 为钢筋直径)。弯钩的形式与尺寸如图 1-22所示。

带肋钢筋、焊接骨架和焊接网以及作为受压钢筋的光面钢筋可不做弯钩。

当板厚小于 120 mm 时,板的上层钢筋可做成直抵板底的直钩。

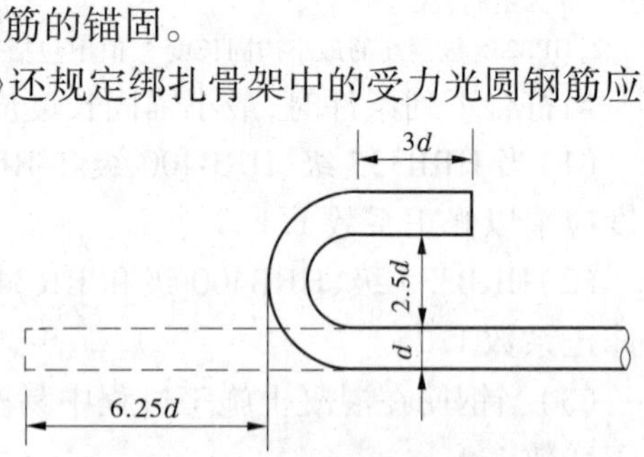

图 1-22　钢筋弯钩的形式与尺寸

3.2.2　钢筋的连接

为了便于运输,出厂的钢筋除小直径的盘圆外,一般长度为6 ~ 12m,在使用过程中需要通过一定的连接方式将其接长至设计长度。钢筋的连接方式有绑扎搭接、机械连接和焊接。

3.2.2.1　绑扎搭接

绑扎搭接接头是在钢筋搭接处用铁丝绑扎而成,如图 1-23 所示。绑扎搭接接头是靠钢筋与混凝土之间的黏结力来传递钢筋之间的内力的,因此必须有足够的搭接长度。

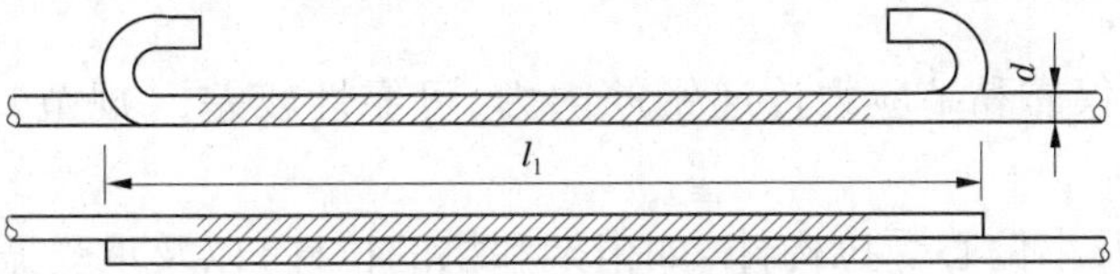

图 1-23　钢筋绑扎搭接接头

当采用绑扎搭接接头时应注意以下要求:

(1)钢筋绑扎搭接接头连接区段的长度为 1.3 倍最小搭接长度,凡搭接接头中点位于该连接区段长度内的搭接接头,均属于同一连接区段(见图 1-24)。

(2)位于同一连接区段内的受拉钢筋搭接接头面积百分率:梁类、板类及墙类构件,不宜大于 25%;柱类构件,不宜大于 50%。当工程中确有必要增大受拉钢筋搭接接头面积百分率时,梁类构件不应大于 50%;板类、墙类及柱类构件,可根据实际情况放宽。

同一连接区段内纵向钢筋搭接接头面积百分率为该区段内所有接头的纵向受力钢筋截面面积与全部纵向受力钢筋截面面积的比值。

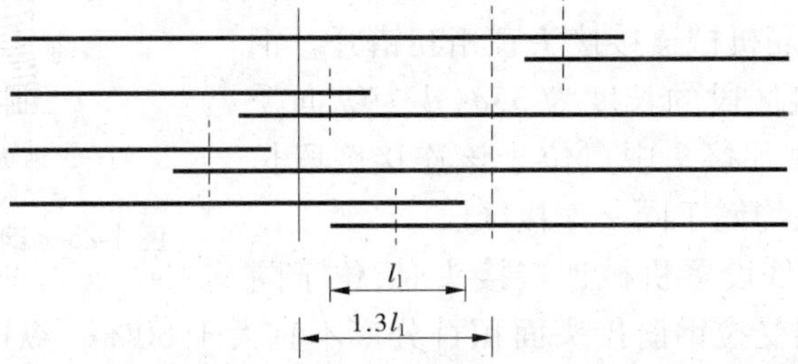

图 1-24　同一连接区段内的纵向受拉钢筋绑扎搭接接头

(3)纵向受拉钢筋绑扎搭接接头的最小搭接长度应根据位于同一搭接长度范围内的钢筋搭接接头面积百分率按下列公式计算:

$$l_1 = \zeta l_a \tag{1-11}$$

式中　l_1——纵向受拉钢筋的搭接长度,mm;

l_a——纵向受拉钢筋的最小锚固长度,mm,按表 1-9 取用;

ζ——纵向受拉钢筋搭接长度修正系数,按表 1-10 取用。

表 1-10　纵向受拉钢筋搭接长度修正系数 ζ

纵向受拉钢筋搭接接头面积百分率(%)	≤25	50	100
ζ	1.2	1.4	1.6

在任何情况下,纵向受拉钢筋绑扎搭接接头的搭接长度均不应小于 300 mm。

(4)受压钢筋的搭接接头面积百分率不宜超过 50%。纵向受压钢筋的搭接长度不应小于按式(1-11)计算值的 0.7 倍,且不应小于 200 mm。

(5)梁、柱的绑扎骨架中,在绑扎接头的搭接长度范围内,当钢筋受拉时,其箍筋间距不应大于5d，且不应大于100 mm；当钢筋受压时，箍筋间距不应大于10d，且不应大于200 mm。在此，d为搭接钢筋中最小直径。箍筋直径不应小于搭接钢筋较大直径的0.25倍。

(6)当受压钢筋直径$d>25$ mm时，还应在搭接接头两个端面外100 mm范围内各设置两个箍筋。

由于搭接接头仅靠黏结应力传递钢筋内力，可靠性较差，《规范》规定以下情况不应采用绑扎搭接接头：

(1)轴心受拉及小偏心受拉构件(如桁架和拱的拉杆)以及承受振动的构件的纵向受力钢筋，不应采用绑扎搭接接头。

(2)双面配置受力钢筋的焊接骨架，不应采用绑扎搭接接头。

(3)当受拉钢筋直径$d>28$ mm，或受压钢筋直径$d>32$ mm时，不宜采用绑扎搭接接头。

3.2.2.2 机械连接

机械连接是指在钢筋接头采用螺旋或挤压套筒连接，如图1-25所示。近年来，采用机械方式进行钢筋连接的技术已很成熟。

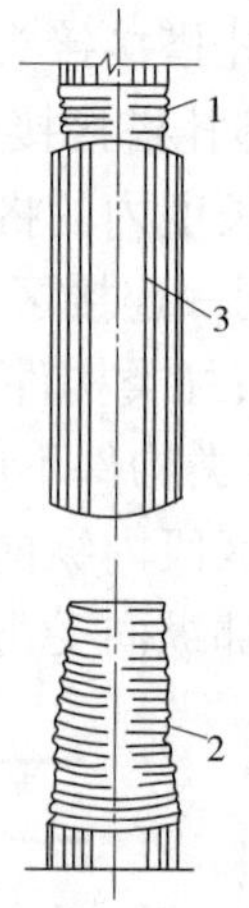

1—上钢筋；2—下钢筋；
3—套筒(内有凹螺旋)

图1-25 钢筋机械连接示意图

当采用机械连接时，应注意以下要求：

(1)纵向受力钢筋机械连接接头宜相互错开。钢筋机械连接接头连接区段的长度为35d(d为纵向受力钢筋的较大直径)，凡接头中点位于该连接区段长度内的机械连接接头均属于同一连接区段。

(2)在受力较大处设置机械连接接头时，位于同一连接区段内的纵向受拉钢筋接头面积百分率不宜大于50%。纵向受压钢筋的接头面积百分率可不受限制。

(3)直接承受动力荷载的结构构件中的机械连接接头，位于同一连接区段内的纵向受力钢筋接头面积百分率不应大于50%。

(4)机械连接接头连接件的混凝土保护层厚度宜满足纵向受力钢筋最小保护层厚度的要求。连接件之间的横向净间距不宜小于25 mm。

3.2.2.3 焊接

焊接有闪光对焊、搭接焊和帮条焊，如图1-26所示。

当采用焊接连接时，应注意以下要求：

(1)纵向受力钢筋的焊接接头应相互错开。钢筋焊接接头连接区段的长度为35d(d为纵向受力钢筋的较大直径)且不小于500 mm，凡接头中点位于该连接区段长度内的焊接接头均属于同一连接区段。

(2)位于同一连接区段内纵向受力钢筋的焊接接头面积百分率，对于纵向受拉钢筋接头，不应大于50%。纵向受压钢筋接头、装配式构件连接处及临时缝处的焊接接头

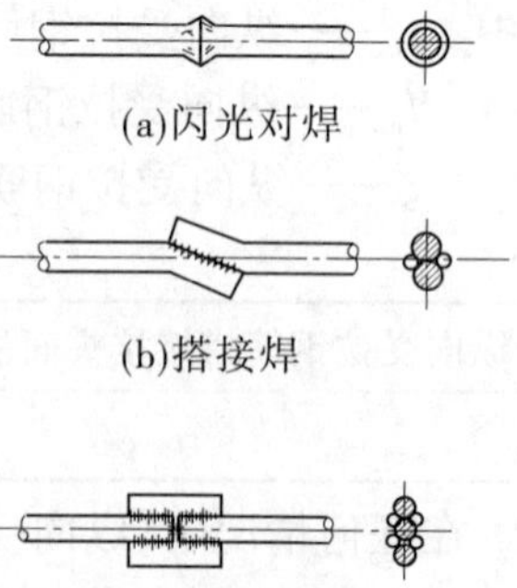
(a)闪光对焊

(b)搭接焊

(c)帮条焊

图1-26 钢筋焊接接头示意图

钢筋可不受此比值限制。

(3)钢筋直径 $d \leq 28$ mm 的焊接接头,宜采用闪光对焊或搭接焊;当 $d > 28$ mm 时,宜采用帮条焊,帮条截面面积不应小于受力钢筋截面面积的 1.2 倍(HPB235 级钢筋)或 1.5 倍(HRB335 级、HRB400 级和 RRB400 级钢筋)。不同直径的钢筋不应采用帮条焊。搭接焊和帮条焊接头宜采用双面焊缝,钢筋的搭接长度不应小于 $5d$。当施焊条件困难而采用单面焊缝时,其搭接长度不应小于 $10d$。当采用双面焊缝或单面焊缝焊接 HPB235 级钢筋时,则其搭接长度可分别为 $4d$ 和 $8d$。

(4)直接承受动力荷载的钢筋混凝土构件,不宜采用焊接接头,严禁在钢筋上焊任何附件(端部锚固除外)。

当直接承受吊车荷载的钢筋混凝土吊车梁、屋面梁及屋架下弦的纵向受拉钢筋必须采用焊接接头时,应符合下列规定:

①必须采用闪光接触对焊,并去掉接头的毛刺及卷边;

②同一连接区段内纵向受拉钢筋焊接接头面积百分率不应大于 25%,此时,焊接接头连接区段的长度应取为 $45d$(d 为纵向受力钢筋的较大直径)。

活动:知识技能训练

一、填空题

1. 钢筋按其化学成分的不同,可分为__________和__________。

2. 热轧钢筋是由低碳钢或普通低合金钢在高温状态下轧制而成的,按屈服强度标准值大小分为__________、__________、__________、__________,分别用符号__________表示。

3. 钢筋的力学性能主要包括__________和__________。

4. 预应力钢筋宜采用__________、__________,也可采用__________或__________。

5. 水利工程中采用的混凝土强度等级共分为__________级,一般认为,强度等级达到或超过__________的混凝土为高强度混凝土。

6. 混凝土的变形有两类:一类是由__________作用产生的变形,另一类是由__________作用引起的变形。

7. 钢筋与混凝土之间的黏结力主要由__________、__________、__________三个方面组成。

8. 钢筋的连接方式有__________、__________、__________。

二、选择题

1. HRB335 中的 335 代表(　　)。

A. 钢筋强度的平均值　　　　B. 钢筋强度的标准值

C. 钢筋强度的设计值　　　　D. 钢筋强度的最大值

2. 热轧钢筋的含碳量越高,则(　　)。

A. 屈服台阶越长,伸长率越大,塑性越好,强度越高
B. 屈服台阶越短,伸长率越小,塑性越差,强度越低
C. 屈服台阶越短,伸长率越小,塑性越差,强度越高
D. 屈服台阶越长,伸长率越大,塑性越好,强度越低

3. 有明显屈服点的钢筋的强度指标值是根据(　　)确定的。
A. 比例极限　B. 屈服强度　C. 极限抗拉强度　D. 破坏时强度

4. 混凝土的强度等级是根据混凝土的(　　)确定的。
A. 立方体抗压强度设计值　B. 立方体抗压强度标准值
C. 立方体抗压强度平均值　D. 具有90%保证率的立方体抗压强度

5. 混凝土强度等级越高,则应力—应变曲线的下降(　　)。
A. 越陡峭　B. 越平缓
C. 无明显变化　D. 无规律

6. 水工钢筋混凝土构件所用混凝土强度等级不宜低于(　　)。
A. C15　B. C20　C. C25　D. C30

7. 混凝土的水灰比越大,水泥用量越多,则徐变及收缩值(　　)。
A. 越大　B. 越小　C. 基本不变　D. 无规律

8. 受压钢筋的锚固长度比受拉钢筋的锚固长度(　　)。
A. 大　B. 小　C. 相同　D. 不一定

9. 受拉钢筋锚固长度(　　)。
A. 随混凝土等级的提高而增大
B. 随钢筋等级提高而降低
C. 随混凝土等级提高而减小,随钢筋等级提高而增大
D. 随混凝土及钢筋等级提高而减小

10. 当受拉钢筋的直径大于(　　)mm 时,不宜采用绑扎搭接接头。
A. 20　B. 25　C. 28　D. 30

11. 钢筋按其加工工艺和力学性能可分为(　　)。
A. 热轧钢筋　B. 预应力混凝土螺纹钢筋
C. 钢绞线和钢丝　D. 钢棒

12. 下列属于没有明显屈服点的钢筋有(　　)。
A. 热轧钢筋　B. 预应力混凝土螺纹钢筋
C. 钢棒　D. 钢绞线

13. 混凝土的强度指标有(　　)。
A. 立方体抗压强度　B. 轴心抗拉强度
C. 轴心抗压强度　D. 弯曲抗压强度

14. 钢筋与混凝土之间的黏结力由以下(　　)几部分组成。
A. 化学胶结力　B. 摩擦力　C. 机械咬合力　D. 黏结力

15. 下列关于混凝土徐变的说法正确的是(　　)。

A. 初始加载时混凝土的龄期越短,则徐变越大

B. 持续作用的应力越大,徐变越大

C. 混凝土组成材料的弹性模量高,徐变小

D. 水灰比大,徐变小

16. 下列关于混凝土的收缩正确的说法是(　　)。

A. 收缩随时间而增长

B. 水泥用量越大,水灰比越大,收缩越大

C. 骨料弹性模量大、级配好,收缩越小

D. 环境湿度越小,收缩也越小

三、问答题

1. 有明显屈服点的钢筋在设计时取什么强度作为设计的依据? 为什么?

2. 钢筋混凝土结构对钢筋有哪些要求? 为什么?

3. 材料强度设计值与材料强度标准值之间的关系是什么?

4. 混凝土强度指标主要有哪几种? 哪一种是基本的? 各用什么符号表示? 它们之间有何数量关系?

5. 影响徐变的因素有哪些? 徐变对钢筋混凝土结构有哪些影响?

6. 如何减小混凝土构件中的收缩裂缝?

7. 大体积混凝土结构中,能否用钢筋来防止温度裂缝或干缩裂缝的出现? 为什么?

8. 影响钢筋与混凝土之间黏结力的主要因素有哪些?

任务3　结构极限状态设计表达式的应用

任务描述:

本任务是掌握结构两种极限状态的含义、表现形式及极限状态设计表达式,会计算构件控制截面的荷载效应组合值。

任务分析:

结构是否超过极限状态是判断其是否满足功能要求的标准。结构构件的工作状态可以用作用效应 S 和结构抗力 R 之间的关系来描述。工程结构的设计,既要保证其安全可靠,又要做到经济合理。对可求得截面内力的混凝土结构构件,在规定的材料强度和荷载取值条件下,采用在多系数分析的基础上以承载能力极限状态安全系数法进行设计,然后按正常使用极限状态进行验算。

任务知识点:

1　结构的功能要求与极限状态

1.1　结构的功能要求

结构设计的目的是在现有技术的基础上,用最经济的手段,使所设计的结构在设计使

用年限内满足以下三个方面的功能要求：

(1)安全性。所谓安全性，是指结构在预定的使用期限内应能承受在正常施工和正常使用条件下可能出现的各种作用(如各种荷载、外加变形、约束变形等)，以及在偶然条件(如强烈地震、校核洪水位等)发生时和发生后，结构仍能保持必需的整体稳定性，即结构仅产生局部的损坏而不致发生连续倒塌。

(2)适用性。所谓适用性，是指结构在正常使用条件下，具有良好的工作性能，不发生影响正常使用的过大变形和振幅，不产生让使用者感到不安的过宽的裂缝等。

(3)耐久性。所谓耐久性，是指结构在正常维护条件下，能够正常使用到规定的使用年限，而不出现钢筋严重锈蚀、混凝土严重碳化的现象。

安全性、适用性、耐久性构成了结构的可靠性，也称为结构的基本功能要求。结构的可靠性和结构的经济性一般是相互矛盾的。比如，在相同荷载作用下，增大截面尺寸、增加受力钢筋数量、提高材料强度等，均可提高结构的可靠性，但这也同时增加了结构的造价。所以，科学合理的设计是在结构的可靠性和经济性之间寻求最佳方案，使结构达到必要的可靠性，又具有合理的经济指标。

1.2 结构的极限状态

结构或结构的一部分超过某一特定状态就不能满足设计规定的某一功能要求，此特定状态称为该功能的极限状态。结构是否超过极限状态是判断其是否满足功能要求的标准。水工钢筋混凝土结构构件的极限状态分为承载能力极限状态和正常使用极限状态两大类。

1.2.1 承载能力极限状态

承载能力极限状态是指结构达到最大承载能力，或达到不适于继续承载的变形的极限状态。当结构或其构件出现下列状态之一时，即认为超过了承载能力极限状态：

(1)整个结构或结构的一部分作为刚体失去平衡(如倾覆、滑移或漂浮等)；

(2)结构构件或连接因超过材料强度而破坏(包括疲劳破坏)，或因过大的塑性变形而不适于继续承受荷载作用；

(3)整个结构或结构的一部分转变为机动体系；

(4)结构或构件丧失稳定(如柱压屈等)。

结构一旦超过承载能力极限状态，就会发生破坏，造成人身伤亡和重大经济损失。因此，承载能力极限状态应具有较高的可靠度水平。《规范》要求所有结构和构件都必须按承载能力极限状态进行计算，必要时还应进行结构的抗倾、抗滑和抗浮验算。对需要抗震设防的结构，尚应进行结构的抗震承载力验算或采取抗震构造设防措施。

1.2.2 正常使用极限状态

正常使用极限状态是指结构或构件达到影响正常使用或耐久性能的某项规定限值的极限状态。当结构或其构件出现下列状态之一时，即认为超过了正常使用极限状态：

(1)影响正常使用或外观的变形；

(2)影响正常使用或耐久性能的局部损坏(包括裂缝超过允许限值)；

(3)影响正常使用的振动；

(4)影响正常使用的其他特定状态。

当结构或构件超出正常使用极限状态时，虽然会影响结构的使用性、耐久性，或影响人们的心理感受，但后果一般没有超过承载能力极限状态严重，所以正常使用极限状态设计的可靠度水平允许比承载能力极限状态的可靠度水平适当降低。

《规范》规定：对使用上需要控制变形值的结构构件，应进行变形验算；对使用上要求不出现裂缝的结构构件，应进行混凝土的抗裂验算；对使用上需要控制裂缝宽度的结构构件，应进行裂缝宽度验算。地震等偶然荷载作用时，可不进行变形、抗裂、裂缝宽度等正常使用极限状态验算。

结构设计时，通常先按承载能力极限状态设计结构构件，然后按正常使用极限状态进行验算。

2 结构上的作用与抗力

2.1 作用

所谓结构上的作用，是指施加在结构上的集中或分布荷载，以及引起结构外加变形或约束变形的原因。前者称为直接作用，如结构自重、水压力、风荷载、土压力等；后者称为间接作用，如混凝土收缩、温度变化、地基变形等。长期以来，工程上习惯将直接作用和间接作用统称为荷载，本书也将作用称为荷载。

荷载按其随时间的变异性和出现的可能性，可分为三大类：

(1)永久荷载。永久荷载是指在设计基准期内量值不随时间变化，或其变化值与平均值相比可忽略不计的荷载，如结构自重、土压力等。《水利水电工程结构可靠度设计统一标准》(GB 50199—94)规定：除1级壅水建筑物的设计基准期应采用100年外，其他永久性建筑物均采用50年。永久荷载也称为恒荷载或恒载，用 G 或 g 表示。

(2)可变荷载。可变荷载是指在设计基准期内量值随时间变化，且其变化值与平均值相比不可忽略的荷载，如风荷载、浪压力、楼面活荷载等。可变荷载也称为活荷载或活载，用 Q 或 q 表示。

(3)偶然荷载。偶然荷载是指在设计基准期内不一定出现，而一旦出现，其量值很大且持续时间很短的荷载，如校核洪水位时的洪水压力、爆炸力、撞击力等，用 A 表示。

2.2 作用效应

施加在结构上的各种作用使结构产生的内力和变形，如弯矩、轴力、剪力、挠度、裂缝宽度等，称为作用效应，用符号 S 表示。作用效应 S 是各种作用、结构参数等随机变量的函数。工程上习惯将作用效应称为荷载效应。

2.3 抗力

结构抗力是指结构或构件承受作用(荷载)效应的能力，用符号 R 表示。抗力包括结构承载能力和抵抗变形的能力。结构抗力与材料性能、构件几何参数、计算模式等因素有关。在实际工程中，材料强度的变异、构件几何尺寸的偏差、施工的局部缺陷和计算模式的不定性，都将影响结构抗力 R。显然，结构抗力 R 也是随机变量。

3 水工混凝土结构极限状态设计表达式

以概率理论为基础的极限状态设计方法，简称概率极限状态设计法，又称为近似概率法。这种方法是以结构的失效概率和可靠指标来度量结构的可靠度的。

3.1 极限状态方程

结构的极限状态用功能函数(或称极限状态函数)来描述。设有 n 个相互独立的随机变量 $x_i(i=1,2,\cdots,n)$ 影响结构的可靠度,则结构功能函数 Z 的一般表达式为:

$$Z = g(x_1, x_2, \cdots, x_n) \tag{1-12}$$

式中 $x_1, x_2, \cdots, x_n$——基本变量,表示结构上的各种荷载效应和影响结构抗力的各种因素,如荷载、材料性能、几何参数、计算公式精确性等因素。

当

$$Z = g(x_1, x_2, \cdots, x_n) = 0 \tag{1-13}$$

时,则称式(1-13)为"极限状态方程"。

荷载效应 S 和结构抗力 R 是功能函数 Z 的两个基本变量,因荷载效应 S 和结构抗力 R 都是随机变量,假设 S 和 R 相互独立,且均服从正态分布,则结构的功能函数即为:

$$Z = g(S,R) = R - S \tag{1-14}$$

显而易见,功能函数 Z 的结果有以下三种可能:

(1)当 $Z>0$ 时,$R>S$,结构能完成预定功能要求,处于可靠状态。

(2)当 $Z<0$ 时,$R<S$,结构不能完成预定功能要求,结构处于失效状态,即不可靠状态。

(3)当 $Z=0$ 时,$R=S$,结构达到功能要求的限值,处于极限状态,此时 $Z=R-S=0$,为极限状态方程。

3.2 承载能力极限状态设计表达式

《规范》规定:对可求得截面内力的混凝土结构构件,采用极限状态设计法,在规定的材料强度和荷载取值条件下,采用在多系数分析基础上以安全系数表达的方式进行设计。

承载能力极限状态设计时,应采用下列设计表达式:

$$KS \leqslant R \tag{1-15}$$

式中 K——承载力安全系数;

S——荷载效应组合设计值;

R——结构构件的截面承载力设计值,由材料的强度设计值及截面尺寸等因素计算得出。

3.2.1 承载力安全系数 K 的确定

承载力安全系数 K 根据水工建筑物级别和荷载效应组合确定。水工建筑物的级别是根据其所属工程等级及其在工程中的作用和重要性来确定的(见表 1-11)。荷载效应组合分为基本组合和偶然组合。基本组合是按承载能力极限状态设计时,使用或施工阶段的永久荷载效应与可变荷载效应的组合。偶然组合是按承载能力极限状态设计时,永久荷载效应、可变荷载效应与一种偶然荷载效应的组合。

承载能力极限状态计算时,钢筋混凝土、预应力混凝土及素混凝土结构构件的承载力安全系数 K 不应小于表 1-12 的规定。

表 1-11　水工建筑物级别

工程等级	永久性建筑物级别		临时性建筑物级别
	主要建筑物	次要建筑物	
一	1	3	4
二	2	3	4
三	3	4	5
四	4	5	5
五	5	5	

表 1-12　混凝土结构构件的承载力安全系数 K

水工建筑物级别		1		2、3		4、5	
荷载效应组合		基本组合	偶然组合	基本组合	偶然组合	基本组合	偶然组合
钢筋混凝土、预应力混凝土		1.35	1.15	1.20	1.00	1.15	1.00
素混凝土	按受压承载力计算的受压、局部承压构件	1.45	1.25	1.30	1.10	1.25	1.05
	按受拉承载力计算的受压、受弯构件	2.20	1.90	2.00	1.70	1.90	1.60

注：1. 水工建筑物的级别应根据《水利水电工程等级划分及洪水标准》(SL 252—2000)确定。
2. 结构在使用、施工、检修期的承载力计算，安全系数 K 应按表中基本组合取值；对地震及校核洪水位的承载力计算，安全系数 K 应按表中偶然组合取值。
3. 当荷载效应组合由永久荷载控制时，表列安全系数 K 应增加 0.05。
4. 当结构的受力情况较为复杂、施工特别困难、荷载不能准确估计、缺乏成熟的设计方法或结构有特殊要求时，承载力安全系数 K 宜适当提高。

3.2.2　荷载效应组合设计值 S 的确定

3.2.2.1　基本组合

当永久荷载对结构起不利作用时，荷载效应组合值 S 由下式计算：

$$S = 1.05S_{G1k} + 1.20S_{G2k} + 1.20S_{Q1k} + 1.10S_{Q2k} \quad (1\text{-}16)$$

当永久荷载对结构起有利作用时，荷载效应组合值 S 由下式计算：

$$S = 0.95S_{G1k} + 0.95S_{G2k} + 1.20S_{Q1k} + 1.10S_{Q2k} \quad (1\text{-}17)$$

式中　S——荷载效应组合设计值；

S_{G1k}——自重、设备等永久荷载标准值产生的荷载效应；

S_{G2k}——土压力、淤沙压力及围岩压力等永久荷载标准值产生的荷载效应；

S_{Q1k}——一般可变荷载标准值产生的荷载效应；

S_{Q2k}——可控制其不超出规定限值的可变荷载标准值产生的荷载效应。

3.2.2.2　偶然组合

偶然组合条件下，荷载效应组合值 S 由下式计算：

$$S = 1.05S_{G1k} + 1.20S_{G2k} + 1.20S_{Q1k} + 1.10S_{Q2k} + 1.0S_{Ak} \tag{1-18}$$

式中 S_{Ak}——偶然荷载标准值产生的荷载效应；

其余符号意义同前。

式(1-18)中，参与组合的某些可变荷载标准值，可根据有关规范作适当折减。

荷载的标准值可按《水工建筑物荷载设计规范》(DL 5077—1997)及《水工建筑物抗震设计规范》(SL 203—97)的规定取用。

荷载效应组合设计值 S 即为截面内力设计值(M、N、V、T 等)。

3.3 正常使用极限状态设计表达式

正常使用极限状态验算应按荷载效应的标准组合进行，并采用下列设计表达式：

$$S_k(G_k, Q_k, f_k, \alpha_k) \leqslant c \tag{1-19}$$

式中 $S_k(\cdot)$——正常使用极限状态的荷载效应标准组合值函数；

c——结构构件达到正常使用要求所规定的变形、裂缝宽度或应力等的限值；

G_k、Q_k——永久荷载、可变荷载标准值，按《水工建筑物荷载设计规范》(DL 5077—1997)的规定取用；

f_k——材料强度标准值，按项目 1 中表 1-2、表 1-3、表 1-6 确定；

α_k——结构构件几何参数的标准值。

需要注意的是，正常使用极限状态验算是在承载能力满足要求的前提下进行的，其可靠度要求低于承载力计算，材料强度采用标准值，而非设计值。

活动 1：荷载效应组合值的计算案例

【案例 1-1】 某 3 级水工建筑物有一钢筋混凝土简支梁，如图 1-27 所示，计算跨度 $l_0 = 4$ m，净跨 $l_n = 3.76$ m。该简支梁承受的永久荷载(包括自重)标准值 $g_k = 10$ kN/m，承受的可变荷载为跨中集中荷载，其标准值为 $Q_k = 30$ kN。求承载能力极限状态下梁跨中截面的弯矩设计值 M 和支座剪力设计值 V。

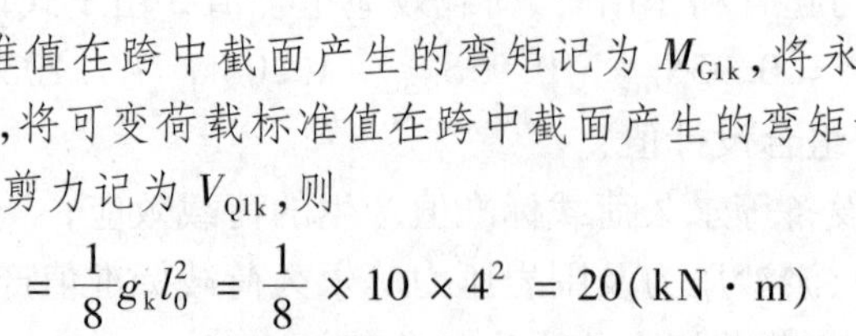

图 1-27 案例 1-1 图

解：将永久荷载标准值在跨中截面产生的弯矩记为 M_{G1k}，将永久荷载标准值在支座处产生的剪力记为 V_{G1k}，将可变荷载标准值在跨中截面产生的弯矩记为 M_{Q1k}，将可变荷载标准值在支座处产生的剪力记为 V_{Q1k}，则

$$M_{G1k} = \frac{1}{8}g_k l_0^2 = \frac{1}{8} \times 10 \times 4^2 = 20(\text{kN} \cdot \text{m})$$

$$M_{Q1k} = \frac{1}{4}Q_k l_0 = \frac{1}{4} \times 30 \times 4 = 30(\text{kN} \cdot \text{m})$$

$$V_{G1k} = \frac{1}{2}g_k l_n = \frac{1}{2} \times 10 \times 3.76 = 18.8(\text{kN})$$

$$V_{Q1k} = \frac{1}{2}Q_k = \frac{1}{2} \times 30 = 15(kN)$$

该梁所受荷载组合为基本组合，且永久荷载对结构起不利作用，则承载能力极限状态下，该梁跨中截面的弯矩设计值 M 为：

$$M = 1.05M_{G1k} + 1.20M_{Q1k}$$
$$= 1.05 \times 20 + 1.20 \times 30 = 57(kN \cdot m)$$

该梁支座剪力设计值 V 为：

$$V = 1.05V_{G1k} + 1.20V_{Q1k}$$
$$= 1.05 \times 18.8 + 1.20 \times 15 = 37.74(kN)$$

【案例1-2】 在案例1-1中，求正常使用极限状态下该梁跨中截面按荷载标准值计算的 M_k 和支座截面按荷载标准值计算的 V_k。

解：该梁跨中截面按荷载标准值计算的 M_k 为：

$$M_k = M_{G1k} + M_{Q1k} = 20 + 30 = 50(kN \cdot m)$$

该梁支座截面按荷载标准值计算的 V_k 为：

$$V_k = V_{G1k} + V_{Q1k} = 18.8 + 15 = 33.8(kN)$$

活动2：知识技能训练

一、填空题

1. 水工混凝土结构构件的极限状态分为________和________两大类。
2. 正常使用极限状态主要考虑结构的________和________功能。
3. 结构上的荷载分为________、________、________。
4. 结构抗力与________、________、________等因素有关。

二、选择题

1. 建筑结构应满足的功能要求包括(　　)。

A. 经济、适用、美观　　B. 可靠性、稳定性、耐久性

C. 安全、舒适、经济　　D. 安全性、适用性、耐久性

2. 钢筋混凝土结构的抗力主要与(　　)有关。

A. 材料强度和截面尺寸　　B. 材料强度

C. 材料强度和荷载　　D. 荷载

3. 地震力属于(　　)。

A. 永久荷载　　B. 可变荷载　　C. 偶然荷载　　D. 静态荷载

4. 荷载效应 S 和结构抗力 R 为两个独立的随机变量，功能函数 $Z=R-S$，下列叙述哪项是正确的(　　)。

A. $Z>0$，结构失效　　B. $Z>0$，结构安全

C. $Z<0$，结构安全　　D. $Z=0$，结构失效

5. 承载能力极限状态设计时荷载效应组合有(　　)。

A. 基本组合　　B. 偶然组合　　C. 长期组合　　D. 短期组合

6. 承载能力极限状态设计中，材料强度的取值应为(　　)。

A. 设计值　　B. 标准值　　C. 平均值　　D. 以上均可

7. 在正常使用极限状态验算中，材料强度的取值应为(　　)。

A. 设计值　　B. 标准值　　C. 平均值　　D. 以上均可

8. 下列作用中属于直接作用的有(　　)。

A. 永久作用　　B. 偶然作用　　C. 温度变化　　D. 地基沉降

9. 当结构或结构构件出现下列哪些状态时，即可认为超过了其承载能力极限状态(　　)。

A. 因过度的塑性变形而不适于继续承载

B. 结构转变为机动体系

C. 影响结构耐久性的局部损坏

D. 结构或结构的一部分作为刚体失去平衡

10. 下列破坏现象中，(　　)是不满足正常使用极限状态的问题。

A. 雨篷发生倾覆破坏　　B. 挡土墙发生滑移现象

C. 屋面板变形过大造成屋面积水　　D. 受力筋锈蚀

三、问答题

1. 结构应满足哪些功能要求？

2. 何谓极限状态？水工混凝土结构的极限状态分为哪两类？

3. 结构超过承载能力极限状态的表现形式有哪些？

4. 结构超过正常使用极限状态的表现形式有哪些？

5. 何谓作用效应？何谓结构抗力？

6. 结构的功能函数表达式是什么？当功能函数 $Z>0$、$Z=0$、$Z<0$ 时，各表示什么状态？

7. 在正常使用极限状态验算中，为什么材料强度采用标准值？

四、计算题

1. 某3级水工建筑物的一钢筋混凝土简支梁，截面尺寸为 300 mm×600 mm，计算跨度 $l_0=5$ m，净跨 $l_n=4.76$ m。该梁承受的永久荷载标准值为16 kN/m(包括自重)，可变荷载标准值为8 kN/m。求承载能力极限状态下梁跨中截面的弯矩设计值 M 和支座处剪力设计值 V。

2. 条件同题1，求正常使用极限状态下梁跨中截面按荷载标准值计算的 M_k 和支座截面按荷载标准值计算的 V_k。

项目2　钢筋混凝土梁板设计

学习目标

知识目标

(1)掌握梁和板的构造规定。

(2)理解梁和板的受力状态、破坏形态及特征。

(3)熟练掌握单筋矩形截面梁板承载力计算方法。

(4)掌握双筋矩形截面梁承载力计算方法。

(5)掌握T形截面梁承载力计算方法。

(6)掌握梁和板正常使用极限状态验算方法。

能力目标

(1)会进行单筋矩形截面梁和板的设计。

(2)会进行双筋矩形截面梁的设计。

(3)会进行T形截面梁的设计。

(4)具有钢筋混凝土构件施工图的绘制与识读能力。

任务1　钢筋混凝土梁的设计

任务描述：

矩形截面钢筋混凝土梁是典型的受弯构件，由钢筋和混凝土两种材料共同受力。其设计任务主要是正确选择材料、确定构件截面尺寸，然后计算出钢筋的用量，同时要满足相关构造规定，以保证构件的安全、正常使用功能及耐久性。

任务分析：

梁也称为受弯构件。受弯构件是水工钢筋混凝土结构中应用最多的构件之一，梁类、板类都是典型的受弯构件。如图2-1所示的水电站厂房屋面板和屋面梁以及供吊车行驶的吊车梁、图2-2所示的闸坝工作桥的面板和纵梁都是受弯构件。

试验研究表明，受弯构件的破坏形态有两种：一种是由弯矩作用引起的，破坏面与构件的纵轴线垂直，称为正截面破坏(见图2-3(a))；另一种是由弯矩和剪力共同作用引起的，破坏面与构件的纵轴线斜交，称为斜截面破坏(见图2-3(b))。设计钢筋混凝土受弯构件时，首先需要进行仅由弯矩作用下的正截面承载力计算，然后进行弯矩和剪力共同作用下的斜截面承载力计算。

由材料力学可知，受弯构件正截面以中和轴为界可分为受拉与受压两个区域，两区域

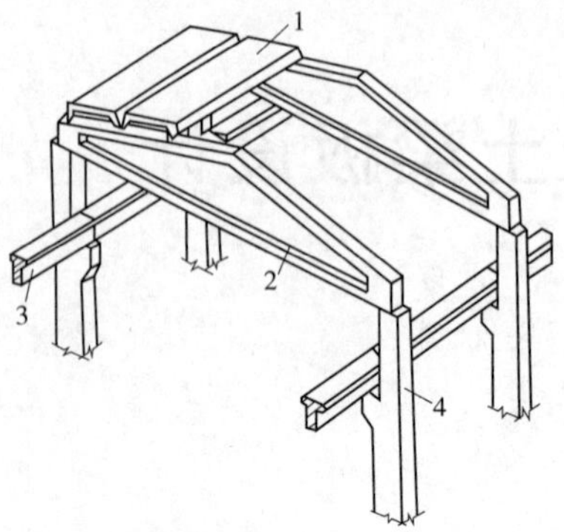

1—屋面板;2—屋面梁;3—吊车梁;4—柱

图 2-1 水电站厂房上部结构

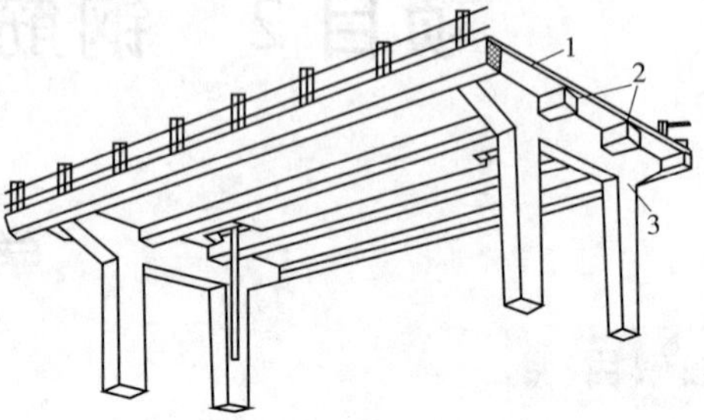

1—面板;2—纵梁;3—排架

图 2-2 闸坝工作桥

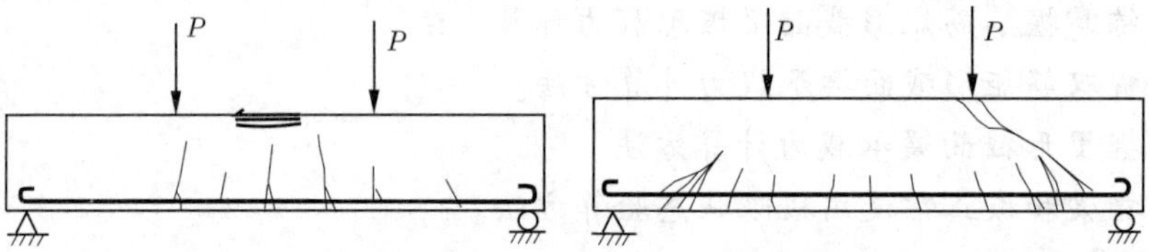

(a)正截面破坏　　(b)斜截面破坏

图 2-3 钢筋混凝土受弯构件的破坏形态

应力的合力组成内力矩抵抗荷载作用下产生的外弯矩。因混凝土抗拉强度很低,所以必须在受弯构件截面受拉区配置一定数量纵向受力钢筋,以承受拉力。仅在截面的受拉区按计算配置受力钢筋的受弯构件,称为单筋截面受弯构件;有时需要在截面的受拉区和受压区都按计算配置受力钢筋的受弯构件,称为双筋截面受弯构件。

受弯构件设计包括下列内容:

(1)承载能力极限状态计算。

①正截面受弯承载力计算。按控制截面(跨中或支座截面)的弯矩设计值确定截面尺寸及纵向受力钢筋的数量。

②斜截面受剪承载力计算。按控制截面的剪力设计值复核截面尺寸,并确定截面抗剪所需的箍筋和弯起钢筋的数量。

③斜截面抗弯承载力保证措施。绘制 M_R 图,以确定纵向受力钢筋切断和弯起的数量与位置,保证斜截面抗弯承载力。

(2)正常使用极限状态验算。

受弯构件除必须进行承载能力极限状态的计算外,一般还须按正常使用极限状态的要求进行构件变形和裂缝的验算。

受弯构件除要进行上述两类计算和验算外,还须采取一系列构造措施,才能保证构件的各个部位都具有足够的抗力,才能使构件具有必要的适用性和耐久性。

任务知识点:

1 梁的构造知识

钢筋混凝土构件的受力钢筋数量是由计算决定的。但在构件设计中,还需要满足许多构造上的要求,以照顾施工的方便和某些在计算中无法考虑到的因素。下面列出水工钢筋混凝土梁正截面的一般构造规定,以供参考。

1.1 截面形式与尺寸

梁的截面形式最常用的是矩形和T形。在装配式构件中,为了减轻自重及增大截面惯性矩,也常采用工字形、Π形、箱形等截面,如图2-4所示。

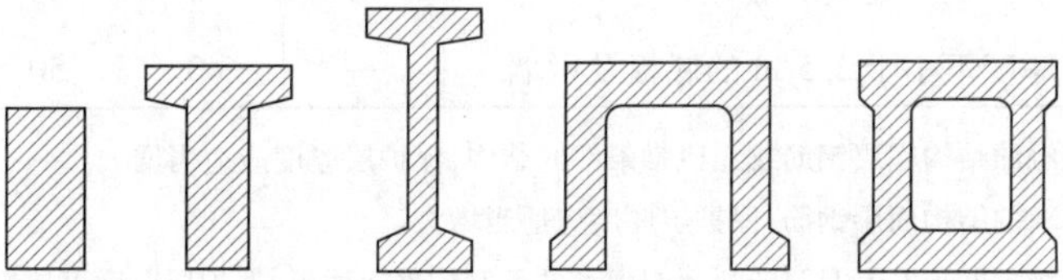

图2-4 梁的截面形式

为了使梁的截面尺寸有统一的标准,便于重复利用模板并方便施工,确定截面尺寸时,通常要考虑以下一些规定:

(1)现浇的矩形梁梁宽 b 常取为120 mm、150 mm、180 mm、200 mm、220 mm、250 mm,250 mm以上者以50 mm为模数递增。梁高 h 常取为250 mm、300 mm、350 mm、400 mm、…、800 mm,以50 mm为模数递增;800 mm以上则可以100 mm为模数递增。

(2)梁的高度 h 通常可根据跨度 l_0 确定,简支梁的高跨比 h/l_0 一般为1/12 ~ 1/8。矩形截面梁的高宽比 h/b 一般为2 ~ 3。

1.2 混凝土保护层

在钢筋混凝土构件中,为防止钢筋锈蚀,并保证钢筋和混凝土能牢固地黏结在一起,钢筋外面必须有足够厚度的混凝土保护层(见图2-5)。这种必要的保护层厚度主要与钢筋混凝土结构构件的种类、所处环境等因素有关。纵向受力钢筋的混凝土保护层厚度是指从纵向受力钢筋外边缘到混凝土近表面的垂直距离,用 c 表示,其值不应小于纵向受力钢筋直径及表2-1所列的数值,同时不宜小于粗骨料最大粒径的1.25倍。梁中箍筋和构造钢筋的保护层厚度不应小于15 mm;钢筋端头保护层不应小于15 mm。水工混凝土结构所处的环境类别见表2-2。

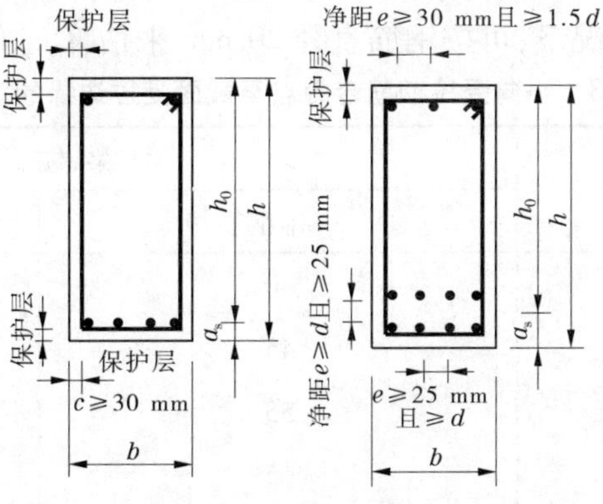

图2-5 混凝土保护层、纵筋净距和截面有效高度

表 2-1　混凝土保护层最小厚度 c　　（单位：mm）

项次	构件类别	环境条件类别				
		一	二	三	四	五
1	板、墙	20	25	30	45	50
2	梁、柱、墩	30	35	45	55	60
3	截面厚度不小于 2.5 m 的底板及墩墙	—	40	50	60	65

注：1. 直接与地基接触的结构底层钢筋或无检修条件的结构，保护层厚度应适当增大。

2. 有抗冲耐磨要求的结构面层钢筋，保护层厚度应适当增大。

3. 混凝土强度等级不低于 C30 且浇筑质量有保证的预制构件或薄板，保护层厚度可按表中数值减小 5 mm。

4. 钢筋表面涂塑或结构外表面敷设永久性涂料或面层时，保护层厚度可适当减小。

5. 严寒和寒冷地区受冻的部位，保护层厚度还应符合《水工建筑物抗冰冻设计规范》(SL 211—2006)的规定。

表 2-2　水工混凝土结构所处的环境类别

环境类别	环境条件
一	室内正常环境
二	室内潮湿环境；露天环境；长期处于水下或地下的环境
三	淡水水位变化区；有轻度化学侵蚀性地下水的地下环境；海水水下区
四	海上大气区；轻度盐雾作用区；海水水位变化区；中度化学侵蚀性环境
五	使用除冰盐的环境；海水浪溅区；重度盐雾作用区；严重化学侵蚀性环境

1.3　截面有效高度

在计算梁承载力时，混凝土开裂后，拉力完全由钢筋承担，则梁发挥作用的截面高度应为受拉钢筋合力点到受压混凝土边缘的距离，这一距离称为截面有效高度，用 h_0 表示。如图 2-5 所示，$h_0 = h - a_s$，a_s 值可由混凝土保护层最小厚度 c 和钢筋直径 d 计算得出。当钢筋单排布置时，$a_s = c + d/2$；当钢筋双排布置时，$a_s = c + d + e/2$，其中 e 为两排钢筋的净距。对梁来说，一般情况下，可按钢筋直径 20 mm 来估算 a_s 值(见表 2-3)。

表 2-3　纵向受拉钢筋合力点至截面受拉边缘的距离 a_s　　（单位：mm）

环境条件类别	梁、柱、墩	
	一排钢筋	二排钢筋
一	40	65
二	45	70
三	55	80
四	65	90
五	70	95

1.4 梁内钢筋构造

梁内的钢筋有纵向受力钢筋、弯起钢筋、箍筋、架立筋、腰筋和拉筋等,如图2-6所示。

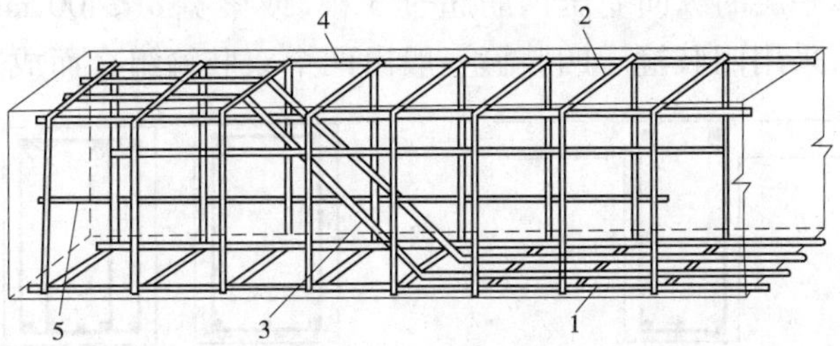

—纵向受力钢筋;2—箍筋;3—弯起钢筋(斜筋);4—架立筋;5—腰筋

图2-6 梁内的钢筋

1.4.1 纵向受力钢筋

(1)钢筋种类与直径。梁的纵向受力钢筋宜采用HRB335级、HRB400级钢筋。为了保证钢筋骨架的刚度,并便于施工,梁内纵向受力钢筋的直径不能太小。同时,为了防止混凝土裂缝过大和钢筋在混凝土中可能滑动,也不宜采用很粗的钢筋。梁内常用的纵向受力钢筋直径为10~28 mm。在同一根构件中,受力钢筋直径最好相同。为了选配钢筋方便和节约钢材,有时也可选用两种不同直径的钢筋,此时应使两种钢筋直径相差2 mm以上,以便施工时容易识别,但不宜超过4~6 mm,以使截面受力均匀。

(2)纵向受力钢筋根数。梁中受力钢筋根数太多时,会增加浇筑混凝土的难度,太少又不足以选择弯起筋来满足斜截面抗剪要求,且受力也不均匀。在梁中,钢筋根数至少为2根,以满足钢筋骨架的要求。受力钢筋数量根据正截面承载力计算确定。

(3)纵向受力钢筋间距及布置。为了使混凝土和钢筋之间有足够的黏结力,并且为了避免钢筋太密而影响混凝土的浇筑质量,要求两根钢筋之间保持一定的距离。梁的下部纵向钢筋的净距不应小于钢筋最大直径d,也不应小于25 mm;上部纵向钢筋的净距不应小于1.5倍钢筋的最大直径d,也不应小于30 mm及最大骨料粒径的1.5倍;梁的下部纵向受力钢筋尽可能排成一层,当根数较多时,也可排成两层或三层,其中外侧钢筋的根数宜多一些,直径宜大一些。当梁下部纵向钢筋为两层时,纵向钢筋的净距不应小于钢筋最大直径d,也不应小于25 mm,如图2-5所示。当梁下部纵向钢筋多于两层时,两层以上纵向钢筋的净距应比下面两层的净距大1倍。上、下层钢筋应对齐布置,以免影响混凝土浇筑质量。

(4)梁内受力钢筋标注方式为:钢筋根数+钢筋级别符号+钢筋直径,如4 Φ25。

1.4.2 箍筋

梁中箍筋应按计算确定,当按计算不需要时,应按规范规定的构造要求配置箍筋。

(1)箍筋的作用。箍筋除用来提高梁的抗剪能力外,同时能固定纵向受力筋和构造钢筋并与其形成钢筋骨架。

(2)箍筋的强度。考虑到高强度的钢筋延性较差,施工时成型困难,所以不宜采用高强度钢筋作箍筋。箍筋一般采用HPB235级钢筋,也可采用HRB335级钢筋。

(3)箍筋的形状和肢数。箍筋的形状有封闭式和开口式两种(见图2-7)。矩形截面常采用封闭式箍筋,T 形截面当翼缘顶面另有横向钢筋时,可采用开口箍筋。配有受压钢筋的梁,则必须用封闭式箍筋。箍筋的肢数有单肢、双肢及四肢。箍筋一般采用双肢,当梁宽 $b \geqslant 400$ mm,且一层的纵向受压钢筋超过 3 根,或梁宽 $b < 400$ mm,但一层内纵向受压钢筋超过 4 根时,采用四肢箍。四肢箍一般由两个双肢箍组合而成。

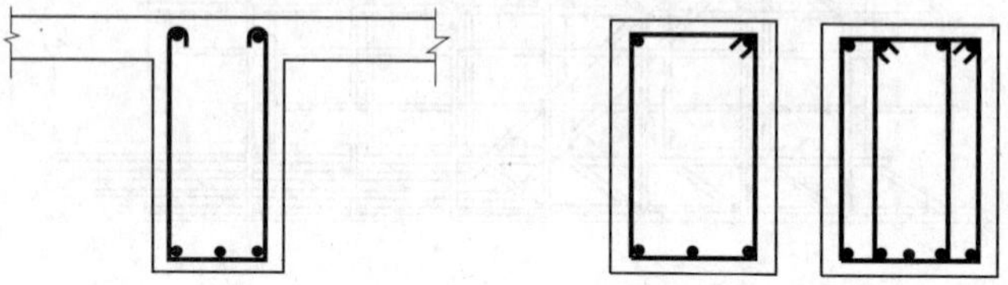

(a)开口式箍筋　　(b)封闭式箍筋

图 2-7　箍筋的形状

(4)箍筋的最小直径。箍筋的最小直径参考梁截面高度而定:当梁高 $h > 800$ mm 时,箍筋直径不宜小于 8 mm;当梁高 $h \leqslant 800$ mm 时,箍筋直径不宜小于 6 mm。当梁内配有计算需要的纵向受压钢筋时,箍筋直径不应小于 $d/4$(d 为受压钢筋中的最大直径),并应做成封闭式。为方便箍筋加工成型,最好不用直径大于 10 mm 的箍筋。

(5)箍筋的布置。在梁跨范围内,当按计算需要配置箍筋时,一般可沿梁的全长均匀布置箍筋,也可以在梁两端剪力较大的部位布置得密一些。当按计算不需配置箍筋时,对高度 $h > 300$ mm 的梁,沿全长均匀布置箍筋;对高度 $h \leqslant 300$ mm 的梁,可仅在构件端部各 1/4 跨度范围内布置;但当在构件中部 1/2 跨内有集中荷载作用时,箍筋仍应沿着全梁布置。

(6)箍筋的最大间距。箍筋的最大间距应符合表 2-4 的规定。

表 2-4　梁中箍筋的最大间距 s_{max}　　(单位:mm)

项次	梁高 h(mm)	$KV > V_c$	$KV \leqslant V_c$
1	$h \leqslant 300$	150	200
2	$300 < h \leqslant 500$	200	300
3	$500 < h \leqslant 800$	250	350
4	> 800	300	400

注:薄腹梁的箍筋间距宜适当减小。

第一根箍筋离开支座或墙边缘的距离应满足 $50\text{ mm} \leqslant s \leqslant s_{max}$,但通常取 $s = 50$ mm,此后的间距取 $s \leqslant s_{max}$。

当梁中配有计算需要的受压钢筋时,箍筋的间距在绑扎骨架中不应大于 $15d$,在焊接骨架中不应大于 $20d$(d 为受压钢筋中的最小直径),同时在任何情况下均不应大于 400 mm;当一层内纵向受压钢筋多于 5 根且直径大于 18 mm 时,箍筋间距不应大于 $10d$。

在绑扎纵筋的搭接长度范围内,当钢筋受拉时,其箍筋间距不应大于 $5d$,且不大于 100 mm;当钢筋受压时,其箍筋间距不应大于 $10d$,且不大于 200 mm。在此,d 为搭接钢筋中的最小直径。

箍筋标注方式为:钢筋级别符号 + 直径 + 间距,如Φ 10@ 150。

1.4.3　弯起钢筋

弯起钢筋的数量、位置由计算确定，一般由纵向受力钢筋弯起而成（见图 2-6），当纵向受力钢筋较少不足以弯起时，也可设置单独的弯起钢筋。弯起钢筋的作用是其弯起段用来承受弯矩和剪力产生的主拉应力，弯起后的水平段承受支座处的负弯矩。

在采用绑扎骨架的钢筋混凝土梁中，承受剪力的钢筋，宜优先采用箍筋。当需要设置弯起钢筋时，弯起钢筋的弯起角一般为 45°，当梁高 $h\geqslant 700$ mm 时也可用 60°。当梁宽较大时，为使弯起钢筋在整个宽度范围内受力均匀，宜在同一截面内同时弯起两根钢筋。

弯起钢筋的弯折终点外应留有足够长的直线锚固段（见图 2-8），其长度在受拉区不应小于 $20d$，在受压区不应小于 $10d$。对于光面钢筋，其末端应设置弯钩。位于梁底两侧的纵向钢筋不应弯起。

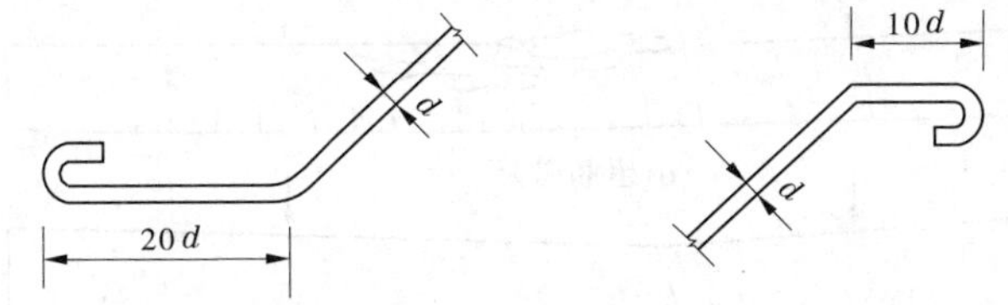

(a)受拉区　(b)受压区

图 2-8　弯起钢筋的直线锚固段

弯起钢筋应采用图 2-9（a）所示吊筋的形式，而不能采用仅在受拉区有较少水平段的浮筋，如图 2-9（b）所示，以防止由于弯起钢筋发生较大的滑移使斜裂缝开展过大，甚至导致斜截面受剪承载力的降低。

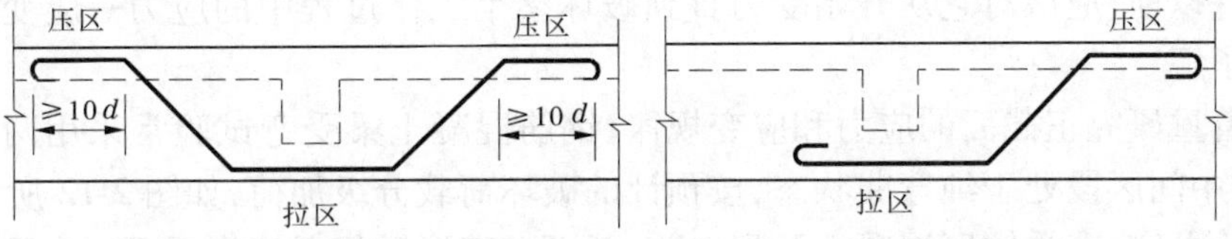

(a)吊筋　(b)浮筋

图 2-9　吊筋及浮筋

1.4.4　架立钢筋

为了使纵向钢筋和箍筋能绑扎成骨架，在箍筋的四角必须沿梁全长配置纵向钢筋，在没有纵向受力钢筋的区段，则应补设架立钢筋（见图 2-10）。

当梁跨 $l<4$ m 时，架立钢筋直径 $d\geqslant 8$ mm；当梁跨 $l=4\sim 6$ m时，架立钢筋直径 $d\geqslant 10$ mm；当梁跨 $l>6$ m 时，架立钢筋直径 $d\geqslant 12$ mm。

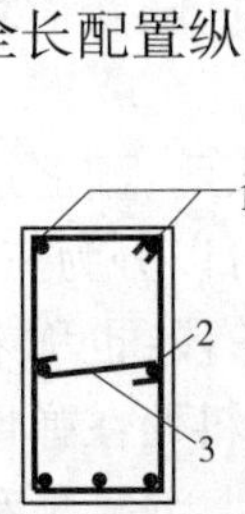

1—架立钢筋；2—腰筋；3—拉筋

图 2-10　架立钢筋、腰筋及拉筋

1.4.5　腰筋及拉筋

当梁的腹板高度 h_w 超过 450 mm 时，在梁的两侧应沿高度设置纵向构造钢筋，称为腰筋，两侧腰筋之间用拉筋连系固定（见图 2-10）。每侧腰筋的截面面积不应小于腹板截面面积 bh_w 的 0.1%（h_w 为截面的腹板高度，矩形截面取截面的有效高度，工字形截面取截面的有效高度减去翼缘高度,工字形截面取腹板净高度),且其间距不宜大于 200 mm。拉筋的直径可取与箍筋相同,拉筋的间距取箍筋间距的整数倍,一般为 500 ~ 700 mm。

2 梁的正截面受弯承载力试验研究

试验表明,钢筋混凝土受弯构件正截面的破坏特征主要与纵向受力钢筋的配筋数量有关。截面尺寸和混凝土强度等级相同的梁,根据其正截面上配置纵向受拉钢筋的数量不同可分为三种破坏形式(见图 2-11)。

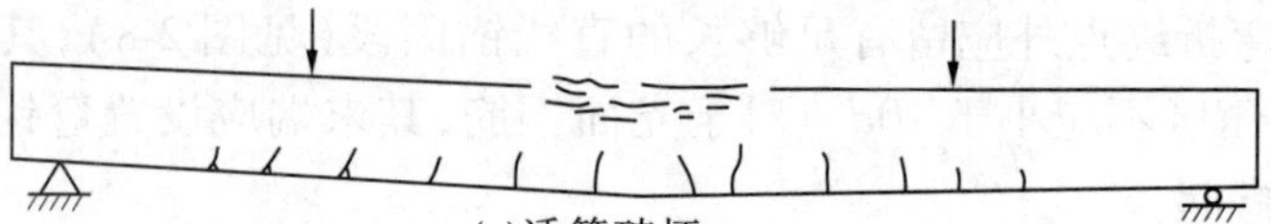

(a)适筋破坏

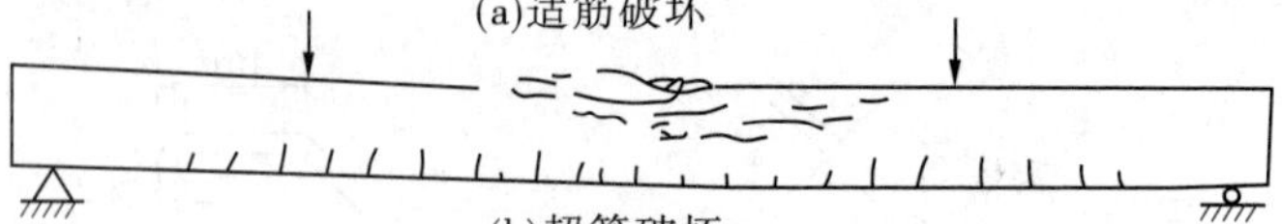

(b)超筋破坏

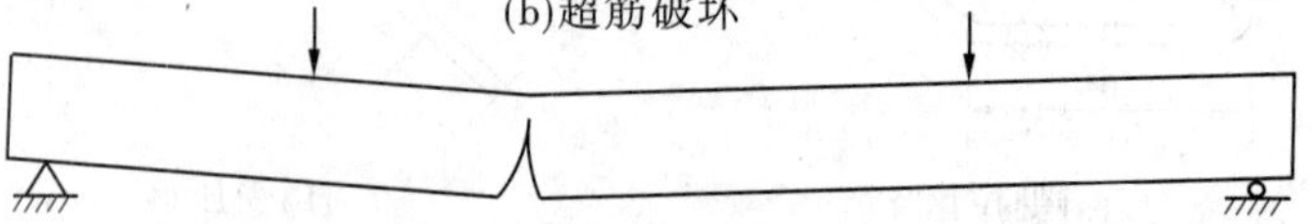

(c)少筋破坏

图 2-11 钢筋混凝土梁正截面的破坏形式

2.1 适筋梁破坏

2.1.1 适筋梁正截面的受力过程

钢筋混凝土构件的计算理论是建立在大量试验的基础上的。因此,在计算钢筋混凝土受弯构件以前,应该对它从开始受力直到破坏整个工作过程中的应力—应变变化规律有充分的了解。

为了着重研究正截面的应力和应变规律,钢筋混凝土梁受弯试验常采用两点对称加荷,使梁的中间区段处于纯弯曲状态,按预计的破坏荷载分级加荷,如图 2-12 所示。

由试验可知,在受拉区混凝土开裂之前,截面在变形后仍保持为平面。在裂缝发生之后,对于特定的裂缝截面来说,截面不再保持为绝对平面,沿截面高度测得的各纤维层的平均应变值从开始加荷到接近破坏,基本上是按直线分布的,即可以认为始终符合平截面假定。另外,随着荷载的增加,受拉区裂缝向上延伸,中和轴不断上移,受压区高度逐渐减小。

试验表明,配筋适量钢筋混凝土梁从加荷到破坏,正截面的应力和应变不断变化,其整个过程可以分为三个阶段。

第Ⅰ阶段:也称未裂阶段,如图 2-13(a)所示。在刚开始加载时,荷载较小,截面上应力不大,材料处在弹性状态,受拉区和受压区混凝土应力分布图形都是三角形,受拉区混凝土未开裂,混凝土和钢筋共同承担拉力。随着荷载的增加,受拉区混凝土表现出塑性性质,其拉应力逐渐呈曲线形分布,直到受拉边缘混凝土达到极限拉应变处于即将开裂的瞬间(弯矩为 M_{cr}),受拉区边缘混凝土的应力达到混凝土抗拉强度 f_t,进入第Ⅰ阶段末。此时受压区混凝土仍处于弹性状态,应力分布图形仍呈三角形。第Ⅰ阶段末的应力状态是受弯构件抗裂验算的依据。

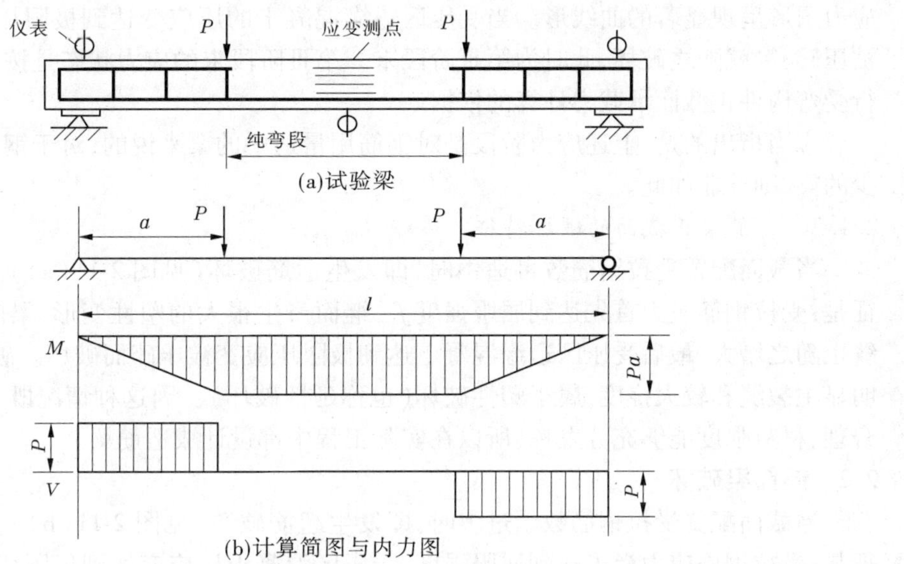

图 2-12　适筋梁正截面试验示意图

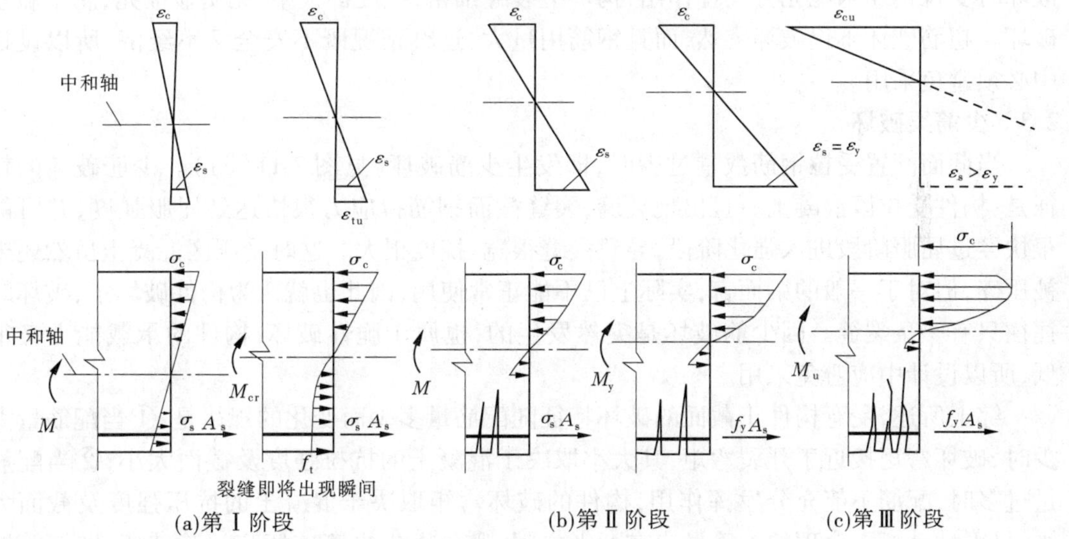

图 2-13　适筋梁正截面应力—应变图形

第Ⅱ阶段：也称裂缝阶段，如图 2-13(b)所示。荷载继续增加，受拉区混凝土开裂且裂缝向上伸展，裂缝截面的受拉混凝土退出工作，拉力几乎全部由钢筋承担，受压区混凝土也已呈现一定的塑性特征，应力分布由三角形变为平缓的曲线形。随着荷载的增加，裂缝加宽加长，中和轴的位置也逐渐上移，钢筋应力不断增大，直到达到屈服强度 f_y（弯矩为 M_y）而进入第Ⅱ阶段末。第Ⅱ阶段末的应力状态是受弯构件正常使用阶段变形和裂缝宽度验算的依据。

第Ⅲ阶段：也称破坏阶段，如图 2-13(c)所示。随着荷载的进一步增加，由于钢筋已经屈服，此时钢筋应力不增加而应变迅速增加，混凝土裂缝很快向上开展，中和轴继续上升，受压区高度不断缩小，混凝土压应力不断增大，受压区混凝土塑性表现得更为充分，压应力图形呈现显著的曲线形。当受压区边缘混凝土的压应变达到极限压应变时，混凝土被压碎，梁就随之破坏，此时为第Ⅲ阶段末。第Ⅲ阶段末的应力状态是按极限状态方法进行受弯构件正截面承载力计算的依据。

应当指出的是，上述应力阶段是对钢筋用量适中的梁来说的，对于钢筋用量过多或过少的梁，则并非如此。

2.1.2 适筋梁正截面的破坏特征

当截面配置受拉钢筋数量适中时，即发生适筋破坏(见图2-11(a))。适筋破坏的特征是：受拉钢筋应力首先达到屈服强度 f_y，继而产生很大的塑性变形，梁的挠度变形和裂缝也随之增大，最后受压区边缘混凝土达到极限压应变被压碎而破坏。破坏前，构件上有明显主裂缝和较大挠度，属于塑性破坏(也称延性破坏)。因这种情况既安全可靠又经济合理，材料强度能够充分发挥，所以在实际工程中都设计成适筋梁。

2.2 超筋梁破坏

当截面配置受拉钢筋数量过多时，即发生超筋破坏(见图2-11(b))。超筋破坏的特征是：受拉钢筋应力尚未达到屈服强度，受压区混凝土压应变达到极限压应变而被压碎。破坏时受拉钢筋未能充分发挥作用，构件上裂缝细密，挠度都很小，无明显征兆，属于脆性破坏。超筋破坏不仅破坏突然，而且钢筋用量大，这种情况既不安全又不经济，所以设计中必须避免采用。

2.3 少筋梁破坏

当截面配置受拉钢筋数量过少时，即发生少筋破坏(见图2-11(c))。少筋破坏的特征是：构件受拉区混凝土一旦出现裂缝，裂缝截面钢筋拉应力很快达到屈服强度，并可能很快经过屈服阶段进入强化阶段，导致裂缝很宽、挠度很大。这时受压区混凝土虽然还未被压碎，但对于一般的梁而言，实际上已不能正常使用，因此也就认为构件破坏了，破坏时往往只有一条裂缝。因少筋破坏是突然发生的，也属于脆性破坏，构件的承载能力又很低，所以设计中应避免采用。

综上所述，受弯构件正截面的破坏特征随配筋量多少而变化的规律是：①当配筋量太少时，破坏弯矩接近于开裂弯矩，其大小取决于混凝土的抗拉强度及截面大小；②当配筋量过多时，配筋不能充分发挥作用，构件的破坏弯矩取决于混凝土的抗压强度及截面大小，呈脆性破坏。合理的配筋量应在两者之间，避免发生少筋破坏和超筋破坏，即钢筋混凝土梁设计必须采用适筋截面。梁的正截面承载力计算公式就是在适筋破坏的基础上推导的。

3 梁的正截面受弯承载力计算

3.1 正截面承载力计算的规定

3.1.1 基本假定

钢筋混凝土受弯构件正截面承载力的计算依据的是适筋梁在第Ⅲ阶段末的应力状态。为了建立基本计算公式，《规范》在大量试验研究的基础上做出以下四条假定：

(1)平截面假定。构件正截面在弯曲变形后仍保持为一平面，即截面上每一纵向纤维的应变沿梁高呈线性分布。

(2)不考虑截面受拉区混凝土的抗拉强度，即假定截面受拉区的拉力全部由纵向受拉钢筋来承担。

(3)受压区混凝土的应力应变关系采用理想化的应力—应变曲线(见图 2-14)。混凝土弯曲受压时，当 $\varepsilon_c \leqslant 0.002$ 时，应力与应变关系曲线为抛物线；当压应变 $\varepsilon_c > 0.002$ 时，应力与应变关系曲线为水平线，其极限压应变 ε_{cu} 取 0.003 3，相应的最大压应力取混凝土轴心抗压强度设计值 f_c。

(4)软钢的应力与应变关系曲线见图 2-15。纵向钢筋的应力等于钢筋应变 ε_s 与其弹性模量 E_s 的乘积，但不应大于其相应的强度设计值。即钢筋屈服之前，应力按 $\sigma_s = E_s\varepsilon_s$ 计算；钢筋屈服之后，应力一律取为强度设计值 f_y。

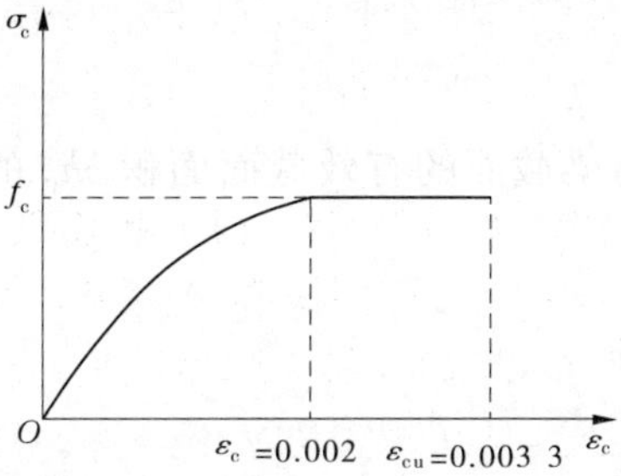

图 2-14　混凝土 $\sigma_c \sim \varepsilon_c$ 曲线

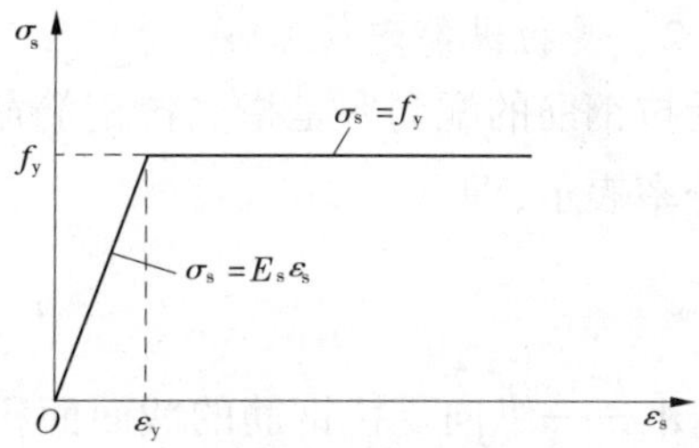

图 2-15　有明显屈服点钢筋的 $\sigma_s \sim \varepsilon_s$ 曲线

3.1.2　受压区混凝土的等效应力图形

根据平截面假定，可得到每一纵向纤维的应变值，在受压区混凝土的应力与应变关系曲线上可得到与某一应变值对应的应力值。这样，便可绘制出受压区混凝土的应力图形(见图 2-16(c))。由于得到的应力图形为二次抛物线，不便计算，根据两个应力图形合力相等和合力作用点位置不变的原则，将其简化为等效矩形分布的应力图形(见图 2-16(d))。

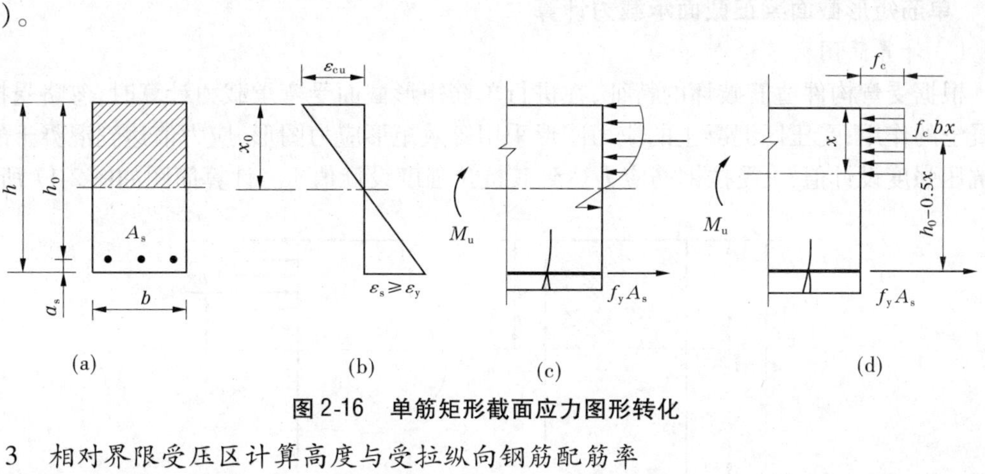

图 2-16　单筋矩形截面应力图形转化

3.1.3　相对界限受压区计算高度与受拉纵向钢筋配筋率

3.1.3.1　相对界限受压区计算高度 ξ_b

相对受压区计算高度是等效矩形混凝土受压区计算高度 x 与截面有效高度 h_0 的比值，用 $\xi = x/h_0$ 表示。相对界限受压区计算高度是指在正截面上受拉钢筋达到屈服的同时，受压区混凝土压应力达到极限压应变 ε_{cu}，这时混凝土受压区计算高度 x_b 与截面有效

高度 h_0 的比值,称为相对界限受压区计算高度,以 ξ_b 表示,即 $\xi_b = x_b/h_0$。这一临界破坏状态就是适筋梁与超筋梁的界限。当混凝土强度等级不大于 C60 时,常用钢筋的 ξ_b 值见表 2-5。

表 2-5　钢筋混凝土构件常用钢筋的 ξ_b、α_{sb} 及 α_{smax} 值

钢筋级别	ξ_b	$\alpha_{sb}=\xi_b(1-0.5\xi_b)$	$0.85\xi_b$	$\alpha_{smax}=0.85\xi_b(1-0.5\times0.85\xi_b)$
HPB235	0.614	0.425	0.522	0.386
HRB335	0.550	0.399	0.468	0.358
HRB400	0.518	0.384	0.440	0.343
RRB400	0.518	0.384	0.440	0.343

3.1.3.2　受拉纵筋配筋率 ρ

受拉钢筋的配筋率是指受拉钢筋截面面积 A_s 与梁截面的有效截面面积 bh_0 的比值,以百分率表示,即

$$\rho = \frac{A_s}{bh_0} \times 100\% \tag{2-1}$$

式中　A_s——纵向受拉钢筋的截面面积,mm^2;

b——梁的截面宽度,mm;

h_0——梁截面的有效高度,mm。

通常用 ρ_{max} 表示受拉钢筋的最大配筋率,用 ρ_{min} 表示受拉钢筋的最小配筋率。当 $\rho > \rho_{max}$ 时,说明将发生超筋破坏;当 $\rho < \rho_{min}$ 时,说明将发生少筋破坏;当 $\rho_{min} \leqslant \rho \leqslant \rho_{max}$ 时,说明将发生适筋破坏。为避免发生超筋破坏与少筋破坏,截面设计时,应控制受拉纵筋的配筋率 ρ 在 $\rho_{min} \sim \rho_{max}$ 内。

3.2　单筋矩形截面梁正截面承载力计算

3.2.1　计算简图

根据受弯构件适筋破坏的特征,在进行单筋矩形截面受弯承载力计算时,忽略受拉区混凝土的作用;受压区混凝土的应力图形采用等效矩形应力图形,应力值达到混凝土的轴心抗压强度设计值 f_c;受拉钢筋应力达到其抗拉强度设计值 f_y。计算简图如图 2-17 所示。

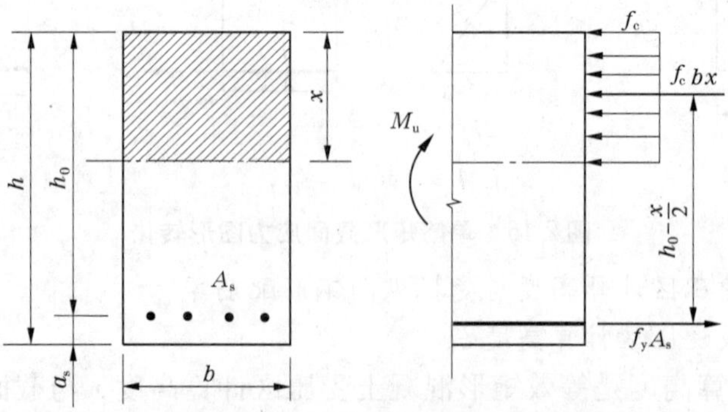

图 2-17　单筋矩形截面梁正截面承载力计算简图

3.2.2 基本公式

根据计算简图(见图 2-17),由截面内力的平衡条件,并满足承载能力极限状态设计表达式的要求,可得出两个基本计算公式:

$$KM \leqslant M_u = f_c bx(h_0 - \frac{x}{2}) \tag{2-2}$$

$$f_c bx = f_y A_s \tag{2-3}$$

式中 M——弯矩设计值, N · mm;

K——承载力安全系数,按表 1-12 取用;

f_c——混凝土轴心抗压强度设计值,N/mm^2,按表 1-7 取用;

b——矩形截面宽度,mm;

x——混凝土受压区计算高度,mm;

h_0——截面有效高度,mm,$h_0 = h - a_s$,h 为截面高度,a_s 为纵向受拉钢筋合力点至截面受拉边缘的距离;

f_y——钢筋抗拉强度设计值,N/mm^2,按表 1-4 取用;

A_s——受拉区纵向钢筋截面面积,mm^2。

在式(2-2)和式(2-3)中,是假定受拉钢筋的应力达到 f_y,受压混凝土的应力达到 f_c 的。这种应力状态只在配筋量适中的构件中才会发生,所以基本公式只适用于适筋梁,而不适用于超筋梁和少筋梁。应用基本公式时应满足下面两个适用条件:

$$x \leqslant 0.85\xi_b h_0 \tag{2-4}$$

$$\rho \geqslant \rho_{min} \tag{2-5}$$

式中 ξ_b——相对界限受压区计算高度,对于热轧钢筋,按表 2-5 取用;

ρ——受拉区纵向钢筋配筋率;

ρ_{min}——受弯构件纵向受拉钢筋最小配筋率,按附表 3 取用。

式(2-4)是为了防止配筋过多而发生超筋破坏,式(2-5)是为了防止配筋过少而发生少筋破坏。

按式(2-2)和式(2-3),在已知材料强度、截面尺寸等条件下,可联立解出受压区高度 x 及受拉钢筋截面面积 A_s 值,但比较麻烦。为了计算方便,可将式(2-2)及式(2-3)改写如下:

将 $\xi = x/h_0$(即 $x = \xi h_0$)代入式(2-2)、式(2-3),并令

$$\alpha_s = \xi(1 - 0.5\xi) \tag{2-6}$$

则有

$$KM \leqslant M_u = \alpha_s f_c bh_0^2 \tag{2-7}$$

$$f_c b\xi h_0 = f_y A_s \tag{2-8}$$

此时,其适用条件相应为

$$\xi \leqslant 0.85\xi_b \tag{2-9}$$

$$\rho \geqslant \rho_{min} \tag{2-10}$$

3.2.3 基本公式应用

钢筋混凝土受弯构件的正截面承载力计算有截面设计和截面复核两种情况。

3.2.3.1　截面设计

截面设计时，一般可先根据建筑物使用要求、外荷载（弯矩设计值）大小及所选用的混凝土与钢筋等级，凭设计经验或参考类似结构确定构件的截面尺寸 b 及 h，然后计算受拉钢筋截面面积 A_s。

在设计中，可有多种不同截面尺寸的选择。显然，截面尺寸定得大，配筋率 ρ 就可小一些；截面尺寸定得小，配筋率 ρ 就会大一些。截面尺寸的选择应使计算得出的配筋率 ρ 处在常用配筋率范围之内。矩形截面梁常用配筋率范围为 0.6% ~1.5%，T 形截面梁常用配筋率范围为 0.9% ~1.8%。应当指出的是，对于有特殊使用要求的构件，其配筋率则应灵活处理。比如，为了减轻预制构件的自重，有时采用比常用配筋率略高的数值；对于有抗裂要求的构件，其配筋率将低于上述数值。

正截面抗弯配筋计算步骤如下：

(1)作出梁的计算简图（见图 2-18）。计算简图中应标明计算跨度、支座和荷载的情况。

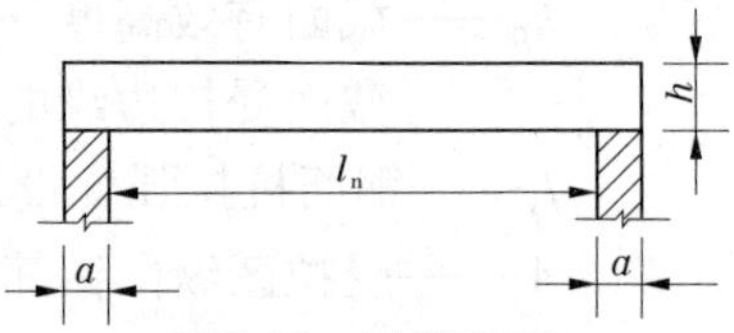

图 2-18　计算简图

计算跨度 l_0 可取下列数值的较小者：

简支梁

$$l_0 = l_n + a$$

$$l_0 = 1.05 l_n$$

式中　l_n——梁的净跨度，mm；

a——梁的支承长度，mm。

(2)计算设计弯矩值 M。

对于简支梁，按作用在梁上的全部荷载（永久荷载及可变荷载），求出跨中最大弯矩设计值。对于外伸梁，则应根据荷载最不利组合，分别求出简支梁跨跨中最大正弯矩和支座最大负弯矩设计值。

(3)配筋计算。

第一步：由式(2-7)计算 α_s。

$$\alpha_s = \frac{KM}{f_c b h_0^2}$$

第二步：按式(2-6)求 ξ，$\xi = 1 - \sqrt{1 - 2\alpha_s}$，并验算 ξ 是否满足式(2-9)。若不满足，说明截面尺寸过小，可能发生超筋破坏，则应加大截面尺寸、提高混凝土强度等级或采用双筋截面重新设计。

第三步：由式(2-8)计算出所需要的钢筋截面面积 A_s。

$$A_s = \xi b h_0 \frac{f_c}{f_y}$$

第四步：计算配筋率 $\rho = A_s/(bh_0)$，并检查是否满足适用条件式(2-10)。若不满足，则应按最小配筋率 ρ_{min} 配筋，即取 $A_s = \rho_{min} b h_0$，或减小截面尺寸重新设计。

最好使求得的 ρ 处在常用配筋率范围内，若不在常用配筋率范围内，可修改截面尺寸，重新计算，经过一二次计算后，就能够确定出合适的截面尺寸和钢筋数量。

第五步：由附录表 1 选择合适的钢筋直径及根数。实际采用的钢筋截面面积一般应等于或略大于计算所需的钢筋截面面积，若小于计算所需要的面积，则两者相差不应超过5%。钢筋的直径和间距等应符合有关构造规定。

(4)绘制截面配筋图。

截面配筋图上应标注截面尺寸和配筋情况，注意按适当比例绘制。梁中纵向钢筋标注方式为根数+钢筋级别符号+直径，如4 Φ25。

活动1：单筋矩形截面梁正截面设计案例

【案例2-1】 某建筑物级别为2级的钢筋混凝土矩形截面简支梁，处于室内正常环境，截面尺寸 $b \times h = 250\ \text{mm} \times 650\ \text{mm}$，荷载效应组合为基本组合，承受弯矩设计值 $M = 225\ \text{kN} \cdot \text{m}$，混凝土强度等级为C20，HRB335级钢筋，试配置截面受力钢筋。

解：材料强度设计值 $f_c = 9.6\ \text{N/mm}^2$，$f_y = 300\ \text{N/mm}^2$，$\xi_b = 0.55$；梁处于一类工作环境，取 $a_s = 40\ \text{mm}$；2级建筑物，荷载效应组合为基本组合，$K = 1.20$。

$$h_0 = h - a_s = 650 - 40 = 610(\text{mm})$$

(1)求 α_s。

$$\alpha_s = \frac{KM}{f_c b h_0^2} = \frac{1.20 \times 225 \times 10^6}{9.6 \times 250 \times 610^2} = 0.302$$

(2)求 ξ。

$$\xi = 1 - \sqrt{1 - 2\alpha_s} = 1 - \sqrt{1 - 2 \times 0.302}$$
$$= 0.371 < 0.85\xi_b = 0.85 \times 0.55 = 0.467\ 5$$

截面尺寸满足要求。

(3)求 A_s。

$$A_s = \xi b h_0 \frac{f_c}{f_y} = 0.371 \times 250 \times 610 \times \frac{9.6}{300} = 1\ 810.5(\text{mm}^2)$$

(4)计算 ρ。

$$\rho = \frac{A_s}{b h_0} = \frac{1\ 810.5}{250 \times 610} = 1.19\% > \rho_{min} = 0.20\%$$

(5)选配钢筋，绘制配筋图。

查附录表1，选配钢筋2 Φ22+2 Φ25($A_s = 1\ 742\ \text{mm}^2$)。

$$e = \frac{b - 2c - \sum d}{n - 1} = \frac{250 - 2 \times 30 - (2 \times 22 + 2 \times 25)}{4 - 1} = 32(\text{mm}) > d_{max} = 25\ \text{mm}$$

钢筋间距满足要求，正截面配筋图见图2-19。

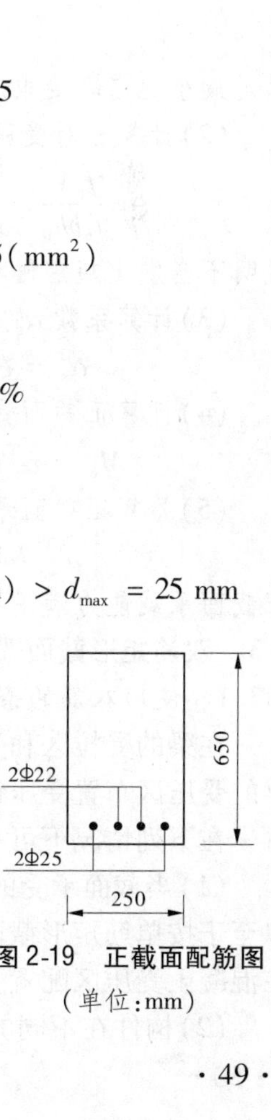

图2-19　正截面配筋图

(单位：mm)

3.2.3.2　承载力复核

承载力复核是在已知构件截面尺寸、受力钢筋截面面积、混凝土等级和钢筋等级的条件下，验算该正截面承载能力是否满足要求。可按下列步骤进行：

第一步：验算配筋率是否满足 $\rho = \frac{A_s}{b h_0} \geqslant \rho_{min}$。若 $\rho < \rho_{min}$，应重新进行配筋计算。若为已建成的工程，则应降低使用条件。

第二步：按式(2-8)计算相对受压区计算高度 ξ，并检查是否满足式(2-9)的条件。若不满足，表示截面属于超筋截面，承载力受混凝土受压区控制，则取 $\xi = 0.85\xi_b$。

第三步：按由式(2-6)求 α_s。

$$\alpha_s = \xi(1 - 0.5\xi)$$

第四步：计算正截面受弯承载力 M_u。$M_u = \alpha_s f_c b h_0^2$。

第五步：验算 M_u 是否满足 $KM \leqslant M_u$。若满足，则截面安全；否则，截面不安全。

活动 2：单筋矩形截面梁正截面承载力复核案例

【案例 2-2】 某建筑物级别为 3 级，其钢筋混凝土矩形截面筒支梁的截面尺寸 $b \times h = 250\ \text{mm} \times 500\ \text{mm}$，处于室内正常环境，正常使用承受弯矩设计值 $M = 75\ \text{kN} \cdot \text{m}$，采用混凝土强度等级为 C25，HRB335 级钢筋，配置受力钢筋为 3 Φ 18，试复核该梁正截面受弯承载力是否满足要求。

解： 材料强度设计值 $f_c = 11.9\ \text{N/mm}^2$，$f_y = 300\ \text{N/mm}^2$，$\xi_b = 0.55$；纵向受拉钢筋截面面积 $A_s = 763\ \text{mm}^2$；一类工作环境，$a_s = 40\ \text{mm}$；3 级建筑物，荷载效应组合为基本组合，$K = 1.20$，$h_0 = h - a_s = 500 - 40 = 460(\text{mm})$。

(1) 验算配筋率是否满足要求。

$$\rho = \frac{A_s}{bh_0} = \frac{763}{250 \times 460} = 0.66\% > \rho_{\min} = 0.20\%$$

满足最小配筋率要求。

(2) 计算相对受压区计算高度 ξ。

$$\xi = \frac{f_y A_s}{f_c b h_0} = \frac{300 \times 763}{11.9 \times 250 \times 460} = 0.167 < 0.85\xi_b = 0.85 \times 0.55 = 0.4675$$

说明不会发生超筋破坏。

(3) 计算系数 α_s。

$$\alpha_s = \xi(1 - 0.5\xi) = 0.167 \times (1 - 0.5 \times 0.167) = 0.153$$

(4) 计算正截面受弯承载力 M_u。

$$M_u = \alpha_s f_c b h_0^2 = 0.153 \times 11.9 \times 250 \times 460^2 = 96.31(\text{kN} \cdot \text{m})$$

(5) 验算正截面承载能力是否满足要求。

$$KM = 1.20 \times 75 = 90(\text{kN} \cdot \text{m}) < M_u = 96.31\ \text{kN} \cdot \text{m}$$

正截面承载能力满足要求。

3.3 双筋矩形截面梁正截面承载力计算

3.3.1 使用双筋的条件

在梁的受拉区和受压区同时按计算配置纵向受力钢筋的截面称为双筋截面。由于在梁的受压区布置受压钢筋来承受压力是不经济的，故一般情况下不宜采用。

在下列情况下可采用双筋截面：

(1) 当截面承受的弯矩较大，而截面高度及材料强度等级又由于种种原因不能提高，以至于按单筋矩形截面计算时 $x > 0.85\xi_b h_0$，即出现超筋情况时，可采用双筋截面。此时在混凝土受压区配置受压钢筋是补充混凝土抗压能力的不足。

(2) 构件在不同的荷载组合下承受异号弯矩的作用，如风荷载作用下的框架横梁，由于风向的变化，在同一截面既可能出现正弯矩又可能出现负弯矩，此时就需要在梁的上下方都布置受力钢筋。

(3)在抗震地区，为了增加构件截面的延性，一般应在其受压区配置一定数量的受压钢筋。

3.3.2 基本公式及适用条件

双筋截面是在单筋截面的基础上，在受压区配置一定数量的受压钢筋帮助受压混凝土承受压力。试验表明，双筋截面只要满足 $\xi \leqslant 0.85\xi_b$，就仍具有单筋截面适筋构件的破坏特征。

3.3.2.1 双筋矩形截面受弯构件的计算应力图形

钢筋和混凝土之间具有黏结力，所以受压钢筋与周边混凝土共同变形，具有相同压应变，即 $\varepsilon_s' = \varepsilon_c$。当构件受压边缘混凝土纤维达到极限压应变 ε_{cu} 时，受压钢筋应力 $\sigma_s' = \varepsilon_s' E_s = \varepsilon_c E_s = \varepsilon_{cu} E_s$。其中，$\varepsilon_{cu}$ 值在 0.002～0.004 内变化。为安全起见，计算受压钢筋应力时取 $\varepsilon_{cu} = 0.002$，则 $\sigma_s' = 0.002 \times 2.0 \times 10^5 = 400(\text{N/mm}^2)$。

试验表明，若采用中、低强度钢筋作受压钢筋，且混凝土受压区计算高度 $x \geqslant 2a_s'$（a_s' 为受压钢筋合力点到受压区边缘的距离），则在构件破坏时受压钢筋应力就能达到屈服强度 f_y'；若采用高强度钢筋作为受压钢筋，由于受到混凝土极限压应变限制，钢筋强度不能充分发挥，钢筋抗压强度设计值只能取 360 N/mm²，所以受压钢筋一般不宜采用高强钢筋。双筋矩形截面梁正截面承载力计算应力图形见图 2-20。

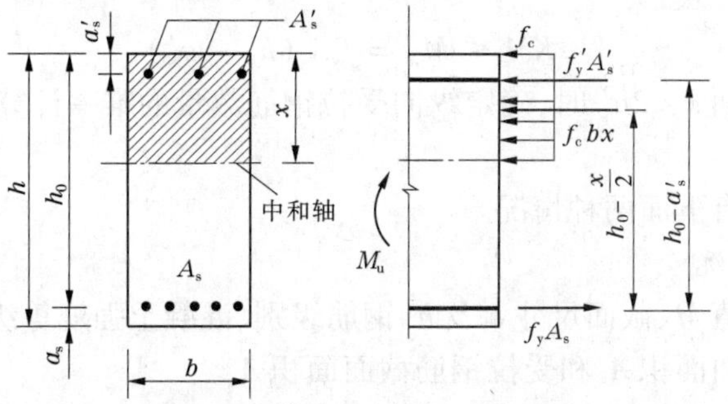

图 2-20 双筋矩形截面梁正截面承载力计算应力图形

3.3.2.2 基本公式

根据图 2-20、截面内力的平衡条件以及承载能力极限状态设计表达式的要求，可写出如下基本计算公式：

$$KM \leqslant M_u = f_c bx\left(h_0 - \frac{x}{2}\right) + f_y' A_s'(h_0 - a_s') \tag{2-11}$$

$$f_c bx + f_y' A_s' = f_y A_s \tag{2-12}$$

为简化计算，将 $x = \xi h_0$ 及 $\alpha_s = \xi(1 - 0.5\xi)$ 代入上式得

$$KM \leqslant M_u = \alpha_s f_c b h_0^2 + f_y' A_s'(h_0 - a_s') \tag{2-13}$$

$$f_c b \xi h_0 + f_y' A_s' = f_y A_s \tag{2-14}$$

式中 f_y'——纵向钢筋的抗压强度设计值，N/mm² 按表 1-4 取用；

A_s'——受压区纵向钢筋的全部截面面积，mm²；

a'_s——受压区全部纵向钢筋受压合力点至截面受压边缘的距离，mm。

3.3.2.3　公式适用条件

(1) $\xi = x/h_0 \leqslant 0.85\xi_b$。是为了避免超筋破坏，保证截面破坏时纵向受拉钢筋应力能达到抗拉强度设计值 f_y。

(2) $x \geqslant 2a'_s$。是为了保证截面破坏时纵向受压钢筋应力能达到抗压强度设计值 f'_y。

试验表明，当 $x < 2a'_s$ 时，纵向受拉钢筋应力达到 f_y 被拉屈服而破坏，而纵向受压钢筋应力尚未达到 f'_y。截面设计时，可偏安全地取受压纵筋合力点 D_s 与受压混凝土合力点 D_c 重合(见图 2-21)。

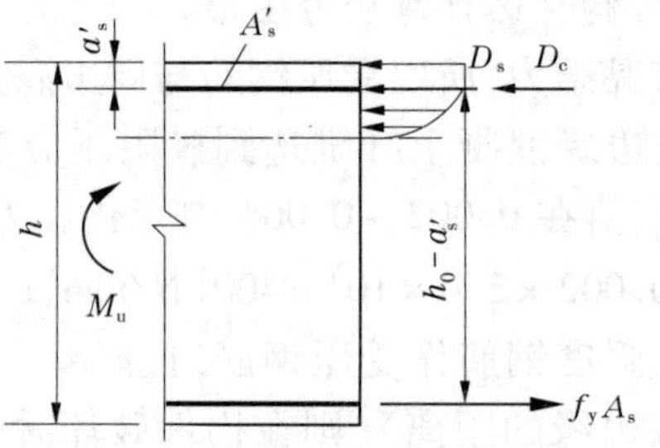

图 2-21　$x < 2a'_s$ 时双筋截面梁计算图形

根据图 2-21，以受压纵筋合力点为矩心，根据承载能力极限状态设计表达式的要求，可以写出如下计算公式：

$$KM \leqslant M_u = f_y A_s (h_0 - a'_s) \tag{2-15}$$

上式为双筋截面 $x < 2a'_s$ 时，确定纵向受拉钢筋数量的唯一计算公式。

3.3.3　截面设计

截面设计一般有下面两种情况。

3.3.3.1　第一种情况

已知弯矩设计值 M、截面尺寸 b 及 h、钢筋级别、混凝土强度等级、结构安全系数 K，要求计算受压钢筋截面面积 A'_s 和受拉钢筋截面面积 A_s。

计算步骤如下：

(1) 判断是否需要采用双筋截面进行设计。

根据式(2-7)求 α_s，再根据 $\xi = 1 - \sqrt{1 - 2\alpha_s}$ 求 ξ。若 $\xi \leqslant 0.85\xi_b$，则按单筋截面进行设计；若 $\xi > 0.85\xi_b$，则按双筋截面进行设计。

(2) 配筋计算。此时，两个基本公式中有三个未知数 A_s、A'_s、x，为充分利用混凝土承受压力，以便使钢筋的总用量(即 $A_s + A'_s$)为最小，应令 $x = 0.85\xi_b h_0$，代入式(2-11)得 A'_s 值，再由式(2-12)求得 A_s 值。

(3) 选配钢筋，绘制截面配筋图。根据钢筋的计算截面面积，从附录表 1 中选出符合构造规定的钢筋的直径和根数，绘制正截面配筋图。

3.3.3.2　第二种情况

已知弯矩设计值 M、截面尺寸 b 及 h、钢筋级别、混凝土强度等级、受压钢筋截面面积 A'_s，只需要计算受拉钢筋截面面积 A_s。

计算步骤如下:

(1)由式(2-13)计算截面α_s。

$$\alpha_s = \frac{KM - f'_y A'_s(h_0 - a'_s)}{f_c b h_0^2}$$

(2)计算混凝土受压区相对高度ξ。$\xi = 1 - \sqrt{1 - 2\alpha_s}$,并将$\xi$与$0.85\xi_b$进行比较:

若$\xi > 0.85\xi_b$,说明已配置受压钢筋的数量不足,此时应按第一种情况重新进行计算。

若$\xi \leqslant 0.85\xi_b$,则应比较$x = \xi h_0$与$2a'_s$之间的关系。若$x \geqslant 2a'_s$,则可由式(2-14)求得A_s值;否则,由式(2-15)求得A_s。

(3)选配钢筋,绘制截面配筋图。根据钢筋的计算截面面积,按附录表1选出符合构造规定的钢筋的直径和根数,绘制正截面配筋图。

活动3:双筋矩形截面梁正截面设计案例

【案例2-3】 已知某2级建筑物的矩形截面简支梁,二类环境条件,截面尺寸$b \times h = 250\ \text{mm} \times 500\ \text{mm}$,计算跨度$l_0 = 6\ 000\ \text{mm}$,在使用期间承受均布荷载设计值$g + q = 42\ \text{kN/m}$(包括自重),混凝土强度等级为C25,HRB335级钢筋。试计算受力钢筋面积(因条件限制截面尺寸、混凝土强度等级不能增大或提高)。

解:$K = 1.20$,$f_c = 11.9\ \text{N/mm}^2$,$f_y = f'_y = 300\ \text{N/mm}^2$。

(1)计算弯矩设计值M。

$$M = \frac{1}{8}(g + q)l_0^2 = \frac{1}{8} \times 42 \times 6^2 = 189(\text{kN} \cdot \text{m})$$

(2)判断是否应采用双筋截面。

因弯矩较大,初步估计纵向受拉钢筋布置成两排,取$a_s = 70\ \text{mm}$,则

$$h_0 = h - a_s = 500 - 70 = 430(\text{mm})$$

$$\alpha_s = \frac{KM}{f_c b h_0^2} = \frac{1.20 \times 189 \times 10^6}{11.9 \times 250 \times 430^2} = 0.412$$

$$\xi = 1 - \sqrt{1 - 2\alpha_s} = 1 - \sqrt{1 - 2 \times 0.412} = 0.58 > 0.85\xi_b = 0.467\ 5$$

应采用双筋截面进行设计。

(3)配筋计算。

受压钢筋布置成一排,取$a'_s = 45\ \text{mm}$。

令$x = 0.85\xi_b h_0 = 0.85 \times 0.55 \times 430 = 201(\text{mm}) > 2a'_s = 2 \times 45 = 90(\text{mm})$

将x代入式(2-11)计算:

$$A'_s = \frac{KM - f_c bx(h_0 - \frac{x}{2})}{f'_y(h_0 - a'_s)}$$

$$= \frac{1.20 \times 189 \times 10^6 - 11.9 \times 250 \times 201 \times (430 - 0.5 \times 201)}{300 \times (430 - 45)}$$

$$= 257.7(\text{mm}^2)$$

代入式(2-12)得

$$A_s = \frac{f_c bx + f'_y A'_s}{f_y} = \frac{11.9 \times 250 \times 201 + 300 \times 257.7}{300} = 2\ 251(\text{mm}^2)$$

(4)选配钢筋,绘制截面配筋图。

选受拉钢筋为 6 Φ 22(A_s = 2 281 mm^2),选受压钢筋为 2 Φ 14(A'_s = 308 mm^2),正截面配筋如图 2-22 所示。

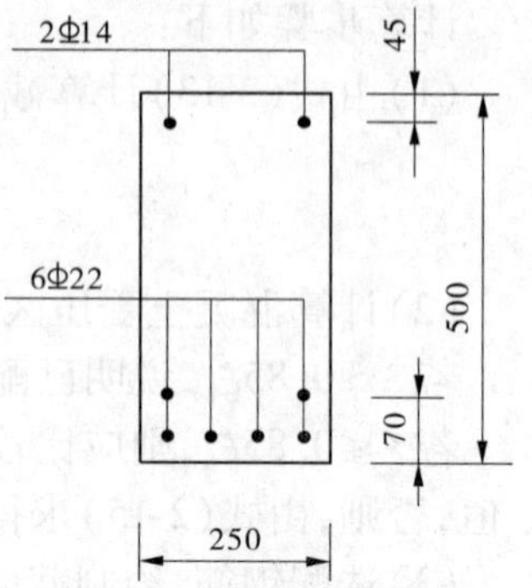

图 2-22 正截面配筋图
(单位:mm)

【案例 2-4】 某 2 级水工建筑物矩形截面简支梁,二类环境条件,截面尺寸 $b \times h$ = 200 mm × 500 mm,弯矩设计值 M = 120 kN · m,受压区已配置钢筋 2 Φ 18(A'_s = 509 mm^2),选用 C20 混凝土、HRB335 级钢筋。试计算受拉钢筋截面面积 A_s。

解:$f_c = 9.6\ N/mm^2$,$f_y = f'_y = 300\ N/mm^2$,$K = 1.20$。

(1)计算 α_s。

初步估计纵向受拉钢筋为一排,取 $a'_s = a_s = 45$ mm,则

$$h_0 = 500 - 45 = 455(mm)$$

$$\alpha_s = \frac{KM - f'_y A'_s(h_0 - a'_s)}{f_c b h_0^2}$$

$$= \frac{1.20 \times 120 \times 10^6 - 300 \times 509 \times (455 - 45)}{9.6 \times 200 \times 455^2} = 0.205$$

$$\xi = 1 - \sqrt{1 - 2\alpha_s} = 1 - \sqrt{1 - 2 \times 0.205} = 0.232 < 0.85\xi_b = 0.467\ 5$$

说明受压区钢筋数量足够。

(2)计算受拉钢筋截面面积 A_s。

$$x = \xi h_0 = 0.232 \times 455 = 105.6(mm) > 2a'_s = 2 \times 45 = 90(mm)$$

$$A_s = \frac{f_c bx + f'_y A'_s}{f_y}$$

$$= \frac{9.6 \times 200 \times 105.6 + 300 \times 509}{300}$$

$$= 1\ 184.8(mm^2)$$

(3)选配钢筋,绘制配筋图。选受拉钢筋为 3 Φ 22(A_s = 1 140 mm^2),实配 A_s 虽小于计算所需要的 A_s,但误差没有超过 5%,故可以认为满足要求。正截面配筋图如图 2-23 所示。

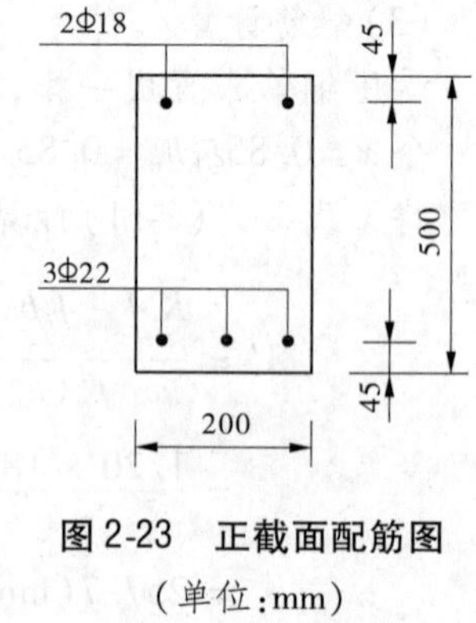

图 2-23 正截面配筋图
(单位:mm)

3.3.4 承载力复核

已知构件截面尺寸 b 及 h、钢筋级别、混凝土强度等级、安全系数 K、受力钢筋截面面积、a'_s 及 a_s 等,在弯矩 M 作用下,复核该构件的正截面是否安全。

可按下列步骤进行:

(1)按式(2-12)确定混凝土受压区计算高度 x:

$$x = \frac{f_y A_s - f'_y A'_s}{f_c b}$$

(2)计算正截面受弯承载力 M_u。

若 $2a'_s \leqslant x \leqslant 0.85\xi_b h_0$，则

$$M_u = f_c bx(h_0 - \frac{x}{2}) + f'_y A'_s(h_0 - a'_s)$$

若 $x < 2a'_s$，不符合基本公式使用条件，则按下式计算：

$$M_u = f_y A_s(h_0 - a'_s)$$

若 $x > 0.85\xi_b h_0$，说明发生超筋，则令 $x = 0.85\xi_b h_0$，并按下式计算：

$$M_u = f_c bx(h_0 - \frac{x}{2}) + f'_y A'_s(h_0 - a'_s)$$

(3)截面承载力复核。

若 $KM \leqslant M_u$，截面安全，否则截面不安全。

活动4：双筋矩形截面梁正截面承载力复核案例

【案例2-5】 某水电站厂房简支梁，1级水工建筑物，计算跨度 $l_0 = 6\ 500$ mm，截面尺寸 $b \times h = 250$ mm × 600 mm，受拉钢筋为6 Φ 22（$A_s = 2\ 281$ mm^2，$a_s = 65$ mm），受压钢筋3 Φ 20（$A'_s = 942$ mm^2，$a'_s = 45$ mm），混凝土强度等级为C25，HRB335级钢筋。现因为检修设备，需临时在跨中承受一集中荷 $Q_k = 80$ kN，同时承受梁与铺板自重产生的均布荷载 $g_k = 12$ kN/m，一类环境条件。试复核此梁截面是否安全。

解：$K = 1.35$，$\xi_b = 0.55$，$f_c = 11.9$ N/mm^2，$f_y = f'_y = 300$ N/mm^2，则

$$h_0 = 600 - 65 = 535(\text{mm})$$

(1)计算跨中弯矩设计值 M。

$$M = \frac{1.05 g_k l_0^2}{8} + \frac{1.2 Q_k l_0}{4}$$

$$= \frac{1.05 \times 12 \times 6.5^2}{8} + \frac{1.20 \times 80 \times 6.5}{4}$$

$$= 222.54(\text{kN} \cdot \text{m})$$

(2)计算正截面受弯承载力 M_u。

$$x = \frac{f_y A_s - f'_y A'_s}{f_c b} = \frac{300 \times 2\ 281 - 300 \times 942}{11.9 \times 250} = 135(\text{mm})$$

$$0.85\xi_b h_0 = 0.85 \times 0.55 \times 535 = 250.11(\text{mm}),\ 2a'_s = 2 \times 45 = 90(\text{mm})$$

$$2a'_s < x < 0.85\xi_b h_0$$

$$M_u = f_c bx(h_0 - \frac{x}{2}) + f'_y A'_s(h_0 - a'_s)$$

$$= 11.9 \times 250 \times 135 \times (535 - 0.5 \times 135) + 300 \times 942 \times (535 - 45)$$

$$= 326.23(\text{kN} \cdot \text{m}) > KM = 1.35 \times 222.54 = 300.43(\text{kN} \cdot \text{m})$$

所以该梁截面安全。

3.4 T形截面梁正截面承载力计算

3.4.1 T形截面的特点

矩形截面梁的受拉区混凝土在承载力计算时，由于开裂而不考虑其作用，若去掉其中一部分，将钢筋集中放置，就成了T形截面，如图2-24所示，这样做并不会降低它的受弯承载力，却能节省混凝土用量并减轻自重，显然较矩形截面有利。T形梁中间部分称为梁

肋，两边伸出部分称为翼缘。对于翼缘位于受拉区的⊥形截面，由于受拉区翼缘混凝土开裂，不起受力作用，所以仍按矩形截面（宽度为肋宽）计算。因此，决定是否按T形截面计算，不能只看其外形，应当看受压区的形状是否为T形。此外，工字形、∏形、箱形及空心截面均可按T形截面计算（见图2-25）。

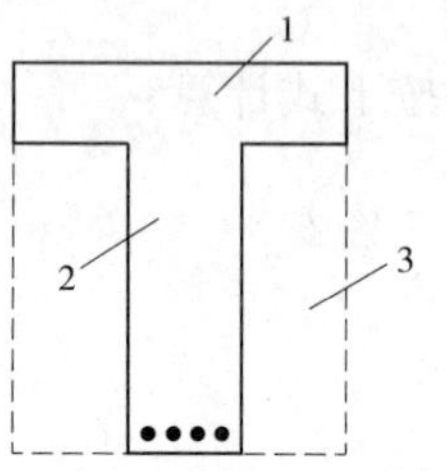

1—翼缘；2—梁肋；3—去掉的混凝土

图 2-24　T形截面的形成

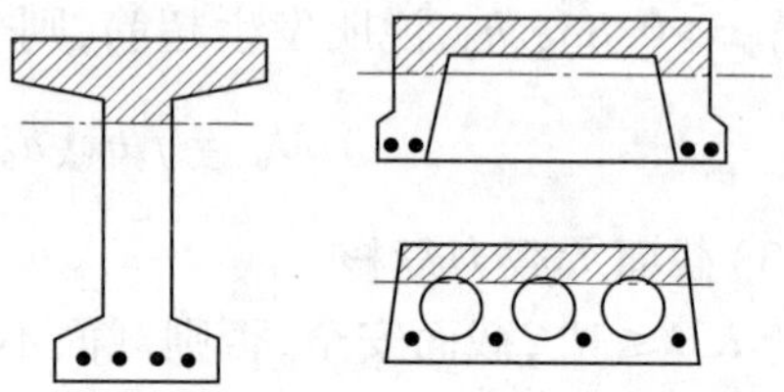

图 2-25　工字形、∏形、空心形截面

3.4.2　翼缘计算宽度 b_f'

试验和理论分析表明，当T形梁受力时，沿翼缘宽度上压应力分布是不均匀的，压应力由梁肋中部向两边逐渐减少，当翼缘宽度很大时，远离梁肋的部分翼缘几乎不承受压力，如图2-26（a）所示。为简化计算，合理确定翼缘宽度，假定在这个范围之内压力均匀分布，之外翼缘不再起作用，此翼缘宽度称为翼缘计算宽度 b_f'，如图2-26（b）所示。翼缘的计算宽度主要与梁的工作情况（是整体梁还是独立梁）、梁的跨度以及受压翼缘高度与截面有效高度之比（即 h_f'/h_0）有关。《规范》规定的翼缘计算宽度列于表2-6中（表中符号见图2-27），计算时，取各项中的最小值。

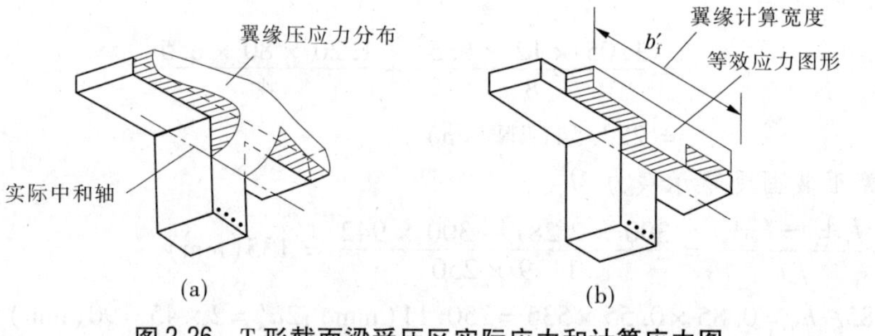

图 2-26　T形截面梁受压区实际应力和计算应力图

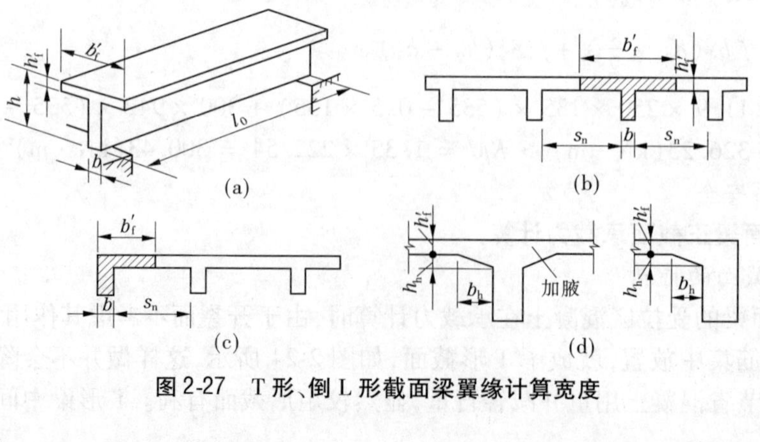

图 2-27　T形、倒L形截面梁翼缘计算宽度

表 2-6　T 形、工字形及倒 L 形截面受弯构件翼缘计算宽度 b'_f

项次	情况		T 形、工字形截面		倒 L 形截面
			肋形梁(板)	独立梁	肋形梁(板)
1	按计算跨度 l_0 考虑		$l_0/3$	$l_0/3$	$l_0/6$
2	按梁(肋)净距 s_n 考虑		$b+s_n$	—	$b+0.5s_n$
3	按翼缘高度 h'_f 考虑	当 $h'_f/h_0 \geq 0.1$	—	$b+12h'_f$	—
		当 $0.1 > h'_f/h_0 \geq 0.05$	$b+12h'_f$	$b+6h'_f$	$b+5h'_f$
		当 $h'_f/h_0 < 0.05$	$b+12h'_f$	b	$b+5h'_f$

注:1. 表中 b 为腹板宽度。

2. 当肋形梁在梁跨内设有间距小于纵肋间距的横肋时,则可不遵守表中项次 3 的规定。

3. 对于加腋的 T 形、工字形和倒 L 形截面,当受压区加腋的高度 $h_h \geq h'_f$ 且加腋的宽度 $b_h \leq 3h_f$ 时,其翼缘计算宽度可按表中项次 3 的规定分别增加 $2b_h$(T 形、工字形截面)和 b_h(倒 L 形截面)。

4. 独立梁受压区翼缘板在荷载作用下经验算沿纵肋方向可能产生裂缝时,计算宽度应取腹板宽度 b。

3.4.3　T 形截面计算的基本公式

3.4.3.1　T 形截面的分类

T 形截面受弯构件,按中和轴所在位置不同分为两类:

(1)中和轴位于翼缘内,即受压区计算高度 $x \leq h'_f$ 的截面为第一类 T 形截面。

(2)中和轴位于梁肋内,即受压区计算高度 $x > h'_f$ 的截面为第二类 T 形截面。

3.4.3.2　T 形截面类型判别

用定义判别 T 形截面类型需求出截面受压区高度 x,比较麻烦。中和轴刚好通过翼缘下边缘(即 $x = h'_f$)时,为两种情况的分界。为此可以通过建立 $x = h'_f$ 时的计算公式对 T 形截面进行判别。

对于截面设计问题,已知 M,其判别方法为:

当 $KM \leq f_c b'_f h'_f (h_0 - \frac{h'_f}{2})$ 时,为第一类 T 形截面;否则,为第二类 T 形截面。

对于截面复核问题,已知 A_s,其判别方法为:

当 $f_y A_s \leq f_c b'_f h'_f$ 时,为第一类 T 形截面;否则,为第二类 T 形截面。

3.4.3.3　第一类 T 形截面基本公式及适用条件

根据图 2-28 和截面内力平衡条件,并满足承载力极限状态表达式的要求,可得以下基本公式:

$$f_c b'_f x = f_y A_s \tag{2-16}$$

$$KM \leq M_u = f_c b'_f x (h_0 - \frac{x}{2}) \tag{2-17}$$

基本公式适用条件为:

(1)$x \leq 0.85\xi_b h_0$。以防止发生超筋破坏。对于第一类 T 形截面,其受压区高度较小,该项条件一般都满足,不必验算。

(2)$\rho \geq \rho_{min}$。以防止发生少筋破坏。对于第一类 T 形截面,此项需要验算。

第一类 T 形截面因中和轴以下受拉区混凝土不起作用,所以这样的 T 形截面与宽度

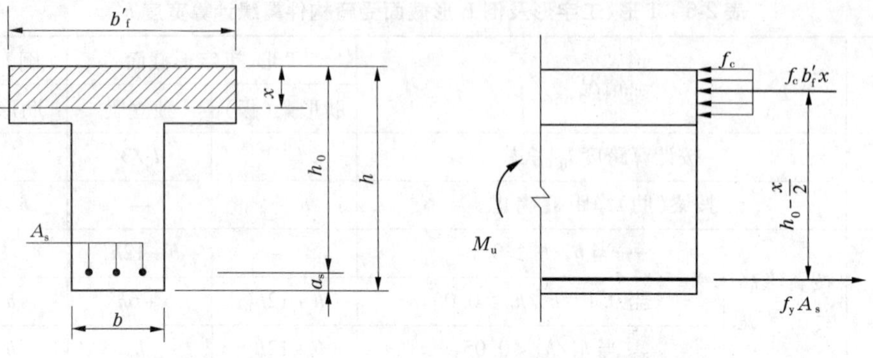

图 2-28　第一类 T 形截面正截面受弯承载力计算图

为 b_f' 的矩形截面完全一样。因而矩形截面的所有公式在此都能应用，只是此时截面的计算宽度是用翼缘计算宽度 b_f'，而不是用梁肋宽度 b。此外，在验算 $\rho \geqslant \rho_{min}$ 时，T 形截面的配筋率仍然用公式 $\rho = A_s/(bh_0)$ 计算，其中 b 为梁肋宽。

3.4.3.4　第二类 T 形截面计算公式及适用条件

根据计算简图（见图 2-29）和内力平衡条件，并满足承载力极限状态表达式的要求，第二类 T 形截面的基本公式为：

$$f_c bx + f_c(b_f' - b)h_f' = f_y A_s \tag{2-18}$$

$$KM \leqslant M_u = f_c bx\left(h_0 - \frac{x}{2}\right) + f_c(b_f' - b)h_f'\left(h_0 - \frac{h_f'}{2}\right) \tag{2-19}$$

式中　b_f'——T 形截面受压区翼缘计算宽度，mm，按表 2-6 确定；

h_f'——T 形截面受压翼缘高度，mm。

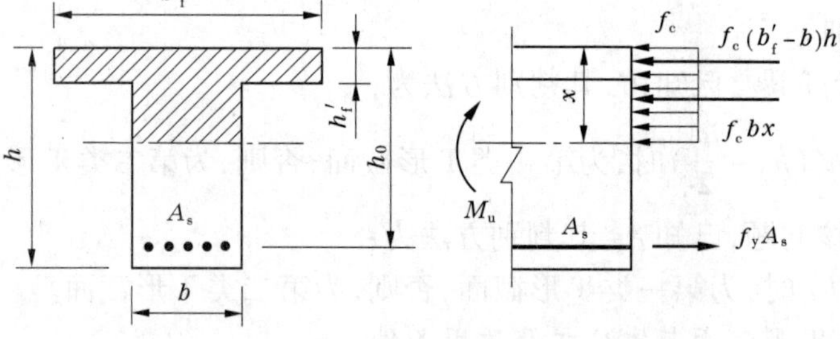

图 2-29　第二类 T 形截面正截面受弯承载力计算图

基本公式适用条件为：

(1) $x \leqslant 0.85\xi_b h_0$。以防止发生超筋破坏。

(2) $\rho \geqslant \rho_{min}$。以防止发生少筋破坏。由于 T 形截面的受拉钢筋配置较多，一般能满足 $\rho \geqslant \rho_{min}$ 的要求，通常可不验算这一条件。

3.4.4　计算方法

3.4.4.1　截面设计

已知弯矩设计值 M、截面尺寸、材料强度等级，求纵向受拉钢筋截面面积 A_s。其计算步骤为：

(1)确定翼缘计算宽度 b_f'。

(2)判别 T 形截面类型。

(3)若为第一类 T 形截面,按梁宽为 b_f' 的矩形截面计算。若为第二类 T 形截面,由式(2-18)及式(2-19)得

$$\alpha_s = \frac{KM - f_c(b_f' - b)h_f'(h_0 - \frac{h_f'}{2})}{f_c b h_0^2}$$

$$\xi = 1 - \sqrt{1 - 2\alpha_s}$$

$x = \xi h_0$,若 $x \leqslant 0.85\xi_b h_0$,则

$$A_s = \frac{f_c b x + f_c(b_f' - b)h_f'}{f_y}$$

否则,需加大截面尺寸或提高混凝土强度等级或改用双筋截面。

(4)选配钢筋,绘制截面配筋图。

活动 5:第一类 T 形截面梁计算案例

【案例 2-6】 某肋形楼盖(2 级建筑物)的次梁,一类环境,计算跨度 $l_0 = 6\ 000$ mm,间距为 2 400 mm,截面尺寸如图 2-30(a)所示。在正常使用阶段,梁跨中截面承受弯矩设计值 $M = 109$ kN·m,采用 C20 混凝土、HRB335 级钢筋,试求该次梁跨中截面所需受拉钢筋面积。

解:$f_c = 9.6\ \text{N/mm}^2$,$f_y = 300\ \text{N/mm}^2$,$K = 1.20$。

(1)确定翼缘计算宽度 b_f'。

估计受拉钢筋布置一排,取 $a_s = 40$ mm,则

$$h_0 = h - a_s = 450 - 40 = 410(\text{mm})$$

按翼缘高度 h_f' 考虑:

$$h_f'/h_0 = 70/410 = 0.171 > 0.1$$

翼缘不受限制。

按梁净距 s_n 考虑:

$$b_f' = b + s_n = 200 + 2\ 200 = 2\ 400(\text{mm})$$

按梁计算跨度 l_0 考虑:

$$l_0/3 = 6\ 000/3 = 2\ 000(\text{mm})$$

翼缘计算宽度取三者最小值,即 $b_f' = 2\ 000$ mm。

(2)判别 T 形截面类型。

$$KM = 1.20 \times 109 = 130.8(\text{kN}\cdot\text{m})$$

$$f_c b_f' h_f'(h_0 - \frac{h_f'}{2}) = 9.6 \times 2\ 000 \times 70 \times (410 - \frac{70}{2})$$

$$= 504 \times 10^6(\text{N}\cdot\text{mm}) = 504\ \text{kN}\cdot\text{m}$$

因 $KM < f_c b_f' h_f'(h_0 - \frac{h_f'}{2})$,所以属于第一类 T 形截面。

(3)配筋计算。

$$\alpha_s = \frac{KM}{f_c b_f' h_0^2} = \frac{1.20 \times 109 \times 10^6}{9.6 \times 2\ 000 \times 410^2} = 0.041$$

$$\xi = 1 - \sqrt{1 - 2\alpha_s} = 1 - \sqrt{1 - 2 \times 0.041} = 0.042$$

$$A_s = b_f' \xi h_0 \frac{f_c}{f_y} = 2\ 000 \times 0.042 \times 410 \times \frac{9.6}{300} = 1\ 102(\text{mm}^2)$$

$$\rho = \frac{A_s}{bh_0} = \frac{1\ 102}{200 \times 410} \times 100\% = 1.3\% \geqslant \rho_{\min} = 0.20\%$$

选用 3 Φ 22(A_s =1 140 mm^2),截面钢筋配置见图 2-30(b)。

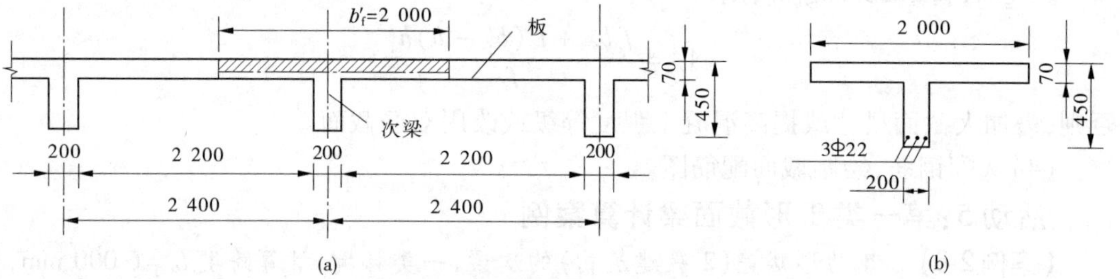

图 2-30　案例附图　(单位:mm)

活动 6:第二类 T 形截面梁计算案例

【案例 2-7】　某电站厂房(1 级建筑物)一吊车梁计算跨度 l_0 =6 000 mm,在使用阶段跨中截面承受弯矩设计值 M =384 kN · m,梁的截面尺寸如图 2-31 所示。采用 C25 混凝土、HRB335 级钢筋,试求钢筋截面面积。

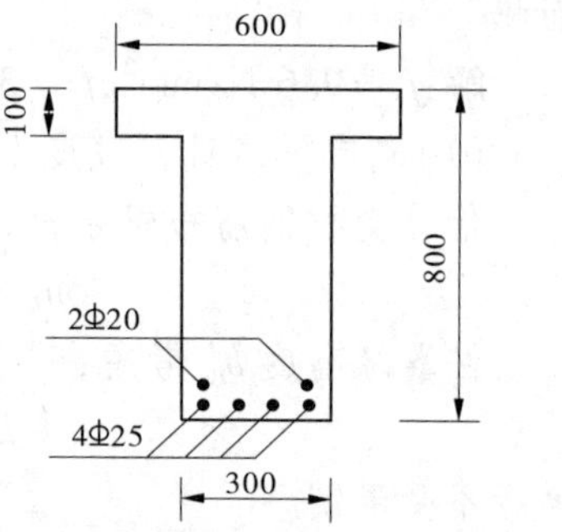

图 2-31　正截面配筋　(单位:mm)

解:f_c =11.9 N/mm^2,f_y =300 N/mm^2,K =1.35。

(1)确定翼缘计算宽度 b_f'。

吊车梁为独立 T 形梁,因弯矩较大,估计纵向受拉钢筋为双排,取 a_s =65 mm,则

$$h_0 = h - a_s = 800 - 65 = 735(\text{mm})$$

按翼缘高度 h_f' 考虑:h_f'/h_0 =100/735 =0.136 >0.1,T 形截面独立梁,则

$$b + 12h_f' = 300 + 12 \times 100 = 1\ 500(\text{mm})$$

按梁跨 l_0 考虑:　　$l_0/3$ =6 000/3 =2 000(mm)

以上两值均大于翼缘实有宽度,所以按 b_f' =600 mm 计算。

(2)判别 T 形截面类型。

$$KM = 1.35 \times 384 = 518.4(\text{kN} \cdot \text{m})$$

$$f_c b_f' h_f' (h_0 - \frac{h_f'}{2}) = 11.9 \times 600 \times 100 \times (735 - \frac{100}{2}) = 489(\text{kN} \cdot \text{m})$$

因 $KM > f_c b_f' h_f' (h_0 - \frac{h_f'}{2})$,所以属于第二类 T 形截面。

(3)配筋计算。

$$\alpha_s = \frac{KM - f_c(b_f' - b)h_f'(h_0 - \frac{h_f'}{2})}{f_c b h_0^2}$$

$$= \frac{1.35 \times 384 \times 10^6 - 11.9 \times (600 - 300) \times 100 \times (735 - 0.5 \times 100)}{11.9 \times 300 \times 735^2}$$

$$= 0.142$$

$$\xi = 1 - \sqrt{1 - 2\alpha_s} = 1 - \sqrt{1 - 2 \times 0.142} = 0.154$$

$$x = \xi h_0 = 0.154 \times 735 = 113.2(\text{mm}) < 0.85\xi_b h_0 = 0.85 \times 0.55 \times 735$$

$$= 343.6(\text{mm})$$

$$A_s = \frac{f_c bx + f_c(b_f' - b)h_f'}{f_y} = \frac{11.9 \times 300 \times 113.2 + 11.9 \times (600 - 300) \times 100}{300}$$

$$= 2\,537(\text{mm}^2)$$

选用4 Φ 25 +2 Φ 20(A_s =2 592 mm^2),正截面配筋见图2-31。

3.4.4.2　承载力复核

已知弯矩设计值M、截面尺寸、材料强度等级、纵向受拉钢筋截面面积A_s,复核梁的正截面是否安全。其步骤为:

(1)确定翼缘计算宽度b_f'。

(2)判别T形截面类型。

(3)若为第一类T形截面,则按宽度为b_f'的矩形截面复核。若为第二类T形截面,则由式(2-18)得:

$$x = \frac{f_y A_s - f_c(b_f' - b)h_f'}{f_c b}$$

当$x \leqslant 0.85\xi_b h_0$时

$$M_u = f_c bx(h_0 - \frac{x}{2}) + f_c(b_f' - b)h_f'(h_0 - \frac{h_f'}{2})$$

当$x \geqslant 0.85\xi_b h_0$时,令$x = 0.85\xi_b h_0$,求得$M_u$。

(4)复核截面是否安全。

当$KM \leqslant M_u$时,则截面安全,否则截面不安全。

活动7:T形截面梁承载力复核案例

【案例2-8】 某电站厂房(2级建筑物)一T形截面独立梁的配筋及截面尺寸如图2-32所示,计算跨度l_0 =5 100 mm,在使用阶段跨中截面承受弯矩设计值M =500 kN·m,采用C30混凝土、HRB400级钢筋,试复核截面是否安全。

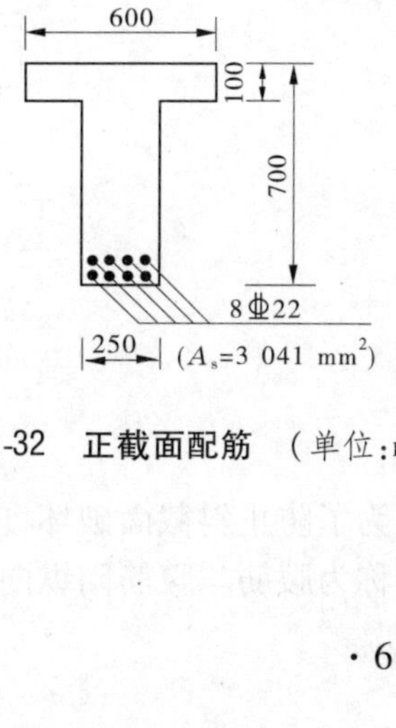

图2-32　正截面配筋　(单位:mm)

解:f_c =14.3 N/mm², f_y =360 N/mm², K =1.20, A_s =3 041 mm²。

(1)确定翼缘计算宽度b_f'。

纵向受拉钢筋布置成双排,取a_s =65 mm,则

$$h_0 = h - a_s = 700 - 65 = 635(\text{mm})$$

按翼缘高度 h_f' 考虑：$h_f'/h_0 = 100/635 = 0.157 > 0.1$，T 形截面独立梁，则

$$b + 12h_f' = 250 + 12 \times 100 = 1\,450(\text{mm})$$

按梁跨 l_0 考虑： $l_0/3 = 5\,100/3 = 1\,700(\text{mm})$

以上两值均大于翼缘实有宽度，所以按 $b_f' = 600$ mm 计算。

(2)判别 T 形截面类型。

$$f_yA_s = 360 \times 3\,041 = 1\,094\,760(\text{N}) > f_cb_f'h_f' = 14.3 \times 600 \times 100 = 858\,000(\text{N})$$

所以属于第二类 T 形截面梁。

(3)求相对受压区计算高度。

$$x = \frac{f_yA_s - f_c(b_f' - b)h_f'}{f_cb} = \frac{360 \times 3\,041 - 14.3 \times (600 - 250) \times 100}{14.3 \times 250}$$

$$= 166.2(\text{mm}) < 0.85\xi_bh_0 = 0.85 \times 0.518 \times 635 = 279.6(\text{mm})$$

$$M_u = f_cbx(h_0 - \frac{x}{2}) + f_c(b_f' - b)h_f'(h_0 - \frac{h_f'}{2})$$

$$= 14.3 \times 250 \times 166.2 \times (635 - \frac{166.2}{2}) + 14.3 \times (600 - 250) \times 100 \times (635 - \frac{100}{2})$$

$$= 620.7(\text{kN} \cdot \text{m})$$

(4)复核截面是否安全。

$$KM = 1.20 \times 500 = 600(\text{kN} \cdot \text{m}) < M_u = 620.7\ \text{kN} \cdot \text{m}$$

故截面安全。

4　梁的斜截面受剪承载力计算

一般情况下，受弯构件除承受弯矩作用外，同时还承受剪力的作用。钢筋混凝土构件在承受弯矩的区段内，其正截面受弯承载力计算已如前所述，而在弯矩和剪力共同作用的剪弯区段内，常常产生斜裂缝（见图 2-33），并可能沿斜截面（斜裂缝）发生破坏，因此在设计时必须进行斜截面承载力计算。

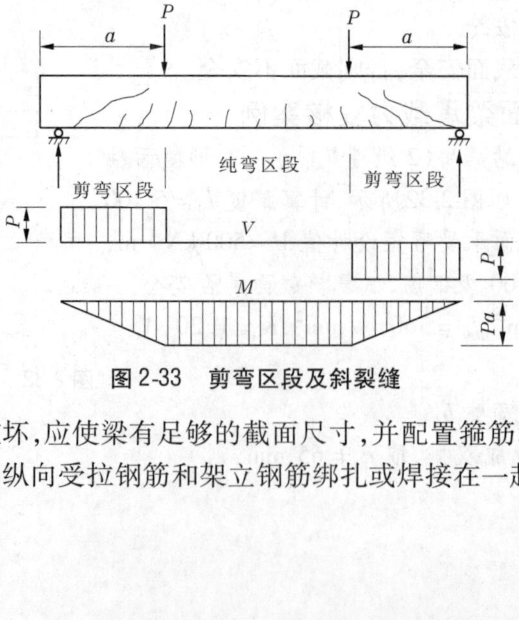

图 2-33　剪弯区段及斜裂缝

为了防止斜截面破坏，应使梁有足够的截面尺寸，并配置箍筋和弯起钢筋，这些钢筋通常称为腹筋。腹筋同纵向受拉钢筋和架立钢筋绑扎或焊接在一起，形成钢筋骨架，与混

凝土共同承受截面弯矩和剪力，防止截面破坏，如图 2-34 所示。

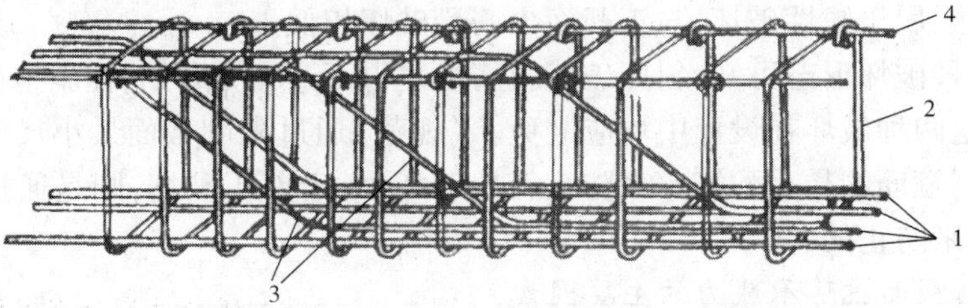

1—纵向受拉钢筋；2—箍筋；3—斜筋（弯起钢筋）；4—架立筋

图 2-34　梁的钢筋骨架

4.1　梁的斜截面受剪破坏分析

4.1.1　有腹筋梁斜截面受剪破坏形态

试验结果表明，有腹筋梁斜截面的受剪破坏形态有斜压破坏、剪压破坏和斜拉破坏三种形态。其破坏形态主要与梁的剪跨比和腹筋用量等因素有关。

4.1.1.1　斜压破坏

当腹筋数量配置过多，或剪跨比较小（$\lambda < 1$）时，斜裂缝将集中荷载作用点和支座间的混凝土分割成若干受压短柱，然后随着荷载增加，最后这些混凝土短柱达到混凝土轴心抗压强度而被压碎，破坏时腹筋未达到屈服，如图 2-35（a）所示。破坏特征是腹筋强度得不到充分利用，是一种没有预兆的脆性破坏，与正截面超筋梁破坏相似。

4.1.1.2　剪压破坏

当腹筋数量配置适当，且剪跨比适中（$1 \leqslant \lambda \leqslant 3$）时，随着荷载的增加，首先在受拉区出现一些垂直裂缝和几根细微的斜裂缝。当荷载增大到一定程度时，在细微斜裂缝中出现一条又宽又长的主要斜裂缝。荷载进一步增加，与主要斜裂缝相交的腹筋应力不断增加，直到屈服，主要斜裂缝向斜上方伸展，使截面受压区高度减小。最后，由于主要斜裂缝顶端余留截面的压应力超过混凝土抗压强度而破坏，如图 2-35（b）所示。其特征是破坏时腹筋能够达到屈服强度，最后剪压区混凝土被压碎而破坏，与正截面适筋梁破坏相似。

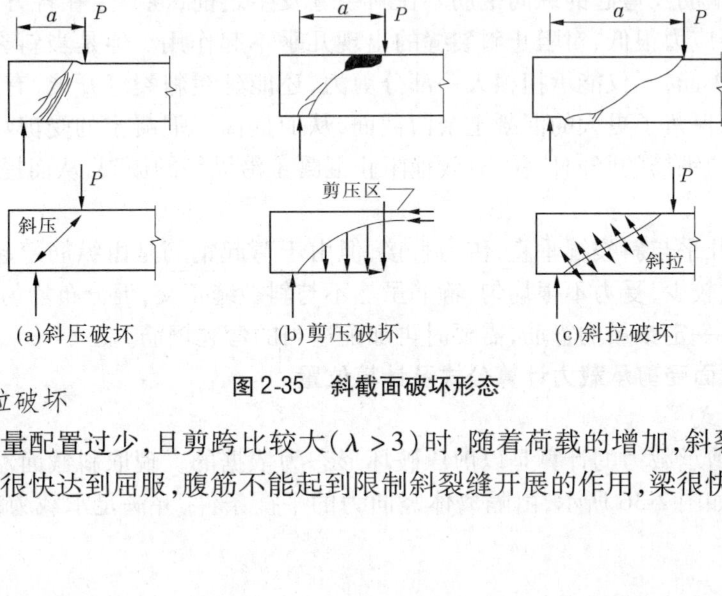

(a)斜压破坏　(b)剪压破坏　(c)斜拉破坏

图 2-35　斜截面破坏形态

4.1.1.3　斜拉破坏

当腹筋数量配置过少，且剪跨比较大（$\lambda > 3$）时，随着荷载的增加，斜裂缝一开裂，腹筋的应力就会很快达到屈服，腹筋不能起到限制斜裂缝开展的作用，梁很快沿斜向裂成两部分而破坏,如图 2-35(c)所示。其特征是破坏荷载与出现斜裂逢时的荷载很接近,一裂即坏,破坏突然,属于脆性破坏,与正截面少筋梁破坏相似。

从以上三种破坏形态可知:斜压破坏腹筋强度得不到充分利用,而斜拉破坏的发生又十分突然,故这两种破坏在设计中均应避免。《规范》通过限制截面最小尺寸来防止斜压破坏,通过控制箍筋的最小配箍率来防止斜拉破坏,对于剪压破坏,则是通过受剪承载力计算配置腹筋来防止的。

4.1.2 影响斜截面抗剪承载力的主要因素

4.1.2.1 剪跨比

梁的剪跨比用 λ 表示。λ 是剪跨 a 和截面有效高度 h_0 的比值,即 $\lambda = a/h_0$,在此 a 为集中荷载作用点至支座截面或节点边缘的距离。剪跨比之所以能影响破坏形态,是因为剪跨比$\lambda = a/h_0 = M/(Vh_0)$反映了截面所承受的弯矩和剪力的相对大小。对梁顶直接施加集中荷截的无腹筋梁,剪跨比 λ 是影响受剪承载力的最主要因素。一般地,当 $\lambda > 3$ 时,为斜拉破坏;当 $\lambda < 1$ 时,可能发生斜压破坏;当 $1 \leqslant \lambda \leqslant 3$ 时,一般为剪压破坏。

对于承受均布荷载的梁,剪跨比的影响可通过跨高比 l_0/h_0 来表示,在此 l_0 是梁的计算跨度,h_0 为截面的有效高度。

4.1.2.2 混凝土强度

混凝土强度反映了混凝土的抗压强度和抗拉强度,直接影响余留截面抵抗主拉应力和主压应力的能力。试验证明,凡截面尺寸及纵向钢筋配筋率相同的受弯构件,受剪承载力随混凝土强度的提高而提高,两者基本呈线性关系。

4.1.2.3 纵筋配筋率

由于斜裂缝破坏的直接原因是受压区混凝土被压碎(剪压)或拉裂(斜拉),因此增加纵筋配筋率 ρ 可抑制斜裂缝向受压区的伸展,从而提高骨料咬合力,并加大了受压区混凝土余留截面及提高了纵筋销栓作用。总之,随着 ρ 的增大,梁的受剪承载力有所提高,但增幅不太大。

4.1.2.4 腹筋用量

腹筋包括箍筋及弯起的纵向钢筋。在斜裂缝发生之前,混凝土在各方向的应变都很小,所以腹筋的应力很低,对阻止斜裂缝的出现几乎不起作用。但是当斜裂缝出现后,与斜裂缝相交的腹筋,不仅能承担很大一部分剪力,还能延缓斜裂缝开展,有效地减少斜裂缝的开展宽度,保留了更大的混凝土余留截面,从而提高了混凝土的受剪承载力。另外,箍筋可限制纵向钢筋的竖向位移,有效地阻止混凝土沿纵筋的撕裂,从而提高纵筋的销栓作用。

弯起钢筋几乎与斜裂缝垂直,传力直接,但由于弯起钢筋是由纵筋弯起而成的,一般直径较粗,根数较少,受力不很均匀;箍筋虽然不与斜裂缝正交,但分布均匀。一般在配置腹筋时,先配以一定数量的箍筋,需要时再加配适当的弯起钢筋。

4.2 梁的斜截面受剪承载力计算公式及计算位置

4.2.1 计算公式

斜截面受剪承载力的计算是以剪压破坏形态为依据的。现取斜截面左侧为隔离体,斜截面的内力如图 2-36 所示,由隔离体竖向力的平衡条件,并满足承载力极限状态的计

算要求,可得基本计算公式为:

$$KV \leqslant V_u = V_c + V_{sv} + V_{sb} \tag{2-20}$$

式中 K——承载力安全系数;

V——构件斜截面上剪力设计值,N;

V_u——斜截面受剪承载力极限值,N;

V_c——剪压区混凝土的受剪承载力设计值,N;

V_{sv}——与斜截面相交的箍筋的受剪承载力设计值,N;

V_{sb}——弯起钢筋的受剪承载力设计值,N。

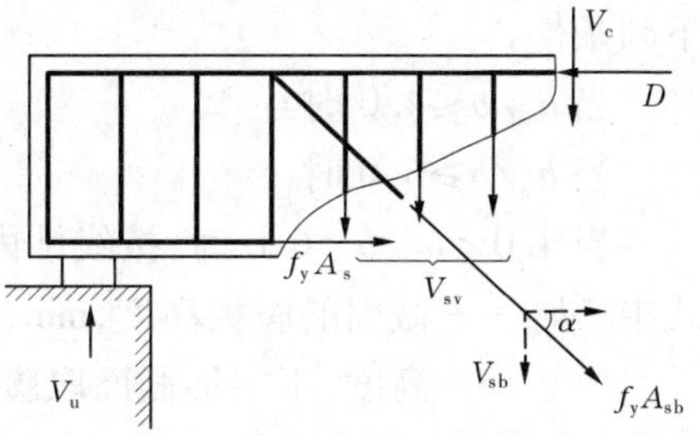

图 2-36 斜截面受剪承载力计算图

4.2.1.1 当仅配箍筋时梁的斜截面受剪承载力 V_u 的计算

仅配箍筋时梁的斜截面受剪承载力 $V_u = V_c + V_{sv}$,公式中的第一项为混凝土所承受的受剪承载力,第二项为箍筋的受剪承载力。《规范》给出了以下两种情况的计算公式。

对于矩形、T 形和工字形截面的受弯构件,其受剪承载力计算公式为:

$$V_u = V_{cs} = V_c + V_{sv} = 0.7f_tbh_0 + 1.25f_{yv}\frac{A_{sv}}{s}h_0 \tag{2-21}$$

对于承受以集中荷载为主的重要的独立梁,其受剪承载力计算公式为:

$$V_u = V_{cs} = V_c + V_{sv} = 0.5f_tbh_0 + f_{yv}\frac{A_{sv}}{s}h_0 \tag{2-22}$$

式中 f_t——混凝土轴心抗拉强度设计值,N/mm^2;

b——矩形截面的宽度或 T 形、工字形截面的腹板宽度,mm;

h_0——截面有效高度,mm;

f_{yv}——箍筋抗拉强度设计值,N/mm^2;

s——箍筋间距,mm;

A_{sv}——配置在同一截面内箍筋的截面面积,mm^2。

4.2.1.2 当配有箍筋和弯起钢筋时梁的斜截面受剪承载力 V_u 的计算

当配有箍筋和弯起钢筋时梁的斜截面受剪承载力 V_u 的计算公式为:

$$V_u = V_c + V_{sv} + V_{sb} \tag{2-23}$$

$$V_{sb} = f_yA_{sb}\sin\alpha \tag{2-24}$$

式中 f_y——弯起钢筋的抗拉强度设计值,N/mm^2;

A_{sb}——同一弯起平面内弯起钢筋截面面积,mm^2;

α——斜截面上弯起钢筋与构件纵向轴线的夹角,一般情况 $\alpha = 45°$,当梁的截面高度 $h \geqslant 800$ mm 时,取 $\alpha = 60°$。

4.2.2 计算公式的适用条件

梁的斜截面受剪承载力计算公式是根据有腹筋梁剪压破坏建立的,为防止斜压破坏和斜拉破坏,还必须确定计算公式的适用条件。

4.2.2.1 防止斜压破坏的适用条件

为了防止梁截面尺寸过小、腹筋配置过多而发生斜压破坏,构件的截面尺寸必须符合下列条件：

当 $h_w/b \leqslant 4.0$ 时　　$KV \leqslant 0.25 f_c b h_0$　　(2-25a)

当 $h_w/b \geqslant 6.0$ 时　　$KV \leqslant 0.2 f_c b h_0$　　(2-25b)

当 $4.0 < h_w/b < 6.0$ 时，按线性内插法取用。

式中　h_w——截面的腹板高度，mm，矩形截面取有效高度，T形截面取有效高度减去翼缘高度，工字形截面取腹板净高。

4.2.2.2　防止斜拉破坏的适用条件

(1)抗剪箍筋的最小配箍率。

抗剪箍筋的配箍率用 ρ_{sv} 来表示，它反映了梁沿纵向单位水平截面含有的箍筋截面面积，计算公式为：

$$\rho_{sv} = \frac{A_{sv}}{bs} = \frac{nA_{sv1}}{bs} \tag{2-26}$$

式中　A_{sv}——同一截面内的箍筋截面面积，mm^2，如图 2-37 所示；

n——同一截面内箍筋的肢数；

A_{sv1}——单肢箍筋截面面积，mm^2；

s——沿梁轴线方向箍筋的间距，mm；

b——梁的截面宽度，mm。

为防止箍筋过少而发生斜拉破坏，梁中抗剪箍筋的配箍率应满足：

$$\rho_{sv} \geqslant \rho_{sv,min} \tag{2-27}$$

箍筋最小配箍率 $\rho_{sv,min}$，当采用 HPB235 级钢筋时为 0.15%，当采用 HRB335 级钢筋时为 0.10%。

(2)腹筋的最大间距。

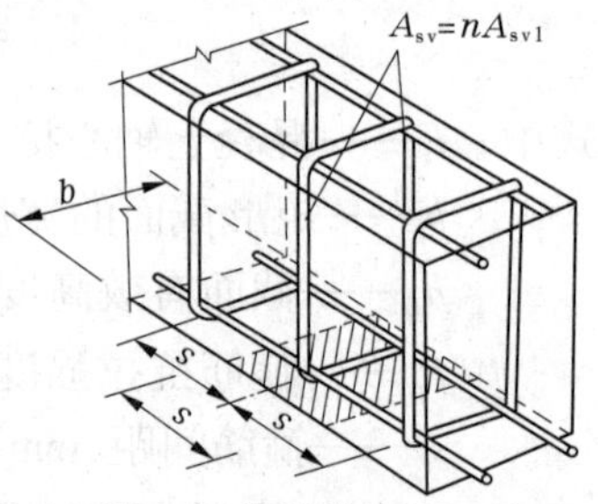

图 2-37　梁的箍筋配置示意图

在满足了最小配箍率要求后，为防止因箍筋选得过粗而间距过大，从而使箍筋无法发挥作用，《规范》规定了最大箍筋间距 s_{max}(见表 2-4)。同样，为防止弯起钢筋间距太大，出现不与弯起钢筋相交的斜裂缝，《规范》规定：当按计算要求配置弯起钢筋时，前一排弯起点至后一排弯终点的距离 s 不应大于表 2-4 中 $KV > V_c$ 的最大箍筋间距 s_{max}，且第一排弯起钢筋弯终点距支座边缘的间距 s_1 也不应大于 s_{max}(见图 2-38)。

4.2.3　斜截面受剪承载力的计算位置

在计算斜截面受剪承载力时，应取作用在该斜截面范围内的最大剪力作为剪力设计值，即斜裂缝起始端的剪力作为剪力设计值。其剪力设计值的计算应根据危险截面确定，通常按下列规定采用(见图 2-39)：

(1)支座边缘处截面(见图 2-39 中截面 1—1)；

(2)受拉区弯起钢筋弯起点处截面(见图 2-39(a)中截面 2—2 和 3—3)；

(3)箍筋截面面积或间距改变处截面(见图 2-39(b)中截面 4—4)；

(4)腹板宽度改变处截面。

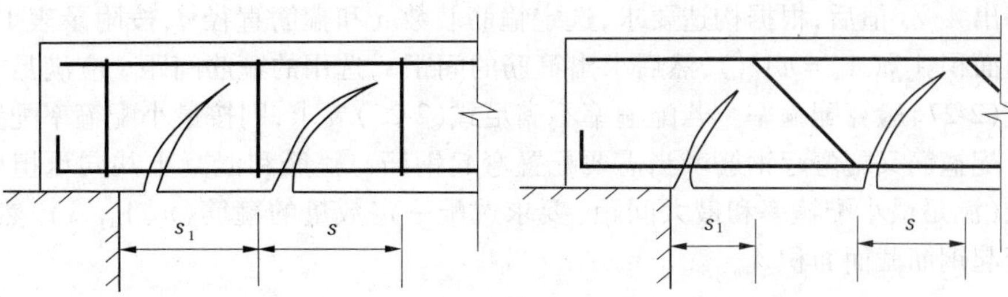

(a)　　　　　　　　　　　　　　　　(b)

s_1—支座边缘到第一根斜筋或箍筋的距离;s—斜筋或箍筋的间距

图 2-38　腹筋间距过大时产生的影响

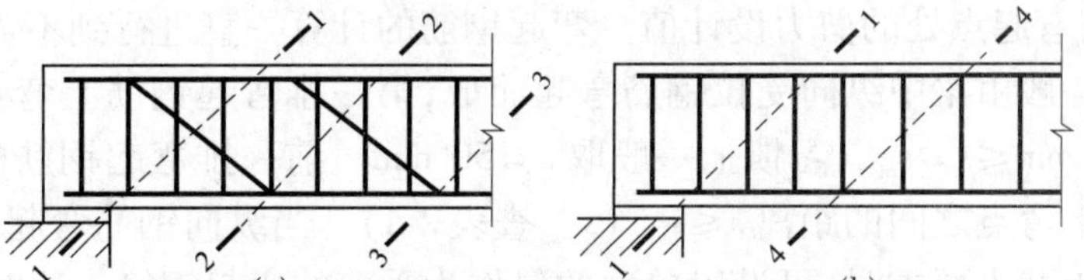

(a)　　　　　　　　(b)

图 2-39　斜截面受剪承载力的计算位置

4.3　梁的斜截面受剪承载力计算方法及步骤

斜截面受剪承载力计算与正截面受弯承载力计算一样,有截面设计和截面复核。

4.3.1　截面设计

截面设计一般先由正截面设计确定截面尺寸、混凝土强度等级及纵向钢筋用量,然后进行斜截面受剪承载力设计计算。其具体步骤为:

(1)绘制梁的剪力图,确定计算截面位置,计算其剪力设计值 V。

(2)复核截面尺寸。按式(2-25)进行构件截面尺寸复核,若不满足要求,则应加大截面尺寸或提高混凝土强度等级。

(3)确定是否按计算配置腹筋。若符合 $KV \leqslant V_c$,则不需进行斜截面受剪配筋计算,仅按构造要求设置箍筋,否则需按计算配置腹筋。按构造设置箍筋时,对于截面高度大于 300 mm 的梁,应按梁的全长设置;对于截面高度小于 300 mm 的梁,可仅在梁的端部各 1/4 跨度范围内设置,但当梁的中部 1/2 跨度范围内有集中荷载作用时,则应沿梁的全长配置。

(4)计算腹筋用量。梁内腹筋通常有两种配置方法:第一种是仅配置箍筋,第二种是既配置箍筋又配置弯起钢筋。至于采用哪一种方法,视构件具体情况、V 的大小及纵向钢筋的配置而定。

①仅配箍筋。

对于矩形、T 形和工字形截面的受弯构件:

$$\frac{A_{sv}}{s} \geqslant \frac{KV - 0.7f_t bh_0}{1.25f_{yv}h_0} \tag{2-28}$$

对于承受以集中荷载为主的重要的独立梁:

$$\frac{A_{sv}}{s} \geqslant \frac{KV - 0.5f_t bh_0}{f_{yv}h_0} \tag{2-29}$$

计算出 A_{sv}/s 值后，根据构造要求，选定箍筋肢数 n 和箍筋直径 d，按附录表 1 查单肢箍筋截面面积 A_{sv1}（$A_{sv}=nA_{sv1}$），然后求出箍筋的间距 s，选用的箍筋间距 s 应满足 $s \leqslant s_{max}$。最后按式(2-27)验算配箍率。若配箍率不满足式(2-27)要求，则按最小配箍率配置箍筋。

②既配箍筋又配弯起钢筋。当需要配置弯起钢筋与箍筋和混凝土共同承担剪力时，先按构造（满足最小配箍率和最大间距）要求选配一定数量的箍筋（n、A_{sv1}、s），然后按下式计算弯起钢筋截面面积 A_{sb}。

$$A_{sb} \geqslant \frac{KV - V_{cs}}{f_y \sin\alpha_s} \tag{2-30}$$

在计算弯起钢筋时，剪力设计值按下列规定采用：计算第一排（对支座而言）弯起钢筋时，取支座边缘截面的剪力设计值；计算以后每一排弯起钢筋时，取用前一排（对支座而言）弯起钢筋弯起点处的剪力设计值。弯起钢筋的计算一直进行到不需要为止。

弯起钢筋一般由梁中纵向受拉钢筋弯起而成，第一排弯起钢筋上弯点距支座边缘的距离应满足 $50\ \text{mm} \leqslant s \leqslant s_{max}$，习惯上一般取 $s=50$ mm。前一排弯起钢筋的下弯点到后一排弯起钢筋的上弯点之间的距离 $s \leqslant s_{max}$（s_{max} 查表 2-4）。当纵向钢筋弯起不能满足正截面和斜截面受弯承载力要求时，可设置单独的仅作为受剪的弯起钢筋。这时，弯起钢筋应采用"吊筋"的形式（见图 2-9(a)）。

活动 8：梁斜截面受剪承载力计算案例

【案例 2-9】 某钢筋混凝土简支梁（见图 2-40(a)），两端支承在 240 mm 厚的砖墙上，该梁处于室内正常环境，2 级水工建筑物；梁净跨 $l_n=3.56$ m，梁截面尺寸 $b\times h=200\ \text{mm}\times 500\ \text{mm}$，在正常使用期间承受永久荷载标准值 $g_k=20$ kN/m（包括自重），可变均布荷载标准值 $q_k=40$ kN/m，采用 C25 混凝土，箍筋为 HPB235 级，纵筋为 HRB335 级（已配 1 ⏀ 22 + 2 ⏀ 25）。试求仅配箍筋时所需要的箍筋数量（取 $a_s=40$ mm）。

解：基本资料：$K=1.20$，$f_c=11.9\ \text{N/mm}^2$，$f_t=1.27\ \text{N/mm}^2$，$f_{yv}=210\ \text{N/mm}^2$。

(1)计算剪力设计值。最危险的截面在支座边缘处，该处的剪力设计值：

$$V=\frac{1}{2}(1.05g_k+1.20q_k)l_n=\frac{1}{2}\times(1.05\times 20+1.20\times 40)\times 3.56=122.82(\text{kN})$$

(2)复核梁的截面尺寸。

$$h_w=h_0=h-a_s=500-40=460(\text{mm})$$

$$\frac{h_w}{b}=\frac{460}{200}=2.3<4.0$$

$$KV=1.20\times 122.82=147.384(\text{kN})$$

$$KV<0.25f_cbh_0=0.25\times 11.9\times 200\times 460$$
$$=273\ 700(\text{N})=273.7\ \text{kN}$$

故截面尺寸满足要求。

(3)验算是否需按计算配置腹筋。

$$V_c=0.7f_tbh_0=0.7\times 1.27\times 200\times 460=81\ 788(\text{N})$$
$$=81.788\ \text{kN}<KV=147.384\ \text{kN}$$

需按计算配置腹筋。

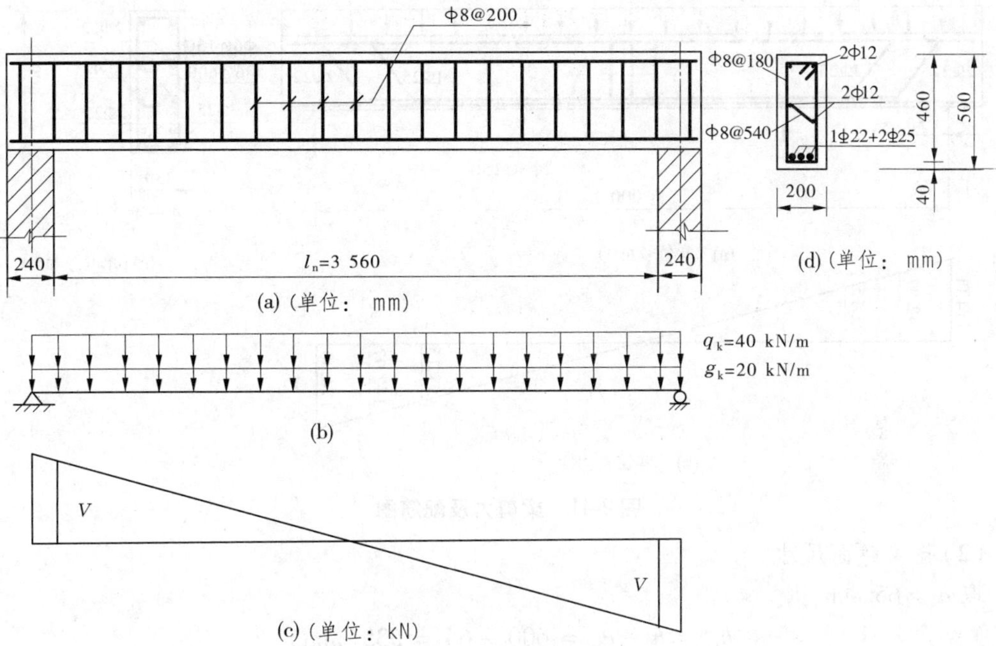

图 2-40　梁剪力和配筋图

(4)仅配箍筋时箍筋数量的确定。

$$\frac{A_{sv}}{s} \geqslant \frac{KV - 0.7f_t bh_0}{1.25f_{yv}h_0} = \frac{1.20 \times 122.82 \times 10^3 - 0.7 \times 1.27 \times 200 \times 460}{1.25 \times 210 \times 460}$$

$$= 0.543(\text{mm}^2/\text{mm})$$

选用双肢Φ8 箍筋，$A_{sv1} = 50.3\ \text{mm}^2$，$n = 2$ 代入上式得 $s \leqslant 185.3$ mm，取 $s = 180$ mm < $s_{max} = 200$ mm。

(5)验算最小配箍率。

$$\rho_{sv} = \frac{A_{sv}}{bs} = \frac{100.6}{200 \times 180} = 0.28\% > \rho_{sv,min} = 0.15\%$$

即箍筋采用Φ8@180，沿全梁布置。另外，在梁的两侧中部设置 2 Φ 12 的腰筋，设置Φ8@540 的拉筋，配筋图见图 2-40(d)。

【案例 2-10】　某矩形截面简支梁(见图 2-41(a))，处于室内正常环境，2 级水工建筑物，承受均布荷载设计值 $g + q = 58$ kN/m(包括自重)，混凝土为 C20，纵向钢筋为 HRB335 级，箍筋为 HPB235 级，梁正截面中已配有受拉钢筋 3 Φ25 + 2 Φ22($A_s = 2\ 233\ \text{mm}^2$)。试给此梁配置腹筋。

解：基本资料：$f_c = 9.6\ \text{N/mm}^2$，$f_t = 1.1\ \text{N/mm}^2$，$f_y = 300\ \text{N/mm}^2$，$f_{yv} = 210\ \text{N/mm}^2$，$K = 1.20$。

(1)支座边缘截面剪力设计值。

$$V_1 = \frac{1}{2}(g + q)l_n = \frac{1}{2} \times 58 \times 6.0 = 174.00(\text{kN})$$

剪力图如图 2-41(b)所示。

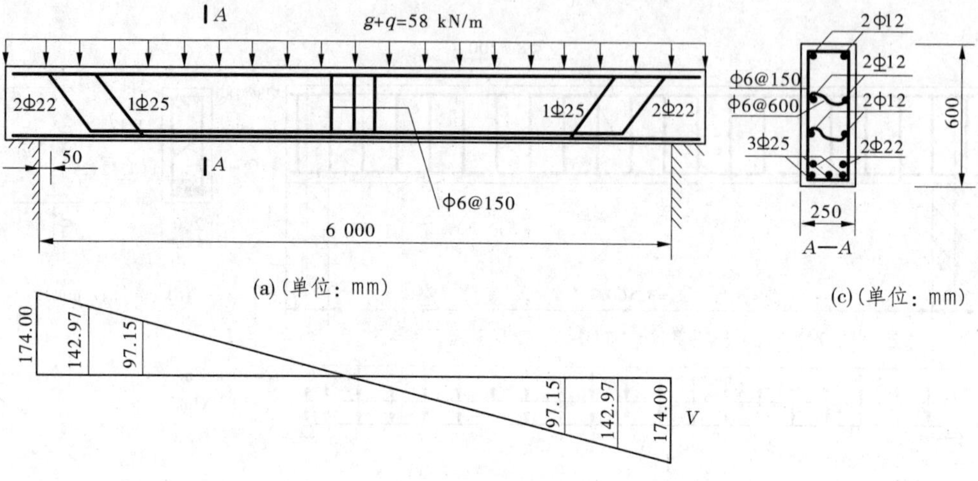

(a) (单位：mm)　(b) (单位：kN)　(c) (单位：mm)

图 2-41　梁剪力及配筋图

(2)验算截面尺寸。

取 $a_s = 65$ mm，则

$$h_0 = h - a_s = 600 - 65 = 535(\text{mm})$$

$$\frac{h_w}{b} = \frac{h_0}{b} = \frac{535}{250} = 2.14 < 4.0$$

$$0.25f_c bh_0 = 0.25 \times 9.6 \times 250 \times 535 = 321\ 000(\text{N}) = 321\ \text{kN}$$

$$KV_1 = 1.20 \times 174 = 208.8(\text{kN}) < 0.25f_c bh_0 = 321\ \text{kN}$$

故截面尺寸满足抗剪要求。

(3)验算是否按计算配置腹筋。

$$V_c = 0.7f_t bh_0 = 0.7 \times 1.1 \times 250 \times 535$$

$$= 102\ 988 = 102.99\ \text{kN} < KV_1 = 208.8\ \text{kN}$$

需要计算腹筋。

(4)腹筋的计算。

初选双肢箍筋Φ 6@150，$A_{sv} = 57\ \text{mm}^2$，$s = 150\ \text{mm} < s_{max} = 250\ \text{mm}$。

$$\rho_{sv} = \frac{A_{sv}}{bs} = \frac{57}{250 \times 150} = 0.152\% > \rho_{sv,min} = 0.15\%$$

$$V_{cs} = 0.7f_t bh_0 + 1.25f_{yv}\frac{A_{sv}}{s}h_0$$

$$= 0.7 \times 1.1 \times 250 \times 535 + 1.25 \times 210 \times \frac{57}{150} \times 535$$

$$= 156\ 354(\text{N}) = 156.354\ \text{kN}$$

$$V_{cs} < KV_1 = 208.8\ \text{kN}$$

需要配置弯起钢筋。

$$A_{sb1} = \frac{KV_1 - V_{cs}}{f_y \sin 45°} = \frac{1.20 \times 174 \times 10^3 - 156.354 \times 10^3}{300 \times 0.707} = 247.3(\text{mm}^2)$$

由纵筋弯起 2 Φ22($A_{sb1}=760\ mm^2$),第一排弯起钢筋的下弯点到支座边缘的距离为 $s_1+(h-2c-d-e)$,其中 $s_1=50\ mm<s_{max}$,$c=30\ mm$,$d=25\ mm$,$e=30\ mm$,则

$$s_1+(h-2c-d-e)=50+(600-2\times30-25-30)=535(mm)$$

该截面上的剪力设计值为

$$V_2=174.00-0.535\times58=142.97(kN)$$

$$KV_2=1.20\times142.97=171.56(kN)>V_{cs}=156.354\ kN$$

需要设置第二排弯起斜筋。

$$A_{sb2}=\frac{KV_2-V_{cs}}{f_y\sin45°}=\frac{171.56\times10^3-156.354\times10^3}{300\times0.707}=71.7(mm^2)$$

由纵筋弯起 1 Φ25($A_{sb2}=490.9\ mm^2$),第二排弯起钢筋的下弯点到支座边缘的距离为 $535+s+(h-2c)$,其中 $s=250\ mm=s_{max}$,$c=30\ mm$,则

$$535+s+(h-2c)=535+250+(600-2\times30)=1\ 325(mm)$$

该截面的剪力设计值为

$$V_3=174.00-1.325\times58=97.15(kN)$$

$$KV_3=1.20\times97.15=116.58(kN)<V_{cs}=156.354\ kN$$

不需要设置第三排弯起斜筋。

在梁的两侧中部设置两排 2 Φ12 的腰筋,设置Φ6@600 的拉筋。配筋图见图 2-41(c)。

4.3.2 斜截面受剪承载力复核

承载力复核是已知材料强度、截面尺寸、腹筋数量,复核斜截面受剪承载力是否满足要求,按下述步骤验算:

(1)复核截面尺寸。

(2)验算腹筋间距及配箍率。

(3)计算受剪承载力 V_u。

若配箍率 $\rho_{sv}<\rho_{sv,min}$,或腹筋间距 $s>s_{max}$,则受剪承载力 $V_u=V_c$。

若 $\rho_{sv}\geqslant\rho_{sv,min}$,且 $s\leqslant s_{max}$,则按式(2-21)或式(2-22)或式(2-23)计算受剪承载力 V_u。

(4)复核斜截面受剪承载力,即验算是否满足 $KV\leqslant V_u$。

活动 9:梁斜截面受剪承载力复核案例

【案例 2-11】 某建筑物级别为 2 级的钢筋混凝土矩形截面简支梁,处于室内正常环境,承受均布荷载,支座截面处剪力设计值 $V=200\ kN$,截面尺寸 $b\times h=200\ mm\times550\ mm$,混凝土强度等级为 C30($f_c=14.3\ N/mm^2$,$f_t=1.43\ N/mm^2$),箍筋采用 HRB335 级钢筋($f_{yv}=300\ N/mm^2$),沿梁全长配置双肢箍Φ8@120,纵向钢筋按单排布置。试验算梁的斜截面受剪承载力是否满足要求。

解:(1)验算截面尺寸。

梁处于一类工作环境,$a_s=40\ mm$;2 级建筑物,$K=1.20$。

$$h_w=h_0=h-a_s=550-40=510(mm)$$

$$\frac{h_w}{b}=\frac{h_0}{b}=\frac{510}{200}=2.55<4$$

$$KV = 1.20 \times 200 = 240(\text{kN})$$

$$KV < 0.25 f_c bh_0 = 0.25 \times 14.3 \times 200 \times 510$$

$$= 364\ 650(\text{N}) = 364.65\ \text{kN}$$

截面尺寸满足要求。

(2)验算箍筋间距及配箍率。

$$s = 120\ \text{mm} \leqslant s_{max} = 250\ \text{mm}$$

$$\rho_{sv} = \frac{A_{sv}}{bs} = \frac{nA_{sv1}}{bs} = \frac{2 \times 50.3}{200 \times 120} = 0.419\% > \rho_{sv,min} = 0.10\%$$

箍筋间距及配箍率均满足要求。

(3)计算受剪承载力 V_u。

$$V_u = V_c + V_{sv}$$

$$= 0.7f_t bh_0 + 1.25f_{yv}\frac{A_{sv}}{s}h_0$$

$$= 0.7 \times 1.43 \times 200 \times 510 + 1.25 \times 300 \times \frac{2 \times 50.3}{120} \times 510$$

$$= 262\ 433(\text{N}) = 262.433\ \text{kN}$$

(4)复核斜截面受剪承载力。

$$KV = 240\ \text{kN} \leqslant V_u = 262.433\ \text{kN}$$

故承载力满足要求。

4.4 梁的斜截面受弯承载力保证措施

钢筋混凝土梁除可能沿斜截面发生受剪破坏外,还可能沿斜截面发生受弯破坏。图 2-42 为一均布荷载简支梁,当出现斜裂缝 AB 时,则斜截面的弯矩 $M_{AB} = M_A < M_{max}$,显然,满足正截面 M_{max} 要求所需的纵向钢筋 A_s,在梁的全跨内既不弯起,也不切断,就必然可以满足任何斜截面的弯矩 M_{AB}。为了使钢筋布置经济合理,可将一部分纵筋在适当位置弯起,承受剪力和支座负弯矩,或将钢筋切断。但是,纵筋被弯起或切断必须满足斜截面的抗弯要求,一般是通过绘制正截面的抵抗弯矩图的方法予以解决。

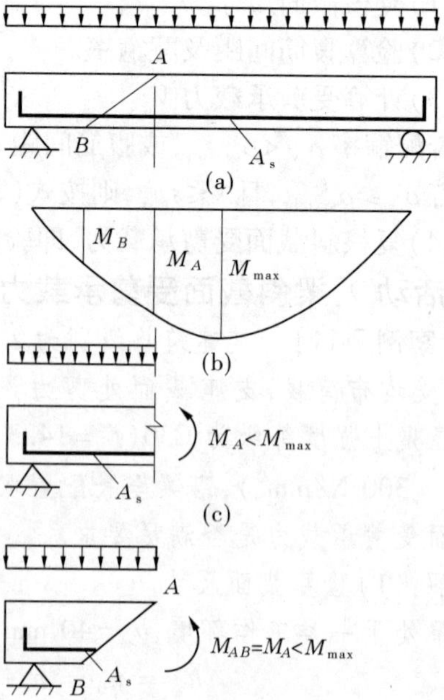

图 2-42 弯矩图与斜截面上的弯矩 M_{AB}

4.4.1 抵抗弯矩图的绘制

抵抗弯矩图(M_R 图)是指按照梁内实配纵筋数量计算并画出的各截面所能抵抗的弯矩图形。各截面实际所能抵抗的弯矩与构件的截面尺寸、纵向钢筋的数量及其布置有关。

下面以某梁中的负弯矩区段为例说明

M_R 图的绘制方法。

4.4.1.1　对每一根钢筋进行编号

凡规格、直径、长度完全相同的钢筋可以编同一个号，否则编为不同的号。

4.4.1.2　最大弯矩所在截面实配钢筋抵抗弯矩的计算和绘制

(1)先按一定比例绘出荷载作用下的弯矩图(M 图)。

(2)计算实配钢筋的抵抗弯矩 M_R 和 M_{Ri}，按同一比例绘制在弯矩图上。

以 M_{max} 表示控制截面的最大弯矩设计值，以 $A_{s计}$ 表示计算所需的钢筋用量，以 $A_{s实}$ 表示实际所配置的纵向钢筋用量，最大弯矩截面所能抵抗的弯矩 M_R 为：

$$M_R = \frac{1}{K} f_y A_{s实} \left(h_0 - \frac{x}{2}\right) \tag{2-31}$$

将 $x = \dfrac{f_y A_{s实}}{f_c b}$ 代入式(2-31)得

$$M_R = \frac{1}{K} f_y A_{s实} \left(h_0 - \frac{f_y A_{s实}}{2 f_c b}\right) \tag{2-32}$$

则第 i 根钢筋抵抗的弯矩为：

$$M_{Ri} = \frac{A_{si}}{A_{s实}} M_R \tag{2-33}$$

现以图 2-43 某梁的负弯矩配筋为例说明 M_R 图的作法。

活动 10：梁的抵抗弯矩图绘制案例

【案例 2-12】　某 2 级建筑物矩形截面外伸梁(见图 2-43)，截面 $b \times h = 250\ mm \times 550\ mm$，支座最大负弯矩设计值 $M_{max} = 136\ kN \cdot m$，采用 C20 混凝土、HRB335 级纵筋，取 $a_s = 40\ mm$，经正截面计算，已配纵筋 2 ⌀ 22 + 2 ⌀ 18($A_{s实} = 1\ 269\ mm^2$)。试计算实配钢筋的抵抗弯矩。

解：基本资料：$K = 1.20$，$f_c = 9.6\ N/mm^2$，$f_y = 300\ N/mm^2$。

$$h_0 = h - a_s = 550 - 40 = 510(mm)$$

由式(2-32)得

$$\begin{aligned} M_R &= \frac{1}{K} f_y A_{s实} \left(h_0 - \frac{f_y A_{s实}}{2 f_c b}\right) \\ &= \frac{1}{1.20} \times 300 \times 1\ 269 \times \left(510 - \frac{300 \times 1\ 269}{2 \times 9.6 \times 250}\right) \\ &= 136.64 \times 10^6 (N \cdot mm) = 136.64\ kN \cdot m \end{aligned}$$

2 ⌀ 18 所承担的抵抗弯矩为：

$$M_{R1} = \frac{A_{s1}}{A_{s实}} M_R = \frac{509}{1\ 269} \times 136.64 = 54.81(kN \cdot m)$$

2 ⌀ 22 所承担的抵抗弯矩为：

$$M_{R2} = \frac{760}{1\ 269} \times 136.64 = 81.83(kN \cdot m)$$

将计算出的 M_R、M_{Ri} 在弯矩图上按同一比例绘出，如图 2-43 所示，图中 $F-1$ 代表 2 ⌀ 18所抵抗的弯矩值，$F-2$ 代表 1 ⌀ 22 + 2 ⌀ 18 所抵抗的弯矩值，$F-3$ 代表 2 ⌀ 22 +

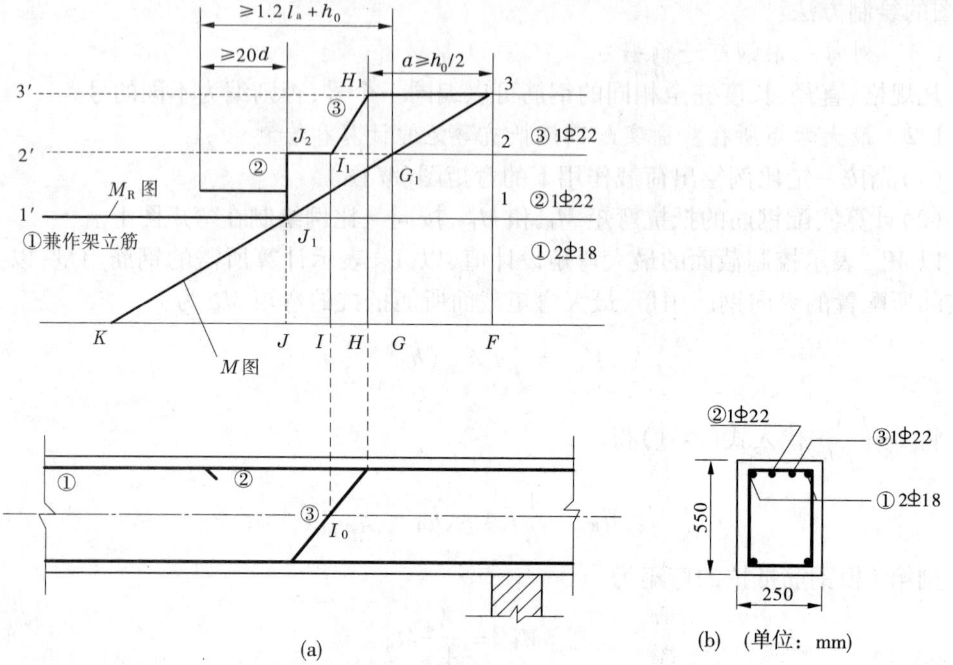

图 2-43 抵抗弯矩图的绘制

2 Φ 18 所抵抗的弯矩值。

4.4.1.3 纵筋的理论切断点与充分利用点

在图2-43中，通过1、2、3点分别作平行于梁轴线的水平线，其中1、2水平线交弯矩内力图于J_1、G_1点。由图可知，在F截面是③号钢筋的充分利用点。在G截面，有1 Φ 22 + 2 Φ 18抗弯即可，故G截面为③号钢筋的不需要点，现将③号钢筋弯下兼作抗剪钢筋用。在G截面②号钢筋的强度得到充分利用，G截面为②号钢筋的充分利点。同理，J截面为②号钢筋的不需要点，同时是①号钢筋充分利用点，依此类推。

一根钢筋的不需要点也称为该钢筋的"理论切断点"。对正截面抗弯来说，这根钢筋在理论上便可以切断，但为保证斜截面抗弯承载力，实际切断点还应延伸一段长度。

4.4.1.4 钢筋切断与弯起时 M_R 图的表示方法

钢筋切断反映在M_R图上便是截面抵抗能力的突变，呈台阶形，如图2-43所示。M_R图在J截面的突变反映②号钢筋在该截面被切断。

将③号钢筋在H截面弯下，M_R图也必然发生改变。由于在弯下的过程中，该钢筋仍能抵抗一定的弯矩，但这种抵抗能力是逐渐下降的，直到I截面弯筋穿过梁的中和轴(即进入受拉区)，它的正截面抗弯能力才认为消失，在H、I截面之间M_R图假设为按斜直线变化。

4.4.1.5 M_R 图与 M 图的关系

M_R图代表梁的正截面抗弯能力，因此在各个截面上按同一比例绘制的M_R图必须将M图包围在内。M_R图与M图越贴近，表明钢筋强度的利用越充分、越经济，但也要照顾到施工的便利，不要片面追求钢筋的利用程度而致使钢筋构造复杂化。

4.4.2 保证斜截面抗弯承载力的构造措施

4.4.2.1 纵筋切断时斜截面抗弯承载力的保证措施

一般情况下,纵向受力钢筋不宜在受拉区切断,因为截断处受力钢筋面积骤减,容易引起混凝土拉应力突增,导致在纵筋截断处过早出现斜裂缝,因此对于梁底承受正弯矩的钢筋,通常是将计算上不需要的钢筋弯起作为抗剪钢筋或承受支座负弯矩的钢筋,而不采取将钢筋切断的方式。但对于连续梁中间支座承受负弯矩的钢筋,为了节约钢筋,必要时可按弯矩图的变化,将计算上不需要的纵向受拉钢筋切断。

纵筋切断时必须同时满足以下两个条件:

(1)从钢筋的充分利用点至该钢筋的实际切断点距离 l_d 应满足:

当 $KV < V_c$ 时　　　　$l_d \geqslant 1.2l_a$

当 $KV \geqslant V_c$ 时　　　　$l_d \geqslant 1.2l_a + h_0$

式中　l_a——受拉钢筋的最小锚固长度。

(2)从理论切断点延伸长度,当 $KV < V_c$ 时,不应小于 $20d$(d 为切断的钢筋直径);当 $KV \geqslant V_c$ 时,不应小于 h_0 并不应小于 $20d$,如图 2-44 所示。

4.4.2.2 纵筋弯起时斜截面受抗承载力的保证措施

如图 2-45 所示为弯起钢筋弯起点与弯矩图形的关系。钢筋②在受拉区的弯起点所在截面为 1,按正截面受弯承载力不需要该钢筋的截面为 2,该钢筋充分利用点在截面 3,它所承担的弯矩为图中阴影部分。当弯起点设在该钢筋的充分利用截面以外不小于 $(0.37 \sim 0.52)h_0$ 的位置时,才可以满足斜截面受弯承载力的要求。因此,在弯起纵向钢筋抵抗斜截面的剪力时,为保证斜截面有足够的抗弯刚度,纵向受力钢筋应伸过其充分利用点截面至少 $0.5h_0$ 处才能弯起,同时,弯起钢筋与梁截面重心轴的交点应位于该钢筋的理论截断点之外。

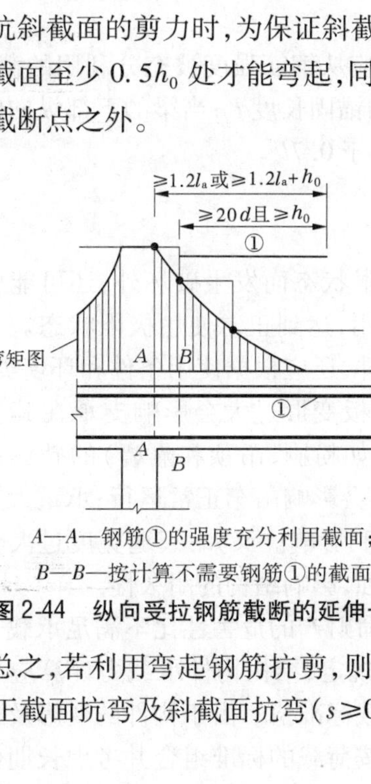

A—A—钢筋①的强度充分利用截面;

B—B—按计算不需要钢筋①的截面

图 2-44　纵向受拉钢筋截断的延伸长度

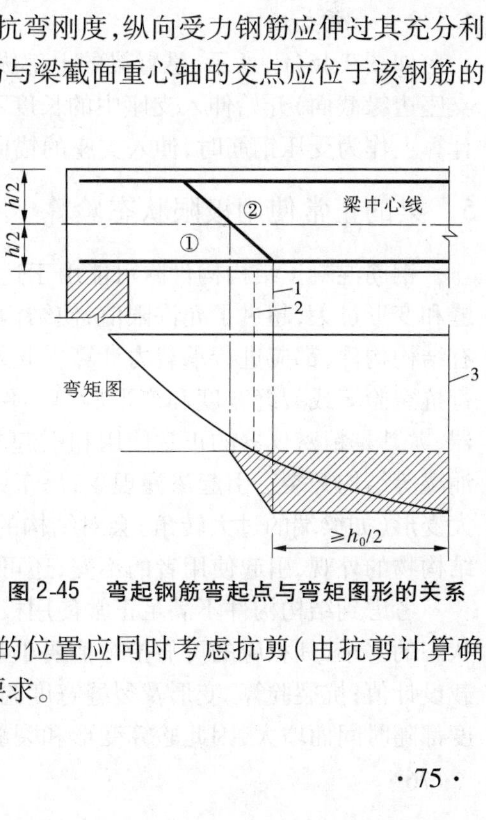

图 2-45　弯起钢筋弯起点与弯矩图形的关系

总之,若利用弯起钢筋抗剪,则钢筋弯起点的位置应同时考虑抗剪(由抗剪计算确定)、正截面抗弯及斜截面抗弯($s \geqslant 0.5h_0$)三项要求。

4.5 纵向受力钢筋在支座中的锚固

4.5.1 简支支座

在构件的简支端，弯矩 M 等于零。按正截面抗弯要求，受力钢筋适当伸入支座即可。但当在支座边缘发生斜裂缝时，支座边缘处的纵筋受力会突增，若无足够的锚固，纵筋将从支座拔出而导致破坏。为此，简支梁下部纵向受力钢筋伸入支座的锚固长度 l_{as}（见图 2-46(a)）应满足下列规定：

（1）当 $KV \leqslant V_c$ 时　　$l_{as} \geqslant 5d$

（2）当 $KV > V_c$ 时　　$l_{as} \geqslant 12d$（带肋钢筋）

$l_{as} \geqslant 15d$（光圆钢筋）

当纵向受力钢筋伸入支座的锚固长度不能符合上述规定时，如图 2-46(b)所示，可在梁端将钢筋向上弯，或采取贴焊锚筋、镦头、焊锚板或将钢筋端部焊接在支座的预埋件上等有效锚固措施。

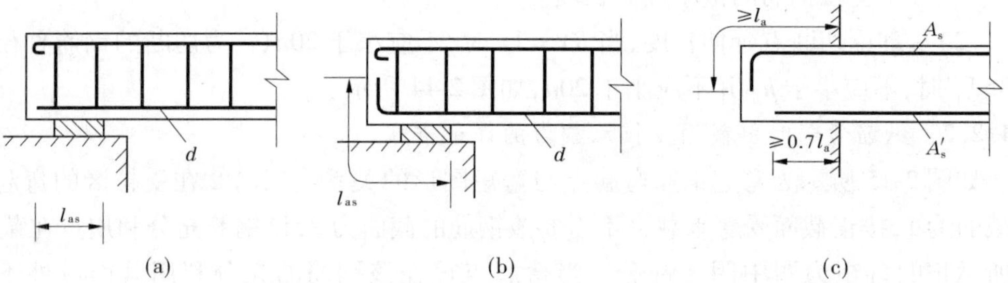

图 2-46　纵向受力钢筋在支座内的锚固

4.5.2 悬臂支座

如图 2-46(c)所示，悬臂梁的上部纵向受力钢筋应从钢筋强度被充分利用的截面（即支座边缘截面）开始伸入支座中的长度不小于钢筋的锚固长度 l_a；当梁的下部纵向钢筋在计算上作为受压钢筋时，伸入支座的锚固长度不应小于 $0.7l_a$。

5 梁的正常使用极限状态验算

钢筋混凝土结构构件除可能由于达到承载力极限状态而发生破坏外，还可能由于裂缝和变形过大，超过了允许限值，使结构不能正常使用，达到正常使用极限状态。对于所有结构构件，都应进行承载力计算。此外，对某些构件，还应根据使用条件和环境类别，进行抗裂验算或裂缝宽度和变形验算。例如：楼盖梁、板变形过大会影响支承在其上的仪器，尤其是精密仪器的正常使用和引起非结构构件（如粉刷、吊顶和隔墙）的破坏；水池、油罐等结构开裂会引起渗漏现象；吊车梁的挠度过大会影响吊车正常运行；承重大梁的过大变形（如梁端的过大转角）会对结构的受力产生不利影响。又如：裂缝宽度过大会影响结构物的外观，引起使用者的不安，还可能使钢筋锈蚀，影响结构的耐久性。

考虑到结构构件不满足正常使用极限状态对生命财产的危害性比不满足承载力极限状态的要小，其相应的可靠指标值要小些，故《规范》规定，结构构件承载力计算应采用荷载设计值；抗裂验算、变形及裂缝宽度验算均采用荷载标准值。由于构件的变形及裂缝宽度都随时间而增大，因此验算变形和裂缝宽度时，应按荷载的标准组合并考虑长期作用影响进行。

5.1　梁的抗裂验算

抗裂验算是针对使用上要求不允许出现裂缝的构件进行的验算。例如，简支的矩形截面输水渡槽底板在纵向弯矩作用下，因底板位于受拉区，一旦开裂，裂缝就会贯穿底板截面造成漏水，因此底板在纵向计算时属严格要求抗裂的构件，应按抗裂条件进行验算。受弯构件抗裂验算以受拉区混凝土将裂未裂的极限状态为依据。

5.1.1　抗裂极限状态

由试验得知，受弯构件正截面在即将开裂的瞬间，其应力状态处于第Ⅰ应力阶段的末尾。此时，受拉区边缘的拉应变达到混凝土的极限拉应变 ε_{tmax}，受拉区应力分布为曲线形，具有明显的塑性特性，最大拉应力达到混凝土的抗拉强度。而受压区混凝土仍接近于弹性工作状态，其应力分布图形为三角形(见图 2-13(a))。

5.1.2　开裂弯矩 M_{cr}

根据试验结果，在计算受弯构件的开裂弯矩 M_{cr}时，可假定混凝土受拉区应力分布为梯形图形，塑化区高度占受拉区高度的一半。如图 2-47 所示。

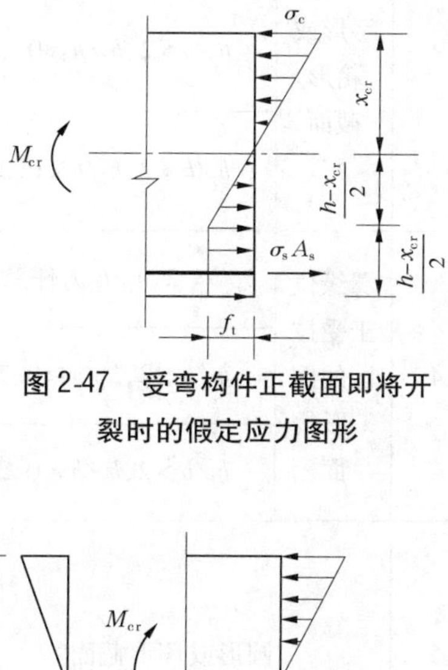

图 2-47　受弯构件正截面即将开裂时的假定应力图形

利用平截面假定，可求出混凝土边缘应力与受压区高度之间的关系。然后根据力和力矩的平衡条件，求出截面开裂弯矩 M_{cr}。

但上述方法比较烦琐，为了计算方便，采用等效换算的方法，即在保持开裂弯矩相等的条件下，将受拉区梯形应力图形等效折算成直线分布的应力图形，如图 2-48 所示。此时，受拉区边缘应力由 f_t 折算为 $\gamma_m f_t$，γ_m 称为截面抵抗矩的塑性系数。

经过这样的换算，就可以把构件视作截面面积为 $A_0 = A_c + \alpha_E A_s + \alpha_E A_s'$ 的均质弹性体，引用工程力

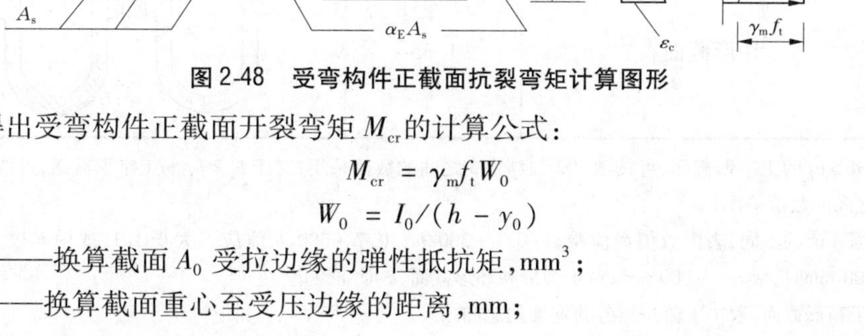

图 2-48　受弯构件正截面抗裂弯矩计算图形

学公式，得出受弯构件正截面开裂弯矩 M_{cr}的计算公式：

$$M_{cr} = \gamma_m f_t W_0 \tag{2-34}$$

$$W_0 = I_0/(h - y_0) \tag{2-35}$$

式中　W_0——换算截面 A_0 受拉边缘的弹性抵抗矩，mm^3；

y_0——换算截面重心至受压边缘的距离，mm；

I_0——换算截面对其重心轴的惯性矩，mm^4；

γ_m——截面抵抗矩的塑性系数，见表 2-7。

表 2-7　截面抵抗矩的塑性系数 γ_m 值

项次	截面特征		γ_m	截面图形
1	矩形截面		1.55	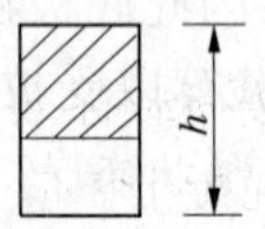
2	翼缘位于受压区的 T 形截面		1.50	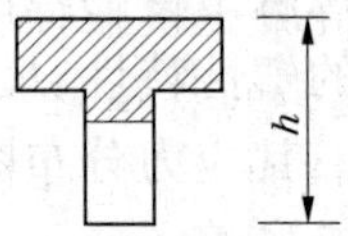
3	对称工字形或箱形截面	$b_f/b \leqslant 2, h_f/h$ 为任意值	1.45	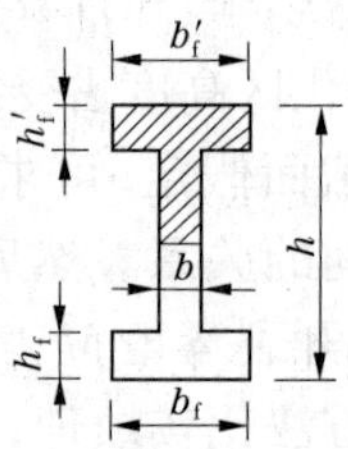
		$b_f/b > 2, h_f/h \geqslant 0.2$	1.40	
		$b_f/b > 2, h_f/h < 0.2$	1.35	
4	翼缘位于受拉区的倒 T 形截面	$b_f/b \leqslant 2, h_f/h$ 为任意值	1.50	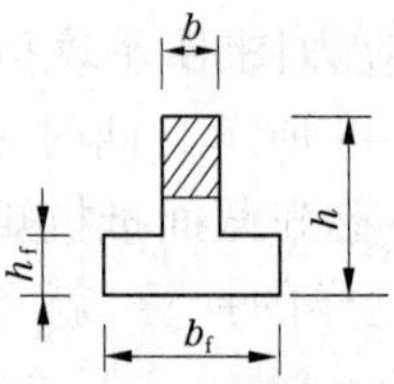
		$b_f/b > 2, h_f/h \geqslant 0.2$	1.55	
		$b_f/b > 2, h_f/h < 0.2$	1.40	
5	圆形或环形截面		$1.6 - 0.24\dfrac{d_1}{d}$	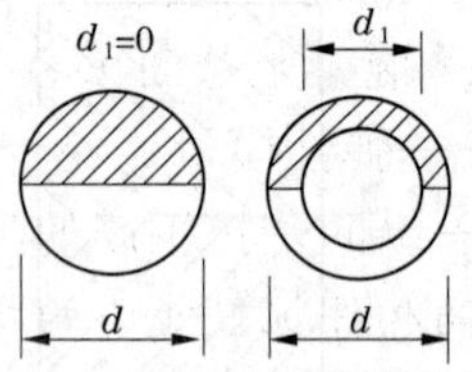
6	U 形截面		1.35	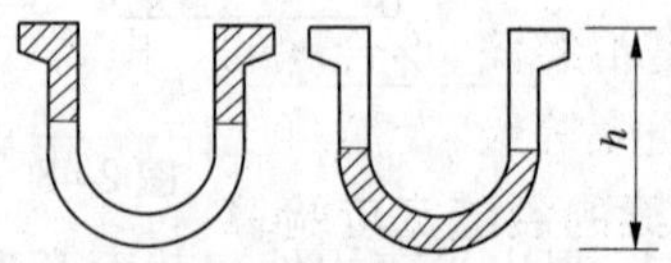

注：1. 对 $b_f' > b_f$ 的工字形截面，可按项次 2 与项次 3 之间的数值采用；对于 $b_f' < b_f$ 的工字形截面，可按项次 3 与项次 4 之间的数值采用。

2. 根据 h 值的不同，表内数值尚应乘以 $(0.7 + 300/h)$，$0.7 + 300/h$ 值应不大于 1.1，式中 h 以 mm 计，当 $h >$ 3 000 mm时，取 $h = 3\ 000$ mm，对于圆形和环形截面，h 即外径 d。

3. 对于箱形截面，表中 b 值是指各肋宽度的总和。

5.1.3　抗裂验算公式

为满足目标可靠指标的要求，对受弯构件同样引入拉应力限制系数 α_{ct}，荷载和材料强度均取用标准值。这样，受弯构件在荷载效应的标准组合下，应按下列公式进行抗裂验算：

$$M_k \leqslant \alpha_{ct}\gamma_m f_{tk} W_0 \tag{2-36}$$

式中 M_k——按荷载标准值计算的弯矩值，kN·m；

α_{ct}——混凝土拉应力限制系数，对荷载效应的标准组合，α_{ct} 可取 0.85；

f_{tk}——混凝土抗拉强度标准值，N/mm^2。

5.1.4　换算截面的特征值

在抗裂验算时，需先计算换算截面的特征值。下面列出双筋工字形截面的具体公式。对于矩形及 T 形或倒 T 形截面，只需在工字形截面的基础上去掉无关的项即可（见图 2-49）。

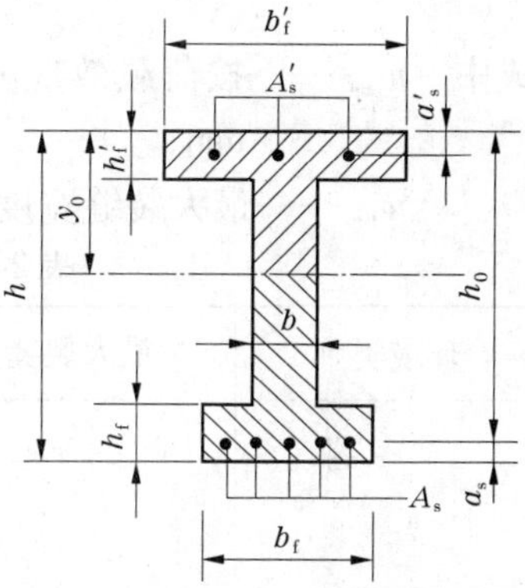

图 2-49　双筋工字形截面

换算截面面积为：

$$A_0 = bh + (b_f - b)h_f + (b'_f - b)h'_f + \alpha_E A_s + \alpha_E A'_s \tag{2-37}$$

换算截面重心至受压边缘的距离为：

$$y_0 = \frac{A_c y'_c + \alpha_E A_s h_0 + \alpha_E A'_s a'_s}{A_c + \alpha_E A_s + \alpha_E A'_s} \tag{2-38}$$

换算截面对其重心轴的惯性矩为：

$$I_0 = I_c + A_c(y_0 - y'_c)^2 + \alpha_E A_s(h_0 - y_0)^2 + \alpha_E A'_s(y_0 - a'_s)^2 \tag{2-39}$$

单筋矩形截面的 y_0 及 I_0 也可按下列近似公式计算：

$$y_0 = (0.5 + 0.425\alpha_E\rho)h \tag{2-40}$$

$$I_0 = (0.083\,3 + 0.19\alpha_E\rho)bh^3 \tag{2-41}$$

式中 I_c——混凝土截面对其本身重心轴的贯性矩，mm^4；

y'_c——混凝土截面重心至受压边缘的距离，mm；

α_E——弹性模量比，$\alpha_E = E_s/E_c$；

ρ——纵向受拉钢筋的配筋率，$\rho = A_s/(bh_0)$。

5.1.5　提高构件抗裂能力的措施

在混凝土即将开裂时，钢筋的拉应力是很低的。用增加钢筋的办法提高构件的抗裂能力是不经济、不合理的。提高构件抗裂能力的主要方法是加大构件截面尺寸、提高混凝土的强度等级、在混凝土中掺入钢纤维或采用预应力混凝土结构。

5.2　梁的裂缝宽度验算

裂缝按其形成的原因可分为两大类：一类是由荷载引起的裂缝；另一类是由变形因素（非荷载）引起的裂缝，如材料收缩、温度变化、混凝土碳化（钢筋锈蚀膨胀）以及地基不均匀沉降等原因引起的裂缝。很多裂缝往往是几种因素共同作用的结果。调查表明，工程实践中结构的裂缝属于以变形因素为主引起的约占 80%，属于以荷载为主引起的约占 20%。非荷载引起的裂缝十分复杂，目前主要是通过构造措施（如加强配筋、设变形缝等）进行控制。本节所讨论的是荷载引起的正截面裂缝验算。

5.2.1 验算公式

试验和工程实践表明，在一般环境情况下，只要将钢筋混凝土结构构件的裂缝宽度限制在一定范围以内，结构构件内钢筋并不会锈蚀，对结构构件的耐久性也不会构成威胁。因此，裂缝宽度的验算可以按下式进行：

$$w_{\max} \leqslant w_{\lim} \tag{2-42}$$

式中 $w_{\max}$——按荷载效应标准组合并考虑荷载长期作用影响计算的最大裂缝宽度，mm；

$w_{\lim}$——最大裂缝宽度允许值，mm，见表 2-8。

表 2-8 钢筋混凝土结构最大裂缝宽度允许值 （单位：mm）

环境类别	最大裂缝宽度允许值 $w_{\lim}$	环境类别	最大裂缝宽度允许值 $w_{\lim}$
一	0.4	四	0.2
二	0.3	五	0.15
三	0.25		

注：1. 表中的规定适用于采用热轧钢筋的钢筋混凝土结构，当采用其他类别的钢筋时，其裂缝控制要求可按专门标准确定。

2. 当结构构件的混凝土保护层厚度大于 50 mm 时，表列裂缝宽度限值可增加 0.05。

3. 当结构构件不具备检修维护条件时，表列最大裂缝宽度限值宜适当减小。

4. 当结构构件承受水压且水力梯度 $i>20$ 时，表列最大裂缝宽度限值宜减小 0.05。

5. 结构构件表面设有专门可靠的防渗面层等防护措施时，最大裂缝宽度限值可适当加大。

6. 对严寒地区，当年冻融循环次数大于 100 时，表列最大裂缝宽度限值宜适当减小。

当受弯构件已满足抗裂要求时，可不再进行裂缝宽度验算。对于重要的受弯构件，经论证确有必要时，还应进行裂缝宽度控制验算。

5.2.2 最大裂缝宽度及其验算

衡量裂缝开展宽度是否超过允许值，是以最大裂缝宽度为准的。对于配置带肋钢筋的矩形、T 形及工字形截面的受弯钢筋混凝土构件，在荷载效应标准组合下的最大裂缝宽度计算公式为：

$$w_{\max} = \alpha \frac{\sigma_{sk}}{E_s}\left(30 + c + 0.07 \frac{d}{\rho_{te}}\right) \tag{2-43}$$

式中 α——考虑构件受力特征和荷载长期作用的综合影响系数，对于受弯构件，取 $\alpha = 2.1$；

c——最外层纵向受拉钢筋外边缘至受拉区边缘的距离，mm，当 $c > 65$ mm 时，取 $c = 65$ mm；

d——受拉区纵向受拉钢筋的等效直径，mm，当钢筋用不同直径时，式中的 d 改用换算直

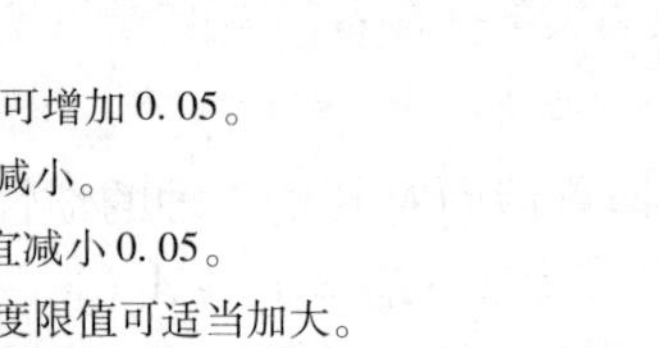

图 2-50 规范中 A_{te} 的取值

径 $4A_s/u$，u 为纵向受拉钢筋截面总周长(mm)；

ρ_{te}——纵向受拉钢筋的有效配筋率，$\rho_{te}=A_s/A_{te}$，当 $\rho_{te}<0.03$ 时，取 $\rho_{te}=0.03$，其中 A_s 为受拉区纵筋截面面积；

A_{te}——有效受拉混凝土截面面积，mm^2，对受弯构件，A_{te}取其重心与受拉钢筋 A_s 重心相一致的混凝土面积，即 $A_{te}=2a_sb$，如图 2-50 所示，其中 a_s 为受拉钢筋 A_s 重心至受拉边缘的距离，b 为矩形截面的宽度，对有受拉翼缘的 T 形及工字形截面，b 为受拉翼缘宽度 b_f；

σ_{sk}——按荷载标准值计算的构件纵向受拉钢筋应力。

按荷载标准值计算的构件纵向受拉钢筋应力计算方法如下：

对于受弯构件，在正常使用荷载作用下，可假定裂缝截面的受压区混凝土处于弹性阶段，应力图形为三角形分布，受拉区混凝土的作用忽略不计，依据截面应变符合平截面假定求得应力图形的内力臂 z，一般可近似地取 $z=0.87h_0$，如图 2-51 所示。

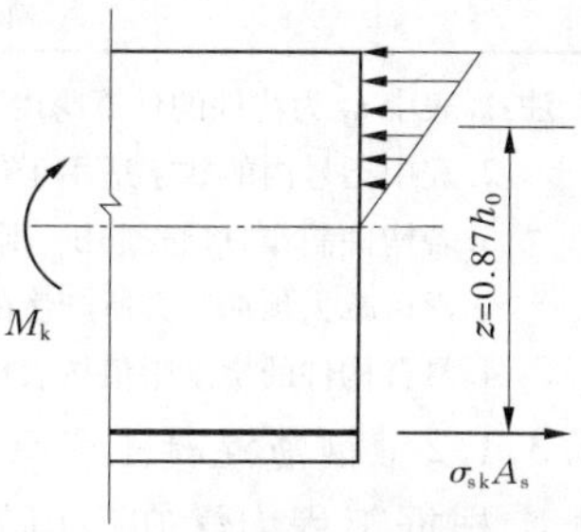

图 2-51　受弯构件截面应力图

$$\sigma_{sk}=\frac{M_k}{0.87A_sh_0} \tag{2-44}$$

式中　M_k——按荷载标准值计算的弯矩值，N·mm。

5.2.3　保证裂缝开展宽度在允许范围的措施

如果构件最大裂缝开展宽度超过限制，可采取以下措施：

(1)选择较细直径的钢筋，以增大钢筋与混凝土接触的表面积。但钢筋直径的选择也要考虑施工方便。

(2)采用与混凝土黏结较好的变形钢筋。

(3)适当增加钢筋截面面积 A_s，以降低使用阶段的钢筋应力，但增加的钢筋截面面积不宜超过承载力计算所需纵向钢筋截面面积的 30%。

(4)对限制裂缝宽度而言，最根本的方法是采用预应力混凝土结构。

5.3　梁的变形验算

5.3.1　概述

水工建筑物中，由于稳定和使用上的要求，构件的截面尺寸设计都比较大，刚度也大，变形一般都能满足要求。但吊车梁或门机轨道梁等构件，变形过大时会妨碍吊车或门机的正常行驶；闸门顶梁变形过大时会使闸门顶梁与胸墙底梁之间止水失效。对于这类有严格限制变形要求的构件以及截面尺寸特别单薄的装配式构件，应进行变形验算，以控制构件的变形。

5.3.1.1　验算公式

进行受弯构件的挠度验算时，要求满足下面的条件：

$$f_{max}\leqslant[f] \tag{2-45}$$

式中　f_{max}——受弯构件按荷载效应的标准组合并考虑荷载长期作用影响计算的挠度最大值，mm；

[f]——受弯构件的挠度限值，mm，受弯构件的挠度限值见表 2-9。

表 2-9　受弯构件的允许挠度

项次	构件类型		挠度限值
1	吊车梁	手动吊车	$l_0/500$
		电动吊车	$l_0/600$
2	渡槽槽身 架空管道	当 $l_0 \leqslant 10$ m 时	$l_0/400$
		当 $l_0 > 10$ m 时	$l_0/500(l_0/600)$
3	工作桥及启闭机下大梁		$l_0/400(l_0/500)$
4	屋盖、楼盖	当 $l_0 \leqslant 6$ m 时	$l_0/200(l_0/250)$
		当 $6 < l_0 \leqslant 12$ m 时	$l_0/300(l_0/350)$
		当 $l_0 > 12$ m 时	$l_0/400(l_0/450)$

注：1. 表中 l_0 为构件的计算跨度。

2. 表中括号内的数字适用于使用上对挠度有较高要求的构件。

3. 若构件制作时预先起拱，则在验算最大挠度值时，可将计算所得的挠度减去起拱值；对于预应力混凝土构件，尚可减去预加应力所产生的反拱值。

4. 悬臂构件的挠度限值按表中相应数值乘 2 取用。

5.3.1.2　钢筋混凝土受弯构件挠度计算的特点

根据工程力学知识可知，对于匀质弹性材料梁，其计算挠度的公式为：

$$f = S\frac{Ml_0^2}{EI} \tag{2-46}$$

式中　S——与荷载形式、支承条件有关的系数，当计算承受均布荷载简支梁的跨中挠度时，$S = 5/48$，计算跨中承受一集中荷载简支梁的跨中挠度时，$S = 1/12$；

EI——匀质弹性材料梁的抗弯刚度。

对于匀质弹性材料梁，当梁的材料、截面和跨度一定时，挠度与弯矩呈线性关系。

对于钢筋混凝土梁，其挠度与弯矩的关系是非线性的(见图 2-52)，因为其截面刚度不仅随弯矩变化，而且随荷载持续作用的时间变化，因此不能用 EI 这个常量来表示。通常用 B_s 表示钢筋混凝土梁在荷载短期效应组合作用下的截面抗弯刚度，简称短期刚度；而用 B 表示钢筋混凝土梁在荷载长期效应组合作用下的截面抗弯刚度，简称长期刚度。

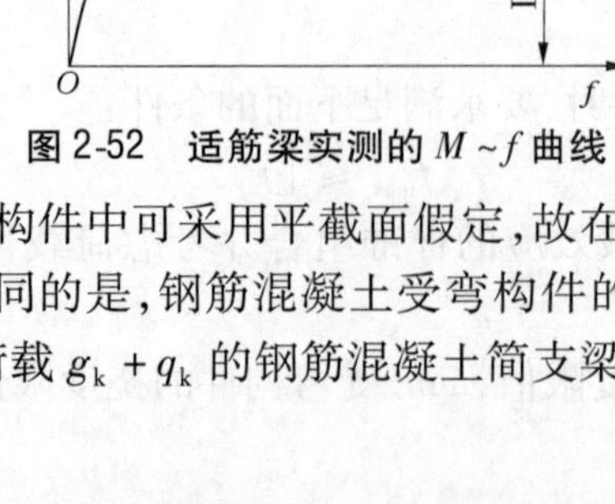

图 2-52　适筋梁实测的 $M \sim f$ 曲线

由于在钢筋混凝土受弯构件中可采用平截面假定，故在变形计算中可直接引用材料力学中的计算公式。唯一不同的是，钢筋混凝土受弯构件的抗弯刚度不再是常量 EI，而是变量 B。例如，承受均布荷载 $g_k + q_k$ 的钢筋混凝土简支梁，其跨中挠度为：

$$f_{max} = \frac{5(g_k + q_k)l_0^4}{384B} = \frac{5M_k l_0^2}{48B}$$

可见,钢筋混凝土受弯构件的变形计算问题实质上是如何确定其抗弯刚度的问题。

5.3.2 受弯构件短期刚度 B_s 的计算

(1)要求不出现裂缝的受弯构件短期刚度 B_s。

$$B_s = 0.85E_c I_0 \tag{2-47}$$

(2)允许出现裂缝的受弯构件短期刚度 B_s。

$$B_s = (0.025 + 0.28\alpha_E\rho)(1 + 0.55\gamma_f' + 0.12\gamma_f)E_c bh_0^3 \tag{2-48}$$

式中 γ_f'——受压翼缘面积与腹板有效面积的比值,$\gamma_f' = (b_f' - b)h_f'/(bh_0)$,其中 b_f'、h_f' 分别为受压翼缘的宽度、高度,当 $h_f' > 0.2h_0$ 时,取 $h_f' = 0.2h_0$;

γ_f——受拉翼缘面积与腹板有效面积的比值,$\gamma_f = (b_f - b)h_f/(bh_0)$,其中 b_f、h_f 分别为受拉翼缘的宽度、高度。

5.3.3 受弯构件长期刚度 B 的计算

如前所述,当构件在持续荷载作用下,其挠度将随时间而不断缓慢增长。这也可理解为构件的抗弯刚度将随时间增长而不断缓慢降低。这一过程往往持续数年之久,主要原因是截面受压区混凝土的徐变。此外,由于裂缝之间受拉混凝土的应力松弛,以及受拉钢筋和混凝土之间的滑移徐变,使裂缝之间的受拉混凝土不断退出工作,从而引起受拉钢筋在裂缝之间的应变不断增长。

《规范》关于变形验算的条件,要求在荷载效应标准组合作用下并考虑长期作用影响后的构件挠度不超过规定的允许挠度值。也就是说,应用长期刚度来计算构件的挠度,按《规范》规定,受弯构件的刚度可按下式计算:

$$B = 0.65B_s \tag{2-49}$$

知道钢筋混凝土受弯构件的刚度 B 后,挠度值就可按工程力学公式求得。

$$f_{max} = S\frac{M_k l_0^2}{B} \leqslant [f] \tag{2-50}$$

5.3.4 保证变形满足要求的措施

若验算挠度不能满足要求,则表示构件的截面抗弯刚度不足。应采取以下措施:增加截面尺寸,提高混凝土强度等级,增加配筋量及选用合理的截面(如T形或工字形等),都可提高构件刚度,但合理而有效的措施是增大截面的高度。采用预应力混凝土结构也可有效提高构件刚度。

活动11:梁的裂缝宽度和挠度验算案例

【案例2-13】 简支矩形截面梁,处于露天环境,梁的计算跨度为7 m,截面尺寸 $b \times h =$ 250 mm×600 mm,混凝土强度等级为C25,配置纵向受拉钢筋为4 Φ 20HRB335,混凝土保护层厚度 $c = 35$ mm,按荷载标准值计算的跨中弯矩 $M_k = 127.4$ kN·m,最大裂缝宽度限值 $w_{lim} = 0.3$ mm,挠度允许值为 $l_0/300$。试验算梁的最大裂缝宽度和挠度是否符合要求。

解:查表得 $E_c = 2.80 \times 10^4$ N/mm^2,$E_s = 2.0 \times 10^5$ N/mm^2,$A_s = 1\ 256$ mm^2。

(1)裂缝宽度验算。

$\alpha = 2.1$，钢筋直径 $d = 20$ mm，$c = 35$ mm，$a_s = 45$ mm。

$$h_0 = 600 - 45 = 555(\text{mm})$$

$$\rho_{te} = \frac{A_s}{A_{te}} = \frac{A_s}{2a_s b} = \frac{1\ 256}{2 \times 45 \times 250} = 0.055\ 8 > 0.03$$

$$\sigma_{sk} = \frac{M_k}{0.87A_s h_0} = \frac{127.4 \times 10^6}{0.87 \times 1\ 256 \times 555} = 210.1(\text{N/mm}^2)$$

$$\begin{aligned} w_{max} &= \alpha \frac{\sigma_{sk}}{E_s}(30 + c + 0.07\frac{d}{\rho_{te}}) \\ &= 2.1 \times \frac{210.1}{2.0 \times 10^5} \times (30 + 35 + 0.07 \times \frac{20}{0.055\ 8}) \\ &= 0.199(\text{mm}) < w_{lim} = 0.3 \text{ mm} \end{aligned}$$

裂缝宽度满足要求。

(2)变形验算。

$$\alpha_E = \frac{E_s}{E_c} = \frac{2.0 \times 10^5}{2.80 \times 10^4} = 7.14$$

$$\gamma_f' = \gamma_f = 0, S = \frac{5}{48}, l_0 = 7\ 000 \text{ mm}$$

$$\rho = \frac{A_s}{bh_0} = \frac{1\ 256}{250 \times 555} = 0.009\ 05$$

$$\begin{aligned} B_s &= (0.025 + 0.28\alpha_E\rho) \times (1 + 0.55\gamma_f' + 0.12\gamma_f)E_c bh_0^3 \\ &= (0.025 + 0.28 \times 7.14 \times 0.009\ 05) \times (1 + 0.55 \times 0 + 0.12 \times 0) \times \\ &\quad 2.80 \times 10^4 \times 250 \times 555^3 \\ &= 5.16 \times 10^{13}(\text{N} \cdot \text{mm}^2) \end{aligned}$$

$$B = 0.65B_s = 0.65 \times 5.16 \times 10^{13} = 3.35 \times 10^{13}(\text{N} \cdot \text{mm}^2)$$

$$\begin{aligned} f_{max} &= S\frac{M_k l_0^2}{B} = \frac{5}{48} \times \frac{127.4 \times 10^6 \times 7\ 000^2}{3.35 \times 10^{13}} \\ &= 19.4(\text{mm}) < [f] = \frac{l_0}{300} = \frac{7\ 000}{300} = 23.3(\text{mm}) \end{aligned}$$

梁的挠度满足要求。

6 梁的结构施工图

为了满足施工需要，钢筋混凝土结构施工图一般包括模板图、配筋图、钢筋表、说明或附注。

6.1 模板图

模板图主要在于注明结构或结构构件的外形尺寸，以制作模板之用，同时用它来计算混凝土方量。模板图一般比较简单，所以比例尺不要很大，但尺寸一定要全。构件上的预埋铁件一般可表示在模板图上。对于简单的构件，模板图可与配筋图合并。

6.2 配筋图

配筋图表示钢筋骨架的形状以及在模板中的位置，主要为绑扎骨架用。凡规格、长度或形状不同的钢筋,必须编以不同的编号,写在小圆圈内,并在编号引线旁注上这种钢筋的根数及直径。最好在每根钢筋的两端及中间都注上编号,以便于查清每根钢筋的来历。

6.3 钢筋表

钢筋表是列表表示构件中所有不同编号的钢筋种类、规格、形状、长度、根数、质量等,主要为下料及加工成型用,同时可用来计算钢筋用量。

编制钢筋表主要是计算钢筋的长度,下面以一简支梁为例介绍钢筋长度的计算方法。如图 2-53 所示。

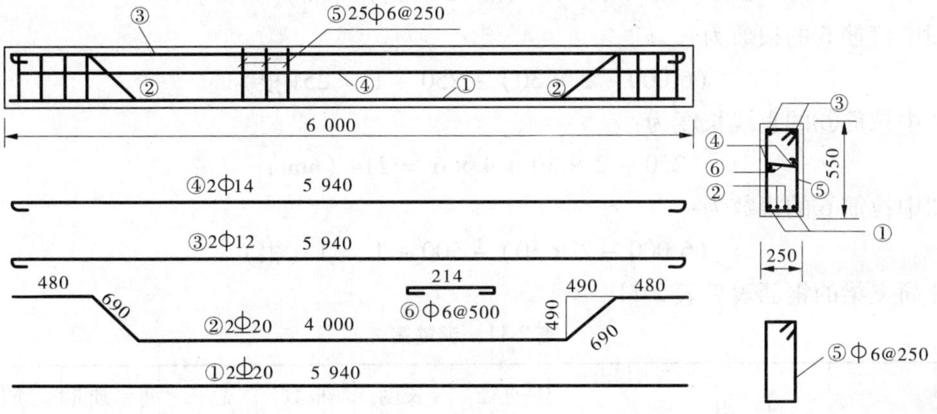

图 2-53 钢筋长度的计算 (单位:mm)

6.3.1 直钢筋

图 2-53 中的钢筋①、③、④为直钢筋,其直段上所注长度 = l(构件长度) - $2c$(混凝土保护层)。若为直钢筋,此长度即为钢筋全长;若为带弯钩钢筋,此长度再加上两端弯钩即为钢筋全长。一般每个 180°弯钩长度为 $6.25d$。①受力钢筋是 HRB335 级,它的全长为 $6\ 000 - 2 \times 30 = 5\ 940$(mm)。③架立钢筋和④腰筋都是 HPB235 级钢筋,③架立钢筋全长 $6\ 000 - 2 \times 30 + 2 \times 6.25 \times 12 = 6\ 090$(mm),④腰筋全长为 $6\ 000 - 2 \times 30 + 2 \times 6.25 \times 14 = 6\ 115$(mm)。

6.3.2 弯起钢筋

图中钢筋②的弯起部分的高度是以钢筋外皮计算的,即由梁高 550 mm 减去上、下混凝土保护层厚度,$550 - 2 \times 30 = 490$(mm)。由于弯折角等于 45°,故弯起部分的底宽及斜边各为 490 mm 及 690 mm。弯起后的水平直段长度由抗剪计算为 480 mm。钢筋②的中间水平直段长由计算得出,即 $6\ 000 - 2 \times 30 - 2 \times 480 - 2 \times 490 = 4\ 000$(mm),最后可得弯起钢筋②的全长为 $4\ 000 + 2 \times 690 + 2 \times 480 = 6\ 340$(mm)。

6.3.3 箍筋和拉筋

箍筋尺寸一般标注内口尺寸,即构件截面外形尺寸减去主筋混凝土保护层。在标注箍筋尺寸时,要注明所注尺寸是内口。

箍筋的弯钩大小与主筋的粗细有关,根据箍筋与主筋直径的不同,箍筋两个弯钩的增加长度见表 2-10。

表 2-10　箍筋两个弯钩的增加长度　　（单位:mm）

主筋直径	箍筋直径				
	5	6	8	10	12
10～25	80	100	120	140	180
28～32		120	140	160	210

图中箍筋⑤的长度为：

$$2 \times (490 + 190) + 100 = 1\ 460\ (\text{mm})(\text{内口})$$

图中箍筋⑤的根数为：

$$(6\ 000 - 2 \times 30) \div 250 + 1 = 25(\text{根})$$

图中拉筋⑥的直线长度为：

$$250 - 2 \times 30 + 4 \times 6 = 214\ (\text{mm})$$

图中拉筋⑥的根数为：

$$(6\ 000 - 2 \times 30) \div 500 + 1 = 13(\text{根})$$

此简支梁的钢筋表见表 2-11。

表 2-11　钢筋表

编号	形　状	直径（mm）	长度（mm）	根数（根）	总长（m）	每米质量（kg/m）	质量（kg）
①	5 940	20	5 940	2	11.88	2.470	29.34
②	480　690　4 000　690　480	20	6 340	2	12.68	2.470	31.32
③	5 940	12	6 090	2	12.18	0.888	10.82
④	5 940	14	6 115	2	12.23	1.210	14.80
⑤	540　190　240　490　(内口)	6	1 460	25	36.5	0.222	8.10
⑥	214	6	289	13	3.76	0.222	0.83
总质量							95.21

必须注意的是，钢筋表内的钢筋长度不是钢筋加工时的断料长度。由于钢筋在弯折及弯钩时要伸长一些，因此断料长度应等于计算长度扣除钢筋伸长值。伸长值和弯折角

度大小等有关数据可参阅施工手册。

6.4 说明或附注

说明或附注包括施工过程中必须引起注意的事项，用图难以表达的内容可用简明扼要的文字说明，如尺寸单位、钢筋保护层厚度、混凝土强度等级、钢筋级别、钢筋弯钩取值以及其他施工注意事项等。

活动12：简支梁综合设计案例

【案例2-14】 一支承在240 mm厚砖墙上的水电站副厂房（属2级建筑物）楼盖简支梁，处于二类环境条件，其计算跨度 $l_0=5\ 440$ mm、净跨 $l_n=5\ 200$ mm，初步拟定的截面尺寸 $b\times h=250\ \text{mm}\times 550\ \text{mm}$，如图2-54（a）所示。承受均布荷载作用，永久荷载标准值为 $g_k=21$ kN/m（包括自重），可变均布荷载标准值 $q_k=26.5$ kN/m，采用C25混凝土，纵向受力钢筋、架立钢筋和腰筋采用HRB335级，箍筋和拉筋采用HPB235级。试设计此梁，并绘制结构施工图。

解：1. 基本资料

材料力学指标：$f_c=11.9\ \text{N/mm}^2$，$f_t=1.27\ \text{N/mm}^2$，$f_y=300\ \text{N/mm}^2$，$f_{yv}=210\ \text{N/mm}^2$，$E_c=2.80\times10^4\ \text{N/mm}^2$，$E_s=2.0\times10^5\ \text{N/mm}^2$，$f_{tk}=1.78\ \text{N/mm}^2$。

截面尺寸：$b=250$ mm，$h=550$ mm。

计算参数：$K=1.20$，$c=35$ mm，$w_{lim}=0.3$ mm，$[f]=l_0/200$。

2. 内力计算

（1）支座边缘截面的剪力设计值。

$$V_{max}=(1.05\times21+1.20\times26.5)\times\frac{5.2}{2}=140.01(\text{kN})$$

（2）跨中最大弯矩设计值。

$$M_{max}=(1.05\times21+1.20\times26.5)\times\frac{5.44^2}{8}=199.20(\text{kN}\cdot\text{m})$$

此梁在荷载作用下的剪力图及弯矩图如图2-54（c）、（d）所示。

3. 验算截面尺寸

估计纵筋排一排，取 $a_s=45$ mm，则

$$h_0=h-a_s=550-45=505(\text{mm})$$

$$h_w=h_0=505\ \text{mm}$$

$$\frac{h_w}{b}=\frac{505}{250}=2.02<4.0$$

$$0.25f_cbh_0=0.25\times11.9\times250\times505=375.59\times10^3(\text{N})$$

$$=375.59\ \text{kN}>KV_{max}=1.20\times140.01=168.01(\text{kN})$$

截面尺寸满足抗剪要求。

4. 计算纵向钢筋

计算过程及结果见表2-12。

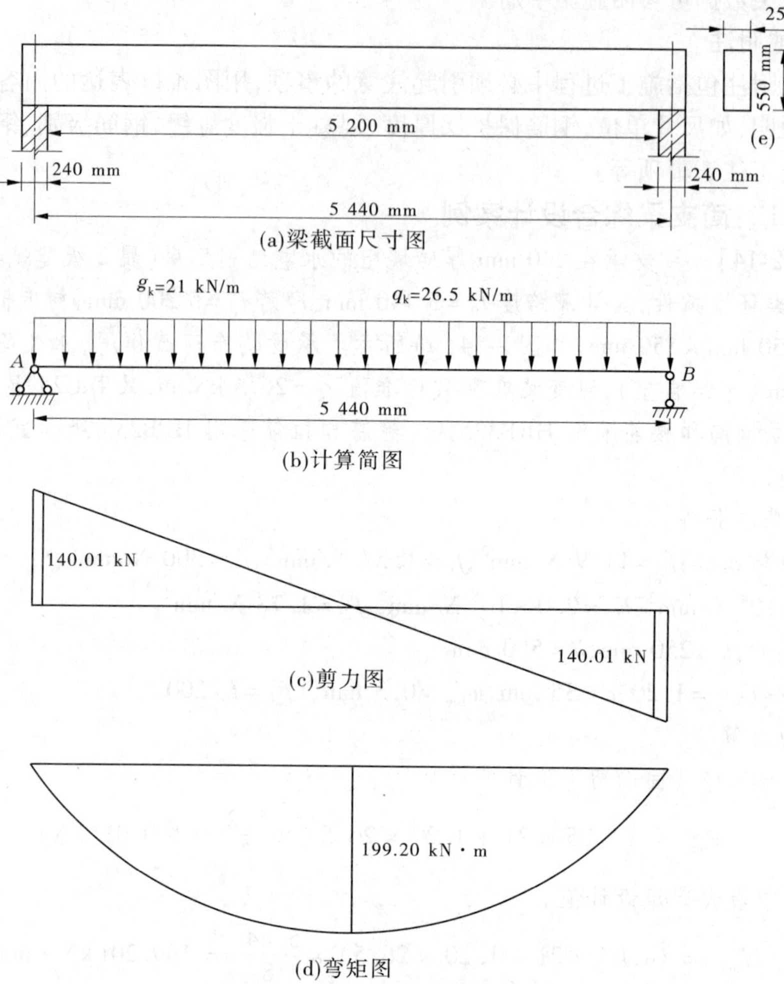

图 2-54 梁的计算简图及内力图

表 2-12 梁纵向受拉钢筋计算表

计算内容	跨中截面
M(kN · m)	199.20
KM(kN · m)	239.04
$\alpha_s = \frac{KM}{f_c bh_0^2}$	0.315
$\xi = 1 - \sqrt{1-2\alpha_s} \leqslant 0.85\xi_b = 0.468$	0.392
$A_s = \frac{f_c b\xi h_0}{f_y}$(mm^2)	1 963.1
选配钢筋	4 Φ 25
实配钢筋面积 $A_{s实}$(mm^2)	1 964
$\rho = \frac{A_{s实}}{bh_0}$	1.556%
ρ_{min}	0.20%

5. 计算抗剪钢筋

(1)验算是否按计算配置钢筋。

$$0.7f_tbh_0 = 0.7 \times 1.27 \times 250 \times 505 = 112.24 \times 10^3(\mathrm{N})$$
$$= 112.24\ \mathrm{kN} < KV_{max} = 168.01\ \mathrm{kN}$$

必须由计算确定抗剪腹筋。

(2)受剪箍筋计算。

按构造规定在全梁配置双肢箍筋Φ6@150,则 $A_{sv}=57\ \mathrm{mm}^2$,$s=150\ \mathrm{mm}<s_{max}=250$ mm。

$$\rho_{sv} = \frac{A_{sv}}{bs} = \frac{57}{250 \times 150} = 0.152\% > \rho_{sv,min} = 0.15\%$$

满足最小配箍率的要求。

$$V_{cs} = 0.7f_tbh_0 + 1.25f_{yv}\frac{A_{sv}}{s}h_0 = 112.24 \times 10^3 + 1.25 \times 210 \times \frac{57}{150} \times 505$$
$$= 162.61 \times 10^3(\mathrm{N}) = 162.61(\mathrm{kN}) < KV_{max} = 168.01\ \mathrm{kN}$$

需配置弯起钢筋。

(3)弯起钢筋计算。

弯起角取45°,计算第一排弯起钢筋:

$$A_{sb1} = \frac{KV_{max} - V_{cs}}{f_y\sin45°} = \frac{168.01 \times 10^3 - 162.61 \times 10^3}{300 \times 0.707} = 25.5(\mathrm{mm}^2)$$

为加强梁端的受剪承载力,从跨中下部纵向钢筋中弯起2Φ25($A_{sb1}=982\ \mathrm{mm}^2$)至梁顶再伸入支座。第一排弯起钢筋的上弯点安排在离支座边缘50 mm处,即 $s_1=50\ \mathrm{mm}<s_{max}=250$ mm。第一排弯起钢筋的下弯点到支座边缘的距离为 $50+550-2\times35=530$ (mm),该处剪力为:

$$V_2 = 140.01 - (1.05 \times 21 + 1.20 \times 26.5) \times 0.53 = 111.47(\mathrm{kN})$$
$$KV_2 = 1.20 \times 111.47 = 133.76(\mathrm{kN}) < V_{cs} = 162.61\ \mathrm{kN}$$

不需弯起第二排钢筋抗剪。

架立钢筋选用2Φ12,腰筋选用2Φ14,拉筋选用Φ6@600。

6. 钢筋的布置设计

钢筋的布置设计要利用抵抗弯矩图(M_R 图)进行图解。为此,先将弯矩图(M 图)、梁的纵剖面图按比例画出,再在 M 图上作 M_R 图。跨中 $M_{max}=199.20$ kN·m,需配 $A_s=$ 1 963.1 mm^2 的纵筋,现实配4Φ25($A_{s实}=1\,964\ \mathrm{mm}^2$),因两者钢筋截面面积相近,故可直接在 M 图上 M_{max} 处按各钢筋面积的比例划分出钢筋能抵抗的弯矩值,这就可确定出各根钢筋各自在 M 图上的充分利用点和理论切断点。按预先布置,要从跨中弯起钢筋②至两端支座,钢筋①将直通而不再弯起。由图2-55可以看出,跨中钢筋的弯起点至充分利用点的距离 a 远大于 $0.5h_0=252.5$ mm 的条件。

7. 正常使用极限状态验算

正常使用极限状态验算包括裂缝宽度验算和变形验算两部分内容。

(1)裂缝宽度验算。

$\alpha=2.1$，钢筋直径 $d=25$ mm，$c=35$ mm，$a_s=45$ mm，$h_0=505$ mm。

$$\rho_{te}=\frac{A_{s实}}{A_{te}}=\frac{A_{s实}}{2a_s b}=\frac{1\ 964}{2\times45\times250}=0.087\ 3$$

$$M_{kmax}=(21+26.5)\times\frac{5.44^2}{8}=175.71(\mathrm{kN\cdot m})$$

$$\sigma_{sk}=\frac{M_k}{0.87A_{s实}h_0}=\frac{175.71\times10^6}{0.87\times1\ 964\times505}=203.63(\mathrm{N/mm^2})$$

$$w_{max}=\alpha\frac{\sigma_{sk}}{E_s}\left(30+c+0.07\frac{d}{\rho_{te}}\right)=2.1\times\frac{203.63}{2.0\times10^5}\times\left(30+35+0.07\times\frac{25}{0.087\ 3}\right)$$

$$=0.182(\mathrm{mm})<w_{lim}=0.3\ \mathrm{mm}$$

裂缝宽度满足要求。

(2)变形验算。

$$\alpha_E=\frac{E_s}{E_c}=\frac{2.0\times10^5}{2.80\times10^4}=7.14$$

$$\gamma_f'=\gamma_f=0, S=\frac{5}{48}, l_0=5\ 440\ \mathrm{mm}$$

$$\rho=\frac{A_{s实}}{bh_0}=\frac{1\ 964}{250\times505}=0.015\ 56=1.556\%$$

$$B_s=(0.025+0.28\alpha_E\rho)\times(1+0.55\gamma_f'+0.12\gamma_f)E_c bh_0^3$$

$$=(0.025+0.28\times7.14\times0.015\ 56)\times(1+0.55\times0+0.12\times0)\times$$

$$2.80\times10^4\times250\times505^3=5.058\times10^{13}(\mathrm{N\cdot mm^2})$$

$$B=0.65B_s=0.65\times5.058\times10^{13}=3.29\times10^{13}(\mathrm{N\cdot mm^2})$$

$$f_{max}=S\frac{M_k l_0^2}{B}=\frac{5}{48}\times\frac{175.71\times10^6\times5\ 440^2}{3.29\times10^{13}}$$

$$=16.5(\mathrm{mm})<[f]=\frac{l_0}{200}=\frac{5\ 440}{200}=27.2(\mathrm{mm})$$

梁的挠度满足要求。

8. 结构施工图绘制

配筋如图2-55所示，钢筋表见表2-13。

说明：

(1)图中尺寸单位均为mm；

(2)混凝土采用C25；

(3)梁内纵向受力钢筋、架立钢筋和腰筋采用HRB335级，箍筋和拉筋采用HPB235级；

(4)受力钢筋混凝土保护层厚度35 mm，钢筋端头保护层厚度30 mm；

(5)钢筋弯钩的长度为6.25d；

(6)钢筋总量没有考虑钢筋的搭接和损耗(损耗一般按5%计)。

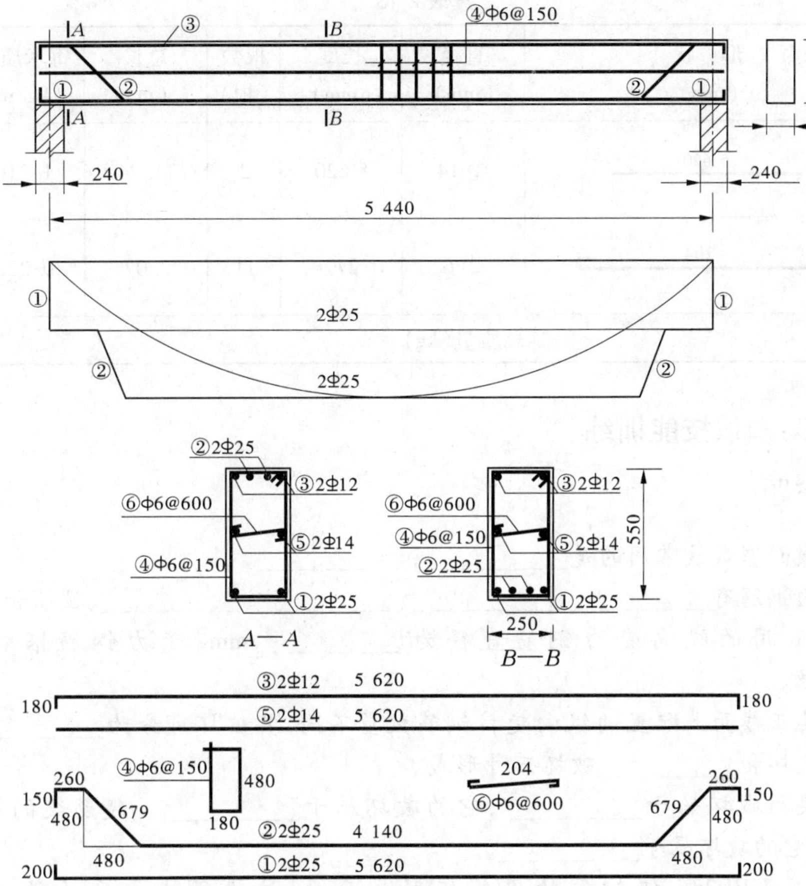

图 2-55 梁的抵抗弯矩图及配筋图 （单位：mm）

表 2-13 梁的钢筋表

序号	形 状（mm）	直径（mm）	长度（mm）	根数（根）	总长（m）	每米质量（kg/m）	质量（kg）
1	200 5 620 200	Φ25	6 020	2	12.04	3.85	46.35
2	150 260 679 4 140 679 260 150	Φ25	6 318	2	12.64	3.85	48.65
3	180 5 620 180	Φ12	5 980	2	11.96	0.888	10.62
4	180 480 (内口)	Φ6	1 420	39	55.38	0.222	12.29

续表 2-13

序号	形　状 （mm）	直径 （mm）	长度 （mm）	根数 （根）	总长 （m）	每米质量 （kg/m）	质量 （kg）
5	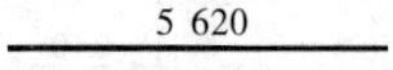 5 620	Φ14	5 620	2	11.24	1.210	13.60
6	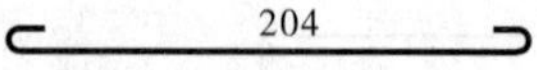 204	ϕ6	279	11	3.07	0.222	0.68
总质量（kg）							132.19

活动 13：知识技能训练

一、填空题

1. 梁的截面形式最常用的是________和________。

2. 梁中的钢筋有________、________、________、________、腰筋和拉筋等。

3. 梁内常用的纵向受力钢筋直径为________ mm，受力钢筋根数至少为________根。

4. 梁因其正截面上配置的纵向受拉钢筋数量不同，其破坏可分为________破坏、________破坏和________破坏三种形式。

5. 适筋梁的破坏始于________，它的破坏属于________。超筋梁的破坏始于________，它的破坏属于________。

6. 一配置 HRB335 级钢筋的单筋矩形截面梁，该梁所能承受的最大弯矩是________。若该梁承受的弯矩设计值大于上述最大弯矩，则应________、________或________。

7. 双筋截面是在单筋截面的基础上，在________配置一定数量的受压钢筋帮助受压混凝土承受压力。试验表明，双筋截面只要满足 $\xi \leqslant 0.85\xi_b$，就仍具有________构件的破坏特征。

8. 决定是否按 T 形截面计算，应当看________是否为 T 形。对于翼缘位于受拉区的倒 T 形截面，按________截面计算。

9. T 形截面梁翼缘计算宽度主要与梁的________、________以及________有关。

10. 中和轴位于翼缘内，即混凝土受压区计算高度________的截面为________T 形截面。

11. 中和轴位于梁肋内，即混凝土受压区计算高度________的截面为________T 形截面。

12. 为了防止斜截面破坏，应使梁有足够的截面尺寸，并配置________筋和________筋。

13. 有腹筋梁斜截面受剪破坏形态有________破坏、________破坏和________

破坏。

14.《规范》通过限制__________来防止斜压破坏，通过控制__________来防止斜拉破坏，对于剪压破坏，则是通过受剪承载力计算配置腹筋来防止。

15. 梁的正常使用极限状态验算包括__________、__________、__________。

16. 钢筋混凝土构件在荷载作用下，若计算所得的最大裂缝宽度超过允许值，则应采取相应措施，以减小裂缝宽度，例如可以适当__________钢筋直径；采用__________钢筋；必要时可适当__________配筋量，以__________使用阶段的钢筋应力。对于抗裂和限制裂缝宽度而言，最根本的方法是采用__________。

17. 梁的结构施工图一般包括__________、__________、__________、__________等内容。

二、选择题

1. 混凝土保护层厚度是指(　　)。

A. 箍筋外皮至混凝土外边缘的距离

B. 纵向受力筋外皮至混凝土外边缘的垂直距离

C. 受力钢筋截面形心至混凝土外边缘的距离

D. 以上都不是

2. 梁箍筋的作用有(　　)。

A. 提高梁的抗剪能力　　B. 固定纵向钢筋和构造钢筋并与其形成钢筋骨架

C. 提高构件抗弯能力　　D. 提高构件抗弯刚度

3. 单筋矩形截面超筋梁正截面破坏承载力与纵向受力钢筋面积 A_s 的关系是(　　)。

A. 纵向受力钢筋面积愈大，承载力愈大

B. 纵向受力钢筋面积愈大，承载力愈小

C. 超筋梁正截面破坏承载力为一定值

D. 以上都不是

4. 当钢筋混凝土梁的跨度为 5 m 时，其架立筋的直径不应小于(　　)。

A. 8 mm　　B. 10 mm　　C. 12 mm　　D. 14 mm

5. 某钢筋混凝土梁的箍筋为ф6@100，则拉筋为(　　)。

A. ф6@200　　B. ф6@400　　C. ф6@500　　D. ф6@800

6. 当钢筋混凝土梁的裂缝宽度验算时所依据的是(　　)应力阶段。

A. 第Ⅰ阶段初　　B. 第Ⅰ阶段末　　C. 第Ⅱ阶段初　　D. 第Ⅱ阶段末

7. 某钢筋混凝土梁，原设计配置4 ⌀20，能满足承载力、裂缝宽度和挠度要求，现根据等强度原则用了2 ⌀28 替代(等面积代换)，则代换后应(　　)。

A. 仅需重新验算裂缝宽度，不需验算挠度

B. 不必重新验算裂缝宽度，而需验算挠度

C. 裂缝宽度和挠度都需重新验算

D. 裂缝宽度和挠度都不必需重新验算

8. 钢筋混凝土梁实际配筋率大于最大配筋率时发生的破坏是(　　)。

A. 适筋破坏　　B. 超筋破坏　　C. 少筋破坏　　D. 界限破坏

9. 钢筋混凝土梁实际配筋率小于最小配筋率时发生的破坏是(　　)。

A. 适筋破坏　　B. 超筋破坏　　C. 少筋破坏　　D. 界限破坏

10. 进行钢筋混凝土梁截面设计时,若按初选截面计算的配筋率大于最大配筋率,其原因可能是(　　)。

A. 配筋过少　　B. 初选截面过小　　C. 初选截面过大　　D. 配筋强度过高

11. 钢筋混凝土梁受拉区边缘开始出现裂缝是因为受拉边缘(　　)。

A. 拉区应力达到混凝土的实际抗拉强度

B. 拉区应力达到混凝土的抗拉强度标准值

C. 拉区应力达到混凝土的设计强度

D. 拉区边缘混凝土的应变超过极限拉应变

12. 少筋梁正截面抗弯破坏时,破坏弯矩是(　　)。

A. 小于开裂弯矩　　B. 等于开裂弯矩

C. 大于开裂弯矩　　D. 小于屈服弯矩

13. 在进行受弯构件斜截面受剪承载力计算时,若所配箍筋不能满足抗剪要求,采取(　　)的办法较好。

A. 将纵向钢筋弯起为斜筋或加焊斜筋

B. 将箍筋加密或加粗

C. 增大构件截面尺寸

D. 提高混凝土强度等级

14. 在进行受弯构件受剪承载力计算时,对于 $h_w/b \leqslant 4.0$ 的梁,若 $KV > 0.25 f_c b h_0$,可采取(　　)办法解决。

A. 箍筋加密加粗　　B. 增大构件截面尺寸

C. 加大纵筋配筋率　　D. 提高混凝土强度等级

15. 在进行受弯构件受剪承载力计算时,对于 $h_w/b \leqslant 4.0$ 的梁,若 $KV > 0.25 f_c b h_0$,可能发生(　　)破坏。

A. 剪压　　B. 斜拉　　C. 斜压　　D. 剪弯

16. 当梁的配箍率过大时,在荷载作用下,可能发生(　　)破坏。

A. 剪压　　B. 斜拉　　C. 斜压　　D. 剪弯

17. 双筋截面梁正截面承载力计算公式适用条件 $\xi \leqslant 0.85\xi_b$ 是为了保证(　　)。

A. 纵向受压钢筋应力达到 f_y'　　B. 纵向受拉钢筋应力达到 f_y

C. 受压混凝土应力达到 f_c　　D. 受压混凝土应变达到极限压应变

18. 双筋截面梁正截面承载力计算公式适用条件 $x \geqslant 2a_s'$ 是为了保证(　　)。

A. 纵向受压钢筋应力达到 f_y'　　B. 纵向受拉钢筋应力达到 f_y

C. 受压混凝土应力达到 f_c　　D. 受压混凝土应变达到极限压应变

19. 提高构件抗裂能力的措施不包括(　　)。

A. 加大构件截面尺寸　　B. 提高混凝土的强度等级

C. 采用预应力混凝土结构　　D. 多配钢筋

20. 长期荷载作用下，钢筋混凝土梁的挠度会随时间而增长，其主要原因是(　　)。

A. 受拉钢筋产生塑性变形　　B. 受拉混凝土产生塑性变形

C. 受压混凝土产生塑性变形　　D. 受压混凝土产生徐变

三、问答题

1. 在受弯构件中，适筋梁从开始加荷到破坏经历了哪几个阶段？其中哪个阶段是按极限状态方法进行受弯构件正截面承载力计算的依据？

2. 适筋梁、超筋梁和少筋梁正截面的破坏特征是什么？

3. 复核单筋截面梁承载力时，若 $\xi > 0.85\xi_b$，如何计算其承载力？

4. 何谓双筋截面梁？双筋截面梁与单筋截面梁的主要区别是什么？

5. 有腹筋梁斜截面剪切破坏形态有哪几种？各在什么情况下产生？

6. 梁斜截面受剪承载力的计算时，为什么要控制箍筋及弯起钢筋的最大间距？

7. 梁斜截面受剪承载力的计算时，为什么要验算截面尺寸和最小配筋率？

8. 梁截面受剪承载力的计算位置如何确定？在计算弯起钢筋时剪力值如何确定？

9. 梁中纵向钢筋的弯起和截断应满足哪些要求？

10. 当梁受力钢筋伸入支座的锚固长度不满足要求时，可采取哪些措施？

11. 在梁中什么条件下应设置腰筋和拉筋？

12. 提高钢筋混凝土梁抗裂能力的措施有哪些？

13. 当钢筋混凝土梁最大裂缝宽度超过允许值时，应采取哪些措施？

14. 当钢筋混凝土梁挠度验算不满足时，采取的措施有哪些？

四、计算题

1. 一建筑物级别为 2 级的钢筋混凝土矩形截面简支梁，处于室内正常环境，截面尺寸 $b \times h = 250\ \text{mm} \times 650\ \text{mm}$，荷载效应组合为基本组合，承受弯矩设计值 $M = 220\ \text{kN} \cdot \text{m}$，采用 C20 混凝土、HRB335 级纵筋，试配置截面受力钢筋。

2. 已知某 1 级建筑物的矩形截面简支梁，截面尺寸 $b \times h = 200\ \text{mm} \times 500\ \text{mm}$，二类环境条件，计算跨度 $l_0 = 5.6\ \text{m}$，正常使用期间承受永久荷载标准值 $g_k = 6\ \text{kN/m}$（包括自重），可变均布荷载标准值 $q_k = 13\ \text{kN/m}$，采用 C20 混凝土、HRB335 级纵筋，试进行截面配筋。

3. 某建筑物级别为 2 级的矩形截面简支梁，截面尺寸为 $b \times h = 250\ \text{mm} \times 500\ \text{mm}$，处于室内潮湿环境，混凝土强度等级为 C20，钢筋为 HRB335 级，荷载效应组合为基本组合，承受弯矩设计值 $M = 120\ \text{kN} \cdot \text{m}$，配有受拉钢筋为 3 Φ 22，验算此梁截面是否安全。

4. 已知某电站厂房（2 级建筑物）矩形截面梁，处于室内正常环境，截面尺寸 $b \times h = 200\ \text{mm} \times 450\ \text{mm}$，荷载效应为基本组合，承受弯矩设计值为 $M = 140\ \text{kN} \cdot \text{m}$，混凝土强度等级为 C25，HRB335 级纵筋。试计算截面所需钢筋。（提示：按双筋截面计算，钢筋布置成两排，$a_s = 65\ \text{mm}$）

5. 某 3 级水工建筑物的独立 T 形截面吊车梁，截面尺寸为 $b_f' = 400\ \text{mm}$，$h_f' = 80\ \text{mm}$，$b = 200\ \text{mm}$，$h = 500\ \text{mm}$，处于室内正常环境，计算跨度 $l_0 = 6\ \text{m}$，正常使用阶段承受弯矩设

计值 $M=96\ kN \cdot m$,混凝土强度等级为 C20,纵向钢筋为 HRB335 级,试配置截面钢筋。

6. 某 2 级水工建筑物的 T 形截面吊车梁,截面尺寸为 $b_f'=600\ mm$,$h_f'=120\ mm$,$b=300\ mm$,$h=700\ mm$,处于室内正常环境,计算跨度 $l_0=6\ m$,正常使用阶段承受弯矩设计值 $M=420\ kN \cdot m$,混凝土强度等级为 C25,纵向钢筋为 HRB335 级,试配置截面钢筋。(提示:纵向受拉钢筋双排布置)

7. 一建筑物级别为 2 级的 T 形截面梁,截面尺寸为 $b_f'=450\ mm$,$h_f'=100\ mm$,$b=250\ mm$,$h=650\ mm$,处于室内正常环境,混凝土强度等级为 C25,纵向钢筋为 HRB335 级,计算跨度$l_0=4.8\ m$。如果受拉钢筋为 6 Φ25($a_s=65\ mm$),正常使用阶段承受弯矩设计值 $M=350\ kN \cdot m$,试验算此梁截面是否安全。

8. 一建筑物级别为 2 级的钢筋混凝土矩形截面简支梁,处于室内正常环境,截面尺寸 $b \times h=200\ mm \times 500\ mm$,计算跨度 $l_0=4.24\ m$(净跨 $l_n=4\ m$),荷载效应组合为基本组合,承受均布荷载设计值(包括自重)$q=100\ kN/m$(见图 2-56),混凝土强度等级采用 C25($f_c=11.9\ N/mm^2$,$f_t=1.27\ N/mm^2$),箍筋采用 HPB235 级钢筋($f_{yv}=210\ N/mm^2$)。求箍筋数量(纵向受拉钢筋为 3 Φ20,一排布置)。

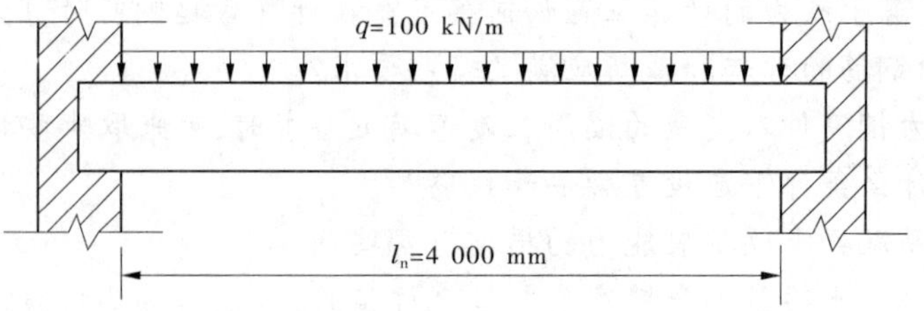

图 2-56　计算题 8 图

9. 某 3 级建筑物矩形截面简支梁(见图 2-57),两端支承在 240 mm 厚的砖墙上,该梁处于室内正常环境,梁净跨 $l_n=4.0\ m$,梁截面尺寸 $b \times h=200\ mm \times 500\ mm$,在正常使用期间承受永久荷载标准值 $g_k=25\ kN/m$(包括自重),可变均布荷载标准值 $q_k=37.75\ kN/m$,采用 C20 混凝土,箍筋为 HPB235 级,按正截面承载力计算已配有受拉钢筋 3 Φ25。试根据斜截面承载力计算配置腹筋(取 $a_s=40\ mm$)。

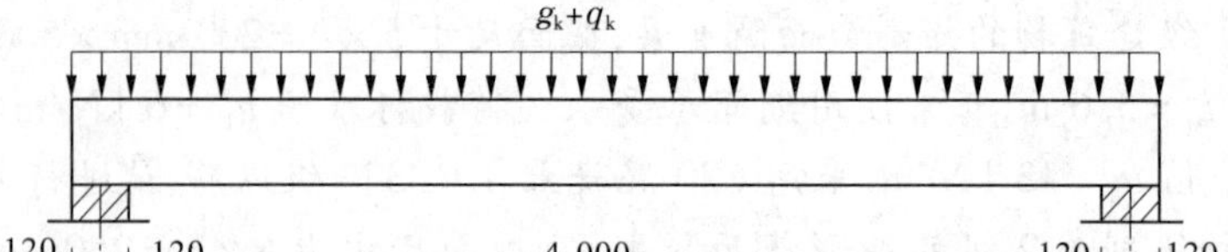

图 2-57　计算题 9 图　(单位:mm)

10. 一建筑物级别为 2 级的钢筋混凝土矩形截面简支梁,处于室内正常环境,承受均布荷载,荷载效应组合为基本组合,支座截面处剪力设计值 $V=200\ kN$,截面尺寸 $b \times h=200\ mm \times 550\ mm$,混凝土强度等级为 C30($f_c=14.3\ N/mm^2$,$f_t=1.43\ N/mm^2$),箍筋采用 HRB335 级钢筋($f_{yv}=300\ N/mm^2$),沿梁全长配置双肢箍Φ 8@120,纵向钢筋按单排布置。试验算梁的斜截面受剪承载力是否满足要求。

11. 某钢筋混凝土简支矩形截面梁,截面尺寸 $b \times h=300\ mm \times 800\ mm$,$h_0=735\ mm$,

$c=30$ mm, $a_s=65$ mm，混凝土强度等级为 C20，纵向受拉钢筋为 6 Φ 25HRB335 级钢筋，承受标准组合下的弯矩 $M_k=440$ kN·m，最大裂缝宽度限值 $w_{lim}=0.25$ mm。试验算梁的最大裂缝宽度是否满足要求。

12. 某钢筋混凝土简支矩形截面梁，截面尺寸 $b\times h=200$ mm $\times 500$ mm，计算跨度为 $l_0=4.5$ m，混凝土强度等级为 C20，纵向受拉钢筋为 4 Φ 16HRB335 级钢筋，正常使用期间承受永久荷载标准值 $g_k=17.5$ kN/m（包括自重），可变均布荷载标准值 $q_k=11.5$ kN/m，挠度允许值为 $l_0/200$。试验算梁的挠度是否符合要求（取 $a_s=40$ mm）。

五、简支梁综合设计

基本资料：某支承在砖墙上的钢筋混凝土矩形截面简支梁，截面尺寸 $b\times h=250$ mm $\times$ 550 mm，其跨度 $l_0=6.0$ m，$l_n=5.76$ m，如图 2-58 所示。该梁处于二类环境条件，水工建筑物级别为 2 级，在正常使用期间承受永久荷载标准 $g_k=12.5$ kN/m（包括自重），可变均布荷载标准值 $q_k=17$ kN/m，采用 C25 混凝土，纵向钢筋采用 HRB335 级，箍筋和构造钢筋采用 HPB235 级。

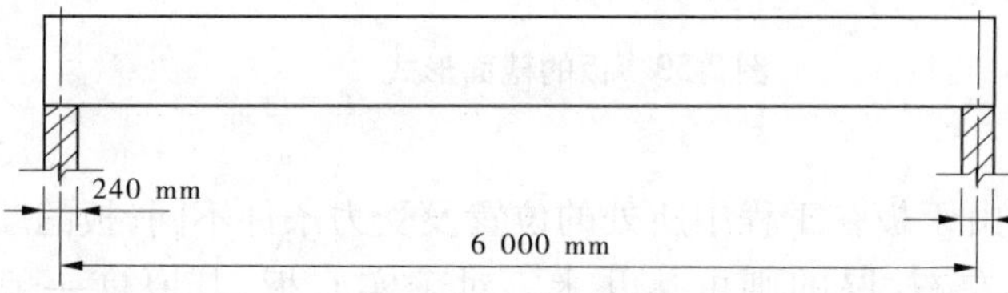

图 2-58　简支梁综合设计图

设计内容：

（1）梁的内力计算，并绘出弯矩图和剪力图。

（2）截面尺寸复核。

（3）根据正截面承载力要求，确定纵向钢筋的用量。

（4）根据斜截面承载力要求，确定腹筋的用量。

（5）钢筋的布置。

（6）进行正常使用极限状态验算。

（7）绘制梁的结构施工图。

任务 2　钢筋混凝土板的设计

任务描述：

钢筋混凝土板是水工混凝土结构中常用的构件，如工作桥、水电站厂房楼板，水闸、船闸的底板等。板的设计是在已知使用功能的情况下，拟定截面尺寸，选择钢筋级别和混凝土等级，进行受力钢筋和构造钢筋的配置。

任务分析：

本任务是钢筋混凝土板的设计，完成该项任务的步骤如下：①拟定截面尺寸，取板宽 $b=1\ 000$ mm 为计算单元，将实际结构构件简化，选取计算简图；②根据计算简图计算控制截面处弯矩设计值；③按正截面承载力计算公式计算单位宽度板所需纵向受力钢筋的截面面积；④根据构造要求选配纵向受力钢筋和分布钢筋；⑤进行正常使用极限状态验算；⑥绘制配筋图。

任务知识点：

1 板的构造知识

1.1 板的截面形式与尺寸

1.1.1 截面形式

现浇板的截面一般是实心矩形截面，根据使用要求，也可采用空心矩形截面和槽形截面。板的截面形式如图 2-59 所示。

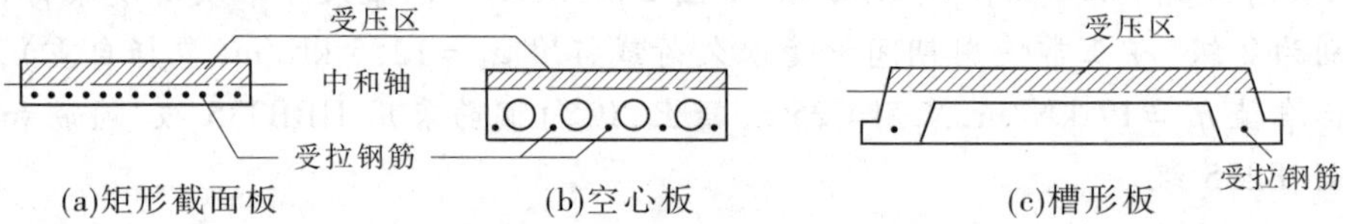

图 2-59 板的截面形式

1.1.2 截面尺寸

在水工建筑物中，由于板在工程中所处的位置及受力条件不同，板的厚度变化范围很大，薄的可为 100 mm 左右，厚的则可达几米。对于实心板，其厚度一般不宜小于 100 mm，但有些屋面板厚度也可为 60 mm。当板的厚度在 250 mm 以下时，板的厚度以 10 mm 为模数递增；当板的厚度在 250 mm 以上 800 mm 以下时，则以 50 mm 为模数递增；当板厚超过 800 mm 时，以 100 mm 为模数递增。

板的厚度要满足承载能力、抗变形能力的要求。厚度不大的板（如工作桥、公路桥的面板，水电站主厂房楼板），其厚度为板跨度的 1/20 ~ 1/12。对于预制构件，为了减轻自重，其截面尺寸可根据具体情况确定，级差模数不受上列规定限制。

1.2 板的钢筋

板内通常只配置受力钢筋和分布钢筋。

1.2.1 板的受力钢筋

(1)受力钢筋的直径：板的纵向受力钢筋宜采用 HPB235、HRB335 级钢筋，按计算和构造要求配置。一般厚度的板，其受力钢筋直径常用 6 ~ 12 mm；对于厚度大于 200 mm 的较厚板（如水电站厂房安装车间的楼面板）和厚度大于 1500 mm 的厚板（如水闸、船闸的底板），其受力钢筋直径常用 12 ~ 25 mm。同一板中受力钢筋的直径最好相同。为了节约钢材，也可采用两种不同直径的钢筋，但两种直径宜相差在 2 mm 以上，便于识别。

(2)受力钢筋的间距：为使构件受力均匀，避免混凝土局部破坏，或防止产生过宽裂缝，板内受力钢筋的间距 s（中距）不能过大。当板厚 $h \leqslant 200$ mm 时，$s \leqslant 200$ mm；当板厚 200 mm $< h \leqslant 1\,500$ mm 时，$s \leqslant 250$ mm；当板厚 $h > 1\,500$ mm 时，$s \leqslant 300$ mm。但为了便于施工，板内受力钢筋的间距 s 也不宜过小，一般情况下，其间距 $s \geqslant 70$ mm。板内受力钢筋沿板跨方向布置在受拉区，一般每米宜采用 4 ~ 10 根。

(3)受力钢筋的弯起：板中弯起钢筋的弯起角不宜小于30°，厚板中的弯起角可为45°或60°。钢筋弯起后，板中受力钢筋直通伸入支座的截面面积不应小于跨中钢筋截面面积的1/3，其间距不应大于400 mm。

(4)受力钢筋的标注：板中纵向受力钢筋的标注方式为钢筋级别符号 + 钢筋直径 + 间距，如Φ6@200。

(5)受力钢筋的支座锚固：简支板或连续板下部纵向受力钢筋伸入支座的长度不应小于$5d$，d为下部纵向受力钢筋的直径。当采用焊接网配筋时，其末端至少应有一根横向钢筋配置在支座边缘内(见图2-60(a))。当不能符合上述要求时，应在受力钢筋末端制成弯钩(见图2-60(b))或加焊附加的横向锚固钢筋(见图2-60(c))。当$KV > V_c$时，配置在支座边缘内的横向锚固钢筋不应少于2根，其直径不应小于纵向受力钢筋直径的一半。当连续板内温度、收缩应力较大时，伸入支座的锚固长度宜适当增加。

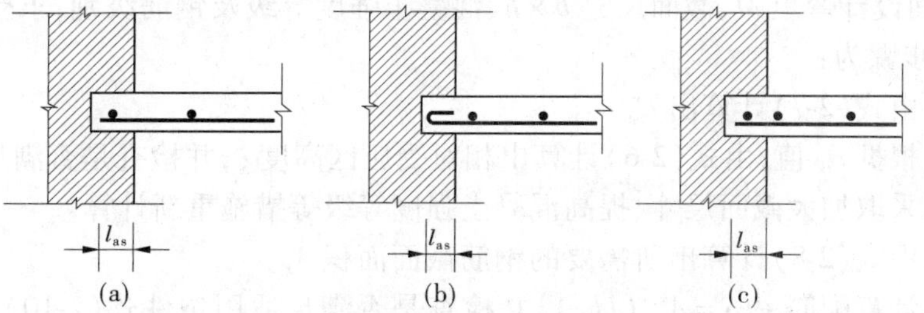

图2-60　焊接网在板的简支支座上的锚固

1.2.2　板的分布钢筋

板中的分布钢筋是垂直于受力钢筋方向布置的构造钢筋，一般采用光面钢筋，布置于纵向受力钢筋的内侧。分布钢筋的作用是：

(1)将板面荷载更均匀地传给受力钢筋；

(2)固定受力钢筋处于正确位置；

(3)防止因温度变化或混凝土收缩等造成沿板跨方向产生裂缝。

单向板每米板宽中分布钢筋的截面面积不少于受力钢筋截面面积的15%(集中荷载时为25%)，分布钢筋的直径一般不宜小于6 mm。在承受均布荷载的厚板中，分布钢筋的直径可采用10~16 mm。分布钢筋的间距s不宜大于250 mm；当集中荷载较大时，分布钢筋的间距s不宜大于200 mm；对于承受分布荷载的厚板，其间距s可为200~400 mm。分布钢筋的标注方式同板中纵向受力钢筋。板中钢筋布置如图2-61所示。

在温度、收缩应力较大的现浇板区域内，钢筋间距宜取为150~200 mm，并应在板的未配筋表面布置温度收缩钢筋，板的上、下表面沿纵、横两个方向的配筋率不宜小于0.1%。

1.3　板的截面有效高度 h_0

板截面有效高度的概念与梁同，$h_0 = h - a_s$，h为截面高度，a_s为纵向受拉钢筋合力点至截面受拉边缘的距离，$a_s = c + d/2$。板截面设计时，钢筋直径d可按10 mm估算；板截面复核时，钢筋直径d按实际计算。

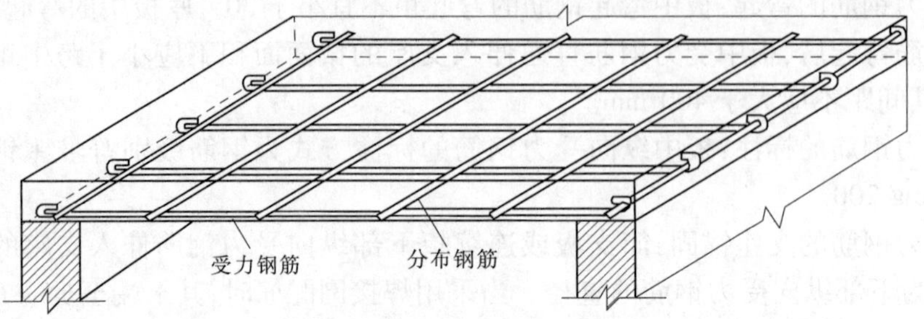

图 2-61　板内钢筋布置图　（单位：mm）

2　板的正截面受弯承载力计算

2.1　板的截面设计

已知截面设计弯矩 M、截面尺寸 $b\times h$、混凝土强度等级及钢筋级别，求受拉钢筋截面面积 A_s。其步骤为：

第一步：由式(2-7)计算出 α_s。

第二步：根据 α_s 值，由式(2-6)计算出相对受压区高度 ξ，并检查是否满足 $\xi\leqslant 0.85\xi_b$。若不满足，则采取加大截面尺寸、提高混凝土强度等级等措施重新计算。

第三步：由式(2-8)计算出所需要的钢筋截面面积 A_s。

第四步：计算配筋率 $\rho=A_s/(bh_0)$，并检查是否满足适用条件式(2-10)。若不满足，则应按最小配筋率 ρ_{min} 配筋，即取 $A_s=\rho_{min}bh_0$。现浇实心板 ρ 常用配筋率范围为 0.4% ~ 0.8%。ρ_{min} 见附录表 3。求得的 ρ 应在常用配筋率范围内，若不在该范围内，再修改截面尺寸，并重新计算。

第五步：选配纵向受力钢筋和分布钢筋。纵向受力钢筋实际采用的截面面积一般应等于或略大于计算所需的钢筋截面面积，若小于计算所需要的面积，则误差不应超过 5%。钢筋的直径和间距等应符合构造规定。

第六步：绘制截面配筋图。配筋图上应标注截面尺寸和配筋情况。

活动 1：板的截面设计案例

【案例 2-15】　某电站副厂房（3 级建筑物）走廊现浇钢筋混凝土简支板如图 2-62(a) 所示，处于室内正常环境，计算跨度 $l_0=2.37$ m，采用 C20 混凝土和 HPB235 级钢筋，均布荷载设计值为 5.5 kN/m²（含板自重），试进行板的配筋。

解：为方便计算，取 1 m 宽板带为计算单元，即 $b=1\ 000$ mm。

(1) 确定材料强度设计值及安全系数。

$f_c=9.6\ \text{N/mm}^2$，$f_y=210\ \text{N/mm}^2$，$\xi_b=0.614$；3 级建筑物，荷载效应组合为基本组合，$K=1.20$。

(2) 求弯矩设计值 M。

$$q=5.5\times 1=5.5(\text{kN/m})$$

$$M=\frac{1}{8}ql_0^2=\frac{1}{8}\times 5.5\times 2.37^2=3.86(\text{kN}\cdot\text{m})$$

(3) 配筋计算。

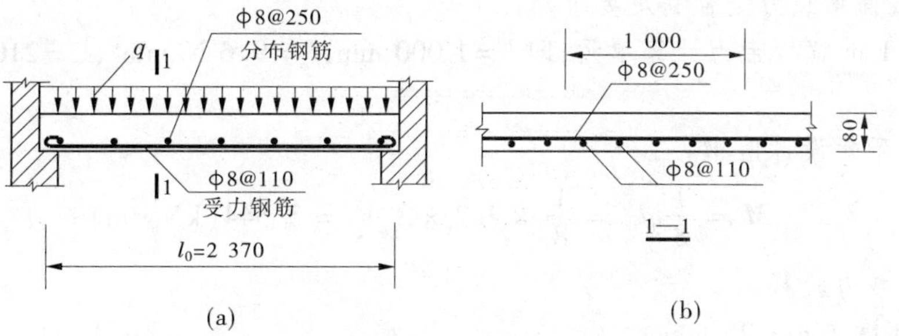

图 2-62　正截面配筋图　(单位:mm)

室内正常环境取 $a_s = 25$ mm。

$$h_0 = h - a_s = 80 - 25 = 55(\text{mm})$$

$$\alpha_s = \frac{KM}{f_c b h_0^2} = \frac{1.20 \times 3.86 \times 10^6}{9.6 \times 1\ 000 \times 55^2} = 0.160$$

$$\xi = 1 - \sqrt{1 - 2\alpha_s} = 1 - \sqrt{1 - 2 \times 0.160}$$

$$= 0.175 < 0.85\xi_b = 0.85 \times 0.614 = 0.522$$

$$A_s = \frac{f_c \xi b h_0}{f_y} = 0.175 \times 1\ 000 \times 55 \times \frac{9.6}{210} = 440(\text{mm}^2)$$

$\rho = \dfrac{A_s}{bh_0} = \dfrac{440}{1\ 000 \times 55} = 0.80\% > \rho_{min} = 0.20\%$,并在板的常用配筋率 0.4% ~ 0.8% 范围内。

选配受拉钢筋为Φ8@110($A_{s实} = 457$ mm^2),分布筋为Φ8@250($A_s = 201$ mm^2),配筋图见图 2-62(b)。

2.2　板的截面承载力复核

承载力复核是在已知构件截面尺寸、受力钢筋截面面积、混凝土强度等级和钢筋级别的条件下,验算该正截面承载能力是否满足要求。其步骤为:

第一步:验算配筋率是否满足 $\rho = \dfrac{A_s}{bh_0} \geqslant \rho_{min}$,若 $\rho < \rho_{min}$,应按 $\rho = \rho_{min}$ 重新进行配筋计算。若为已建成的工程,则应降低使用条件。

第二步:按式(2-8)计算相对受压区计算高度 ξ,$\xi = \dfrac{f_y A_s}{f_c b h_0}$,并检查是否满足式(2-9)条件,若不满足,表示截面属于超筋截面,承载力受混凝土受压区控制,则取 $\xi = 0.85\xi_b$。

第三步:按式(2-6)求 α_s,$\alpha_s = \xi(1 - 0.5\xi)$。

第四步:按式(2-7)计算正截面受弯承载力 M_u,$M_u = \alpha_s f_c b {h_0}^2$。

第五步:验算承载能力是否满足 $KM \leqslant M_u$。

活动 2:板的截面承载力复核案例

【案例 2-16】　某现浇钢筋混凝土实心简支板,板厚 $h = 100$ mm,计算跨度 $l_0 = 2.4$ m,处于一类环境,承载力安全系数 $K = 1.20$,承受均布荷载 $q = 7.7$ kN/m(含板自重),采用 C20 混凝土和 HPB235 级钢筋,已选配受拉钢筋为Φ10@170($A_s = 462$ mm^2),试验算板跨中正截面承载力是否满足要求。

解：取 1 m 宽板带为计算单元，即 $b=1\ 000$ mm；$f_c=9.6$ N/mm^2，$f_y=210$ N/mm^2，$\xi_b=0.614$。

(1)求弯矩设计值 M。

$$M=\frac{1}{8}ql_0^2=\frac{1}{8}\times7.7\times2.4^2=5.544(\text{kN}\cdot\text{m})$$

(2)承载力验算。

一类环境取 $a_s=25$ mm。

$$h_0=h-a_s=100-25=75(\text{mm})$$

$$\rho=\frac{A_s}{bh_0}=\frac{462}{1\ 000\times75}\times100\%=0.616\%\geqslant\rho_{\min}=0.20\%$$

$$\xi=\frac{f_yA_s}{f_cbh_0}=\frac{210\times462}{9.6\times1\ 000\times75}=0.135<0.85\xi_b=0.85\times0.614=0.522$$

$$\alpha_s=\xi(1-0.5\xi)=0.135\times(1-0.5\times0.135)=0.126$$

$$M_u=\alpha_sf_cbh_0{}^2=0.126\times9.6\times1\ 000\times75^2=6.8\times10^6(\text{N}\cdot\text{mm})=6.8\text{ kN}\cdot\text{m}$$

$$KM=1.20\times5.544=6.65(\text{kN}\cdot\text{m})<M_u=6.8\text{ kN}\cdot\text{m}$$

板跨中正截面承载力满足要求。

3　板的正常使用极限状态验算

板是一种受弯构件，由于截面高度小，其抗裂能力小，在水利工程中，对于使用上要求不允许出现裂缝的构件如矩形截面输水渡槽侧墙在水压力等荷载作用下，其底部截面受拉，一旦开裂就会造成渗漏现象；水电站副厂房楼盖如果裂缝过大，会影响结构的耐久性等。

板的正常使用极限状态验算方法与梁相同。下面举两个案例说明板的正常使用极限状态验算方法。

活动3：板的正常使用极限状态验算

【案例2-17】　某矩形渡槽（如图2-63所示）的侧墙低部 A—A 截面厚300 mm，在水压力和人群荷载作用下，沿渡槽纵向每米长度内产生的设计弯矩值 $M=30.79$ kN·m，按荷载标准值计算的弯矩值 $M_k=27.96$ kN·m，混凝土强度等级采用C30，采用HRB335级钢筋，每米配置Φ10@100受力筋（内侧垂直底板），试验算侧墙低部 A—A 截面是否满足抗裂要求（$a_s=40$ mm）。

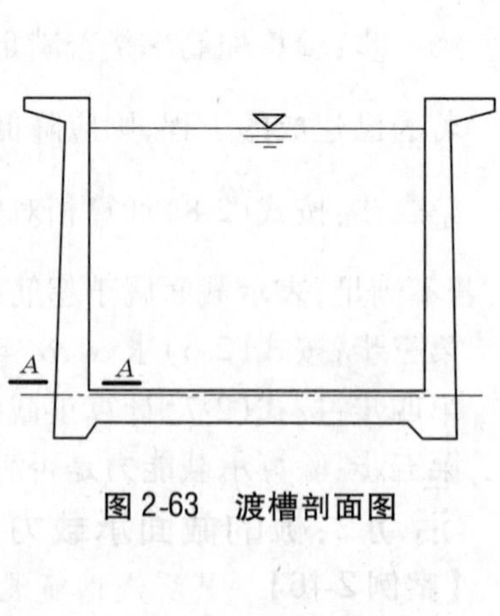

图2-63　渡槽剖面图

解：查表得 $\alpha_{ct}=0.85$，$E_c=3.0\times10^4$ N/mm^2，$E_s=2.0\times10^5$ N/mm^2，$f_{tk}=2.01$ N/mm^2，$A_s=785$ mm^2，则

$$h_0=300-40=260(\text{mm})$$

$$\alpha_E = \frac{E_s}{E_c} = \frac{2.0 \times 10^5}{3.0 \times 10^4} = 6.67$$

$$\rho = \frac{A_s}{bh_0} = \frac{785}{1\ 000 \times 260} = 0.003\ 0$$

(1)计算截面特征值。

$$y_0 = (0.5 + 0.425\alpha_E\rho) = (0.5 + 0.425 \times 6.67 \times 0.003\ 0) = 152.6(\text{mm})$$

$$I_0 = (0.083\ 3 + 0.19\alpha_E\rho)bh^3$$

$$= (0.083\ 3 + 0.19 \times 6.67 \times 0.003\ 0) \times 1\ 000 \times 300^3 = 2.35 \times 10^9(\text{mm}^4)$$

$$W_0 = \frac{I_0}{h - y_0} = \frac{2.35 \times 10^9}{300 - 152.6} = 1.59 \times 10^7(\text{mm}^3)$$

(2)验算构件是否抗裂。

考虑截面高度的影响,对 γ_m 值进行修正,修正系数为 $0.7 + 300/h = 0.7 + 300/300 = 1.7 > 1.1$,取 1.1,则

$$\gamma_m = 1.1 \times 1.55 = 1.705$$

$$M_k = 27.96\text{kN} \cdot \text{m} < \gamma_m\alpha_{ct}f_{tk}W_0 = 1.705 \times 0.85 \times 2.01 \times 1.59 \times 10^7$$

$$= 46.32(\text{kN} \cdot \text{m})$$

满足抗裂要求。

【案例2-18】 某水电站副厂房楼盖采用现浇钢筋混凝土板,采用 C20 混凝土、HPB235 级钢筋,板厚 100 mm,二类环境条件。经正截面承载力计算在单位宽度范围内配置了Φ8@170 的受力筋,按荷载标准值计算的跨中弯矩 $M_k = 2.7\ \text{kN} \cdot \text{m}$,$w_{lim} = 0.30$ mm,试验算该楼盖板裂缝宽度是否满足要求。

解:查表得 $E_s = 2.1 \times 10^5\ \text{N/mm}^2$, $A_s = 296\ \text{mm}^2$, $h = 100$ mm, $b = 1\ 000$ mm, $\alpha = 2.1$, $d = 8$ mm, $c = 25$ mm, $a_s = 30$ mm。

$$h_0 = 100 - 30 = 70(\text{mm})$$

$$\rho_{te} = \frac{A_s}{A_{te}} = \frac{A_s}{2a_sb} = \frac{296}{2 \times 30 \times 1\ 000} = 0.004\ 93 < 0.03$$

取 $\rho_{te} = 0.03$。

$$\sigma_{sk} = \frac{M_k}{0.87A_sh_0} = \frac{2.7 \times 10^6}{0.87 \times 296 \times 70} = 149.8(\text{N/mm}^2)$$

$$w_{max} = \alpha\frac{\sigma_{sk}}{E_s}(30 + c + 0.07\frac{d}{\rho_{te}}) = 2.1 \times \frac{149.8}{2.1 \times 10^5} \times (30 + 25 + 0.07 \times \frac{8}{0.03})$$

$$= 0.11(\text{mm}) < w_{lim} = 0.3\ \text{mm}$$

裂缝宽度满足要求。

活动4:知识技能训练

一、填空题

1. 现浇板的截面形式有__________、__________、__________。

2. 板中的钢筋主要有__________、__________两种。板的纵向受力钢筋宜采用

_________、_________级钢筋。

3. 板内受力钢筋沿板跨方向布置在_________，一般每米宜采用4~10根。板中纵向受力钢筋的标注方式为_________。

4. 板中的分布钢筋是_________于受力钢筋方向布置的构造钢筋，一般采用_________钢筋，布置于纵向受力钢筋的_________，其直径一般不宜小于_________mm。

5. 现浇实心板常用配筋率范围为_________。一般厚度的板，其受力钢筋直径常用_________mm。

二、选择题

1. 板中的分布筋是根据(　　)配置的。

A. 构造　　B. 正截面承载力计算

C. 斜截面承载力计算　　D. 按构造和正截面承载力计算

2. 板中的受力钢筋是根据(　　)配置的。

A. 构造　　B. 正截面承载力计算

C. 斜截面承载力计算　　D. 以上都不是

3. 钢筋混凝土板内纵向受力钢筋的水平间距不应小于(　　)。

A. 50 mm　　B. 60 mm　　C. 70 mm　　D. 80 mm

4. 厚度为150 mm的钢筋混凝土板内纵向受力钢筋的水平间距不应大于(　　)。

A. 200 mm　　B. 250 mm　　C. 300 mm　　D. 350 mm

5. 承受均布荷载的钢筋混凝土板每米宽度内分布钢筋的截面面积不小于受力钢筋截面面积的比例为(　　)。

A. 10%　　B. 15%　　C. 20%　　D. 25%

三、问答题

1. 板内分布钢筋的作用有哪些？

2. 限制板内受力钢筋间距的意义是什么？

3. 板中的分布钢筋是如何选配的？

四、计算题

1. 某建筑物级别为3级的现浇单跨简支板，处于室内正常环境，计算跨度 $l_0 = 2.4$ m，板厚 $h = 100$ mm，每米宽均布荷载设计值为8.0 kN/m(含板自重)，混凝土强度等级为C20，钢筋为HPB235级，试进行板的配筋。

2. 某现浇钢筋混凝土实心简支板，板厚 $h = 100$ mm，计算跨度 $l_0 = 2.3$ m，处于一类环境，承载力安全系数 $K = 1.20$，承受均布荷载设计值为7.5 kN/m(含板自重)，采用C20混凝土和HPB235级钢筋，已选配受拉钢筋为Φ8@110($A_s = 457$ mm^2)，试验算板跨中正截面承载力是否满足要求。

3. 某水闸底板厚 $h = 1\ 200$ mm，$h_0 = 1\ 130$ mm，每米宽的板其跨中截面荷载效应值 $M_k =$

460 kN · m。采用 C25 混凝土、HRB335 级钢筋。根据承载力计算，已配置钢筋Φ20@150。试验算底板是否抗裂(A_s = 2 094 mm^2)。

4. 某泵站厂房(3 级建筑物)中的现浇钢筋混凝土简支实心板，采用 C20 混凝土、HPB235 级钢筋，板厚 100 mm，一类环境条件。经正截面承载力计算在单位宽度范围内配置了φ10@170 的受力钢筋，按荷载标准值计算的跨中弯矩 M_k = 4.86kN · m，w_{lim} = 0.40 mm，试验算该板裂缝宽度是否满足要求。

项目3　钢筋混凝土柱设计

学习目标

知识目标

(1)了解钢筋混凝土柱的类型。

(2)掌握钢筋混凝土柱的构造要求。

(3)掌握偏心受压柱的破坏特征。

(4)掌握轴心受压柱承载力计算相关知识。

(5)掌握偏心受压柱承载力计算及正常使用极限状态验算相关知识。

(6)熟悉受拉构件承载力计算及正常使用极限状态验算相关知识。

能力目标

(1)会进行轴心受压柱的设计。

(2)会进行偏心受压柱的设计。

(3)会进行受拉构件设计。

任务1　钢筋混凝土柱及其构造要求

任务描述：

本任务主要是了解钢筋混凝土柱的概念、分类、工程应用，学习钢筋混凝土柱的构造要求。

任务分析：

钢筋混凝土柱的概念、分类、工程应用比较容易掌握，钢筋混凝土柱的构造要求是学习的重点，应注重理解，并能熟练运用。

任务知识点：

1　柱概述

水工钢筋混凝土结构中，除受弯构件外，还有另一种主要的构件，就是受压构件，它常以柱的形式出现，如水闸工作桥的支柱、水电站厂房中支撑吊车梁的柱子、渡槽的支撑刚架柱、闸墩、桥墩以及拱式渡槽的支撑拱圈等都属于受压构件。图3-1所示水闸工作桥的中墩支柱，它主要承受纵向压力，并将上部相邻两孔纵梁传来的压力及其自重传递给闸墩。如图3-2所示水电站厂房中支撑吊车梁的立柱，它主要承受屋架传来的竖向力及水平力、吊车轮压及横向制动力、风荷载、自重等外力。

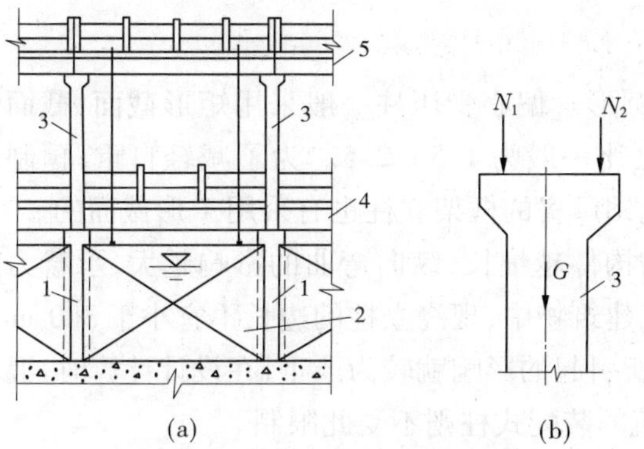

1—闸墩；2—闸门；3—支柱；4—公路桥；5—工作桥

图 3-1　水闸工作桥及其中墩支柱受力情况

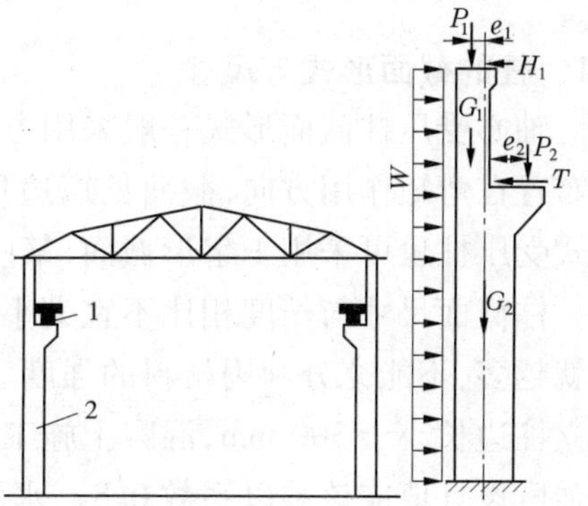

1—吊车梁；2—立柱

图 3-2　水电站厂房及其立柱受力情况

柱可以分为轴心受压柱和偏心受压柱，偏心受压柱又分为单向偏心受压柱和双向偏心受压柱。如图 3-3 所示，当截面上只作用有轴向压力且轴向压力作用线与构件重心轴重合时，称为轴心受压柱；当轴向压力作用线与构件重心轴不重合时，称为偏心受压柱。

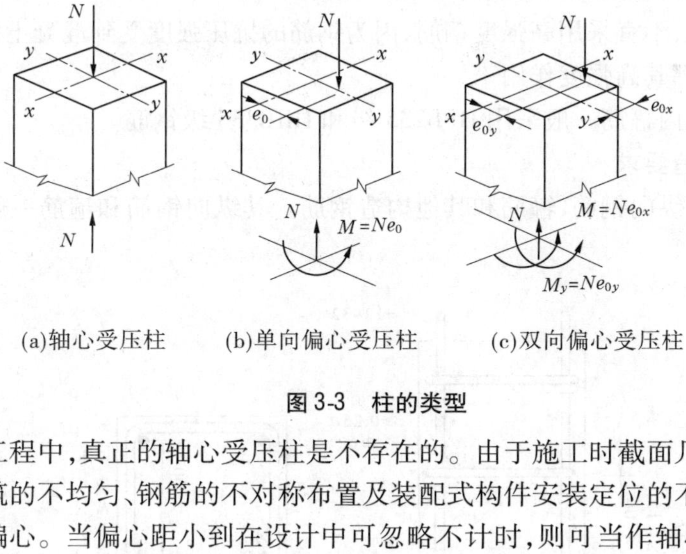

(a)轴心受压柱　　(b)单向偏心受压柱　　(c)双向偏心受压柱

图 3-3　柱的类型

在实际工程中，真正的轴心受压柱是不存在的。由于施工时截面几何尺寸的误差、构件混凝土浇筑的不均匀、钢筋的不对称布置及装配式构件安装定位的不准确等，都会导致轴向力产生偏心。当偏心距小到在设计中可忽略不计时，则可当作轴心受压柱计算。如恒载较大的等跨多层房屋的中间柱、桁架的受压腹杆等构件，因为主要承受轴向压力，弯矩很小，一般可忽略弯矩的影响，近似按轴心受压柱设计。实际工程中的单层厂房边柱、一般框架柱等构件均属于偏心受压柱。

本项目仅研究轴心受压、单向偏心受压柱承载力计算及一般构造。受拉构件在水利工程中也比较常见，其受力特征与受压柱类似，构造要求与受压柱基本相同，因此也并入该项目进行研究。

2 柱的构造

2.1 柱的截面形式与尺寸

轴心受压柱截面形式一般采用方形和圆形。偏心受压柱一般采用矩形截面,截面长边布置在弯矩作用方向,截面长短边尺寸之比一般为 1.5 ~ 2.5。为了减轻自重,预制装配式受压柱也可采用工字形截面,某些水电站厂房的框架立柱也有采用 T 形截面的。

柱截面尺寸与长度相比不宜太小,因为构件越细长,纵向弯曲的影响越大,承载力降低就越多,不能充分利用材料的强度。水工建筑物中,现浇立柱的边长不宜小于 300 mm。若立柱边长小于 300 mm,混凝土施工缺陷所引起的影响就较为严重,在设计计算时,混凝土强度设计值应该乘以系数 0.8。水平浇筑的装配式柱则不受此限制。

为了施工支模方便,截面尺寸宜使用整数。当柱截面边长在 800 mm 及以下时,以 50 mm 为模数递增;当柱截面边长在 800 mm 以上时,以 100 mm 为模数递增。

2.2 柱的材料选择

混凝土强度等级对钢筋混凝土柱的承载力影响较大。采用强度等级较高的混凝土,可减小构件截面尺寸并节省钢材,比较经济。柱中混凝土强度等级常采用 C25、C30、C35、C40 等,若截面尺寸不是由强度条件确定(如闸墩、桥墩),也可采用 C15 混凝土。

钢筋混凝土柱内配置的纵筋级别可采用 HRB335 级、HRB400 级和 RRB400 级。对于柱内受压钢筋来说,不宜采用高强度钢筋,因为钢筋的抗压强度受到混凝土极限压应变的限制,不能充分发挥其高强度作用。

钢筋混凝土柱内箍筋一般采用 HPB235 级和 HRB335 级钢筋。

2.3 柱的钢筋构造要求

柱内钢筋包括纵向钢筋、箍筋和其他构造钢筋。其纵向钢筋和箍筋一般构造要求见图 3-4。

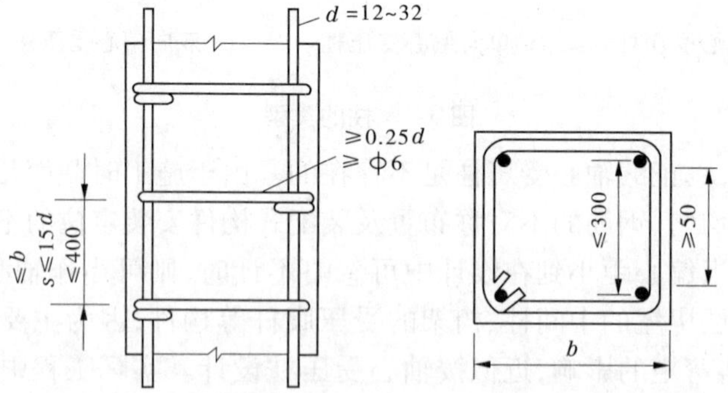

图 3-4 纵向钢筋与箍筋构造要求 (单位:mm)

2.3.1 纵向受力钢筋的构造

柱中的纵向钢筋应符合下列要求:

(1)纵向受力钢筋直径 d 不宜小于 12 mm,工程中常用钢筋直径为 12 ~ 32 mm。

(2)纵向受力钢筋的配筋率不得低于规范规定,全部纵向受力钢筋配筋率不宜超过5%,柱全部纵向受力钢筋的经济配筋率为0.8%~3.0%。

(3)纵向受力钢筋的根数。方形柱和矩形柱纵向钢筋根数不得少于4根,每边不得少于2根;圆形柱中纵向钢筋宜沿周边均匀布置,根数不宜少于8根,且不应少于6根。

(4)纵向受力钢筋的布置。在轴向受压柱的纵向受力钢筋应沿截面周边均匀布置,在偏心受压柱的纵向受力钢筋则应沿截面垂直于弯矩作用平面的两个边布置。方形柱和矩形柱截面每个角必须有1根钢筋。

(5)纵向受力钢筋的间距。

①柱内纵向钢筋的净距不应小于50 mm;在水平位置上浇筑的预制柱,其纵向钢筋的最小净距按梁的规定取用。

②偏心受压柱中垂直于弯矩作用平面的侧面上的纵向受力钢筋以及轴心受压柱中各边的纵向受力钢筋,其间距(中距)不应大于300 mm。

(6)其他构造要求。

①当偏心受压柱的截面高度 $h \geqslant 600$ mm时,在侧面应设置直径为10~16 mm的纵向构造钢筋,其间距不大于400 mm,并相应地设置复合箍筋或连系拉筋。

②纵向受力钢筋混凝土保护层厚度的要求与梁相同。

2.3.2 箍筋的构造

箍筋既可与纵向钢筋形成钢筋骨架,保证纵向钢筋的正确位置,又可防止纵向钢筋受压时向外弯凸和混凝土保护层横向胀裂剥落,还可以约束混凝土,提高柱的承载能力和延性。柱中的箍筋应符合下列要求:

(1)箍筋的形状。柱中箍筋应做成封闭式,与纵筋绑扎或焊接,形成整体骨架。

(2)箍筋的直径。箍筋直径不应小于0.25倍纵向钢筋的最大直径,亦不应小于6 mm;当柱中全部纵向受力钢筋的配筋率超过3%时,箍筋直径不宜小于8 mm。

(3)箍筋的间距。

①箍筋的间距不应大于400 mm,亦不应大于构件截面的短边尺寸。同时,在绑扎骨架中不应大于 $15d$,在焊接骨架中不应大于 $20d$(d 为纵向钢筋的最小直径)。

②当柱中全部纵向受力钢筋的配筋率超过3%时,箍筋间距不应大于 $10d$(d 为纵向钢筋的最小直径),且不应大于200 mm,此时箍筋末端应做成135°弯钩,且弯钩末端平直段长度不应小于箍筋直径的10倍。

③当柱内纵向钢筋采用绑扎搭接时,绑扎搭接长度范围内的箍筋应加密,其间距应符合项目1任务2中3.2.2的规定。

(4)复合箍筋设置。当柱截面短边尺寸大于400 mm且各边纵向钢筋多于3根时,或当柱截面短边尺寸不大于400 mm但各边纵向钢筋多于4根时,应设置复合箍筋,如图3-5所示。

当柱中纵向钢筋按构造配置,钢筋强度未充分利用时,箍筋的配置要求可适当放宽。

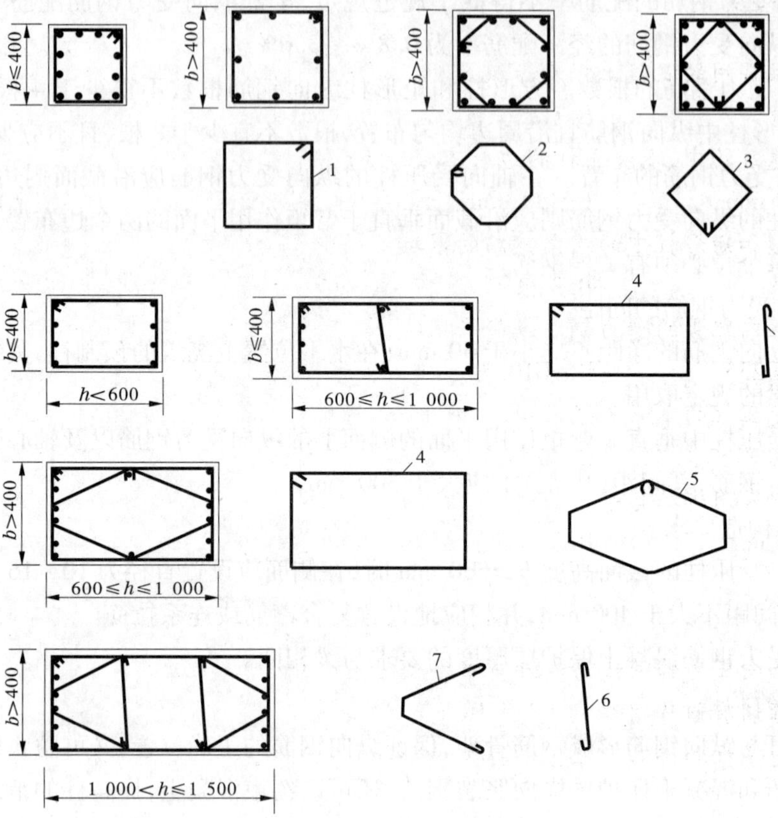

1、4—基本箍筋；2、3、5、6、7—复合箍筋

图 3-5　柱基本箍筋与复合箍筋布置　（单位：mm）

活动 1：知识技能训练

一、填空题

1. 在受压柱中，当________作用线与柱________不重合时，称为偏心受压柱。

2. 偏心受压柱一般采用________截面，截面长边布置在________方向，截面长短边尺寸之比一般为________。

3. 钢筋混凝土柱内箍筋一般采用________级和________级钢筋，箍筋直径不应小于 0.25 倍纵向钢筋的最大直径，亦不应小于________。

4. 柱中的纵向受力钢筋直径 d 不宜小于________ mm，工程中常用钢筋直径为________ mm。

5. 方形柱和矩形柱纵向钢筋根数不得少于________根，每边不得少于________根。

6. 箍筋的间距不应大于________ mm，亦不应大于构件截面的________尺寸。同时，在绑扎骨架中不应大于________，在焊接骨架中不应大于________。

二、选择题

1. 受压柱常用的混凝土强度等级是(　　)或更高强度等级。

A. C20　　B. C25　　C. C30　　D. C35

2. 水工建筑物中,现浇立柱的边长不宜小于(　　)。

A. 300 mm　　B. 350 mm　　C. 400 mm　　D. 450 mm

3. 正方形和矩形柱中的纵向钢筋的根数不得少于(　　)。

A. 2 根　　B. 3 根　　C. 4 根　　D. 5 根

4. 受压柱内配置的受力钢筋一般采用(　　)级钢筋。

A. HPB235　　B. HRB335　　C. HRB400　　D. RRB400

5. 轴心受压柱的截面一般采用(　　)。

A. 正方形　　B. 矩形　　C. 圆形　　D. I 形

6. 当柱中采用绑扎骨架时,箍筋间距不应大于(　　)。

A. 400 mm　　B. b　　C. $15d$　　D. $20d$

三、问答题

1. 按照轴向压力作用线与构件重心轴位置不同,柱可以分为哪几类?
2. 柱中箍筋有何作用?
3. 轴心受压柱和偏心受压柱中的纵向钢筋应如何布置?

任务2　钢筋混凝土轴心受压柱的设计

任务描述:

本任务是在已知建筑物的级别、柱高、柱两端支座情况、柱轴心压力设计值的情况下,进行轴心受压柱的设计。

任务分析:

轴心受压柱除满足承载力计算要求外,还应满足相应的构造要求。完成本任务的具体步骤为:①按照设计经验参考相关资料初选钢筋、混凝土的材料等级;②拟定柱的截面形状和尺寸;③计算纵向受压钢筋数量;④选配纵向钢筋、箍筋,并作截面配筋图。

任务知识点:

1　轴心受压柱试验分析

轴心受压柱按照箍筋配置方式不同,可分为普通箍筋柱和螺旋箍筋柱。本任务仅介绍普通箍筋柱。就普通箍筋柱而言,根据长细比 l_0/b 或 l_0/i 的不同(l_0 为柱的计算长度,b 为截面短边尺寸,i 为截面最小回转半径),钢筋混凝土柱可分为短柱($l_0/b\leqslant 8$ 或 $l_0/i\leqslant 28$)和长柱($l_0/b>8$ 或 $l_0/i>28$)。钢筋混凝土受压短柱和受压长柱的破坏特征有较大的差别,轴心受压短柱和长柱的破坏特征具体如下。

1.1　轴心受压短柱破坏试验

短柱轴心受压试验时，选用配有纵向钢筋和普通箍筋的短柱为试件。根据试验观察，短柱的破坏可分为三个阶段。

第一阶段：在加载过程中，短柱全截面受压，整个截面的压应变是均匀分布的，混凝土与钢筋始终保持共同变形，两者的压应变保持一致，应力的比值基本上等于两者弹性模量之比，属于弹性阶段。

第二阶段：随着荷载逐步加大，混凝土的塑性变形开始发展，其变形模量降低，随着柱子变形的增大，混凝土应力增加得越来越慢，而钢筋由于在屈服之前一直处于弹性阶段，其应力增加始终与其应变成正比。两者的应力比值不再等于弹性模量之比，属于塑性阶段。如果荷载长期持续作用，混凝土将发生徐变，会引起混凝土与钢筋之间应力的重分配，使混凝土的应力减少，而钢筋的应力增大。

第三阶段：当纵向荷载达到柱子破坏荷载的90%左右时，柱子由于横向变形达到极限而出现纵向裂缝（见图3-6(a)），混凝土保护层开始剥落，箍筋间的纵向钢筋向外弯凸，混凝土被压碎而破坏，整个柱子也就破坏了（见图3-6(b)），属于破坏阶段。破坏时，混凝土的应力达到轴心抗压强度 f_c，钢筋应力也达到受压屈服强度 f'_y。

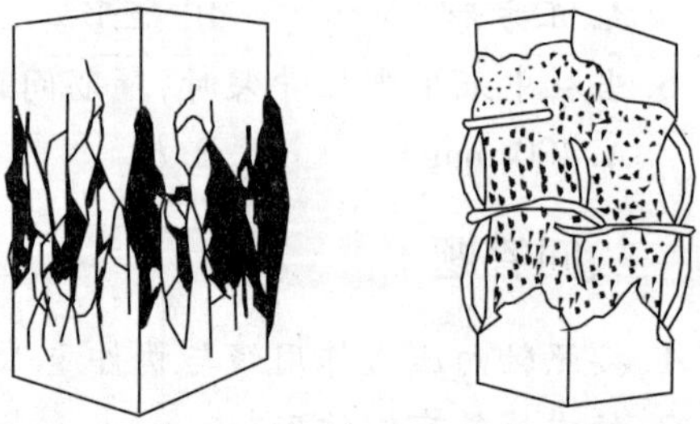
(a)　(b)

图3-6　轴心受压短柱的破坏形态

试验表明，柱子延性的好坏主要取决于箍筋的数量和形式。箍筋数量越多，对柱子的侧向约束程度越大，柱子的延性就越好。特别是螺旋箍筋，对增加柱子的延性更为有效。

1.2　轴心受压长柱破坏试验

经试验发现，长柱破坏跟短柱破坏有较大的区别。由试验可知，长柱在轴向力作用下，不仅发生压缩变形，同时发生纵向弯曲，产生横向挠度。当柱破坏对，凹侧混凝土被压碎，箍筋间的纵向钢筋受压向外弯曲，凸侧则由受压突然变为受拉，出现水平的受拉裂缝（见图3-7）。

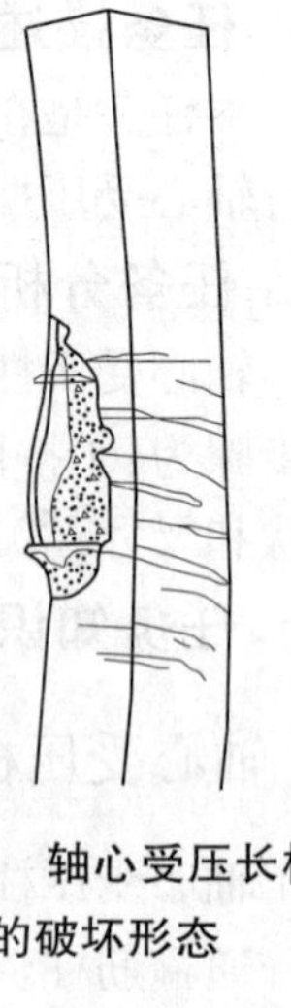

图3-7　轴心受压长柱的破坏形态

将截面尺寸、混凝土强度等级和配筋相同的长柱与短柱比较，发现长柱承受的破坏荷载小于短柱，而且柱子越细长，则破坏荷载小得越多。因此，在设计中必须考虑由于纵向弯曲对柱子承载力的影响。常用稳定系数 φ 表示长柱承载力较短柱降低的程度，显然 φ 是一个小于1的数值。影响 φ 值的主要因素是柱的长细比 l_0/b，φ 的取值与长细比的关系见表3-1。

受压构件的计算长度 l_0 与构件的两端约束情况有关，在实际工程中，支座情况并非理想的固定或不移动铰支座，应根据具体情况分析，构件的计算长度 l_0 可由表3-2查得。

表 3-1　钢筋混凝土轴心受压构件的稳定系数 φ

l_0/b	≤8	10	12	14	16	18	20	22	24	26	28
l_0/i	≤28	35	42	48	55	62	69	76	83	90	97
φ	1.0	0.98	0.95	0.92	0.87	0.81	0.75	0.70	0.65	0.60	0.56
l_0/b	30	32	34	36	38	40	42	44	46	48	50
l_0/i	104	111	118	125	132	139	146	153	160	167	174
φ	0.52	0.48	0.44	0.40	0.36	0.32	0.29	0.26	0.23	0.21	0.19

注：l_0 为构件的计算长度，按表 3-2 计算；b 为矩形截面的短边尺寸；i 为截面最小回转半径。

表 3-2　受压构件的计算长度 l_0

杆件	两端约束情况	计算长度 l_0
直杆	两端固定	$0.5l$
	一端固定，一端为不移动的铰	$0.7l$
	两端为不移动的铰	$1.0l$
	一端固定，一端为自由	$2.0l$
拱	三铰拱	$0.58s$
	两铰拱	$0.54s$
	无铰拱	$0.36s$

注：l 为构件支点间长度；s 为拱轴线的长度。

必须指出的是，采用过分细长的柱子是不合理的，因为柱子越细长，受压后越容易发生纵向弯曲而导致失稳，构件承载力降低越多，材料强度不能充分利用，因此对一般建筑物中的柱，常限制长细比 $l_0/b \leqslant 30$ 及 $l_0/h \leqslant 25$（b 为矩形截面的短边尺寸，h 为长边尺寸）。

2　普通箍筋轴心受压柱承载力计算

2.1　计算公式

根据以上轴心受压柱的破坏特征和受力性能分析，轴心受压柱正截面承载力计算应力图如图 3-8 所示，利用平衡条件并满足承载力极限状态设计表达式的要求，可得普通箍筋柱的正截面受压承载力计算公式如下：

$$KN \leqslant N_u = \varphi(f_c A + f'_y A'_s) \tag{3-1}$$

式中　K——承载力安全系数；

N——轴向压力设计值，N；

N_u——正截面轴向受压承载力极限值，N；

φ——钢筋混凝土轴心受压构件稳定系数；

f_c——混凝土轴向受压强度设计值，N/mm^2；

A——构件截面面积，mm^2，当纵向钢筋配筋率大于3%时，A 应改为混凝土的净面面积 A_n，$A_n = A - A'_s$；

f'_y——纵向钢筋抗压强度设计值，N/mm^2；

A'_s——纵向钢筋配筋截面面积，mm^2。

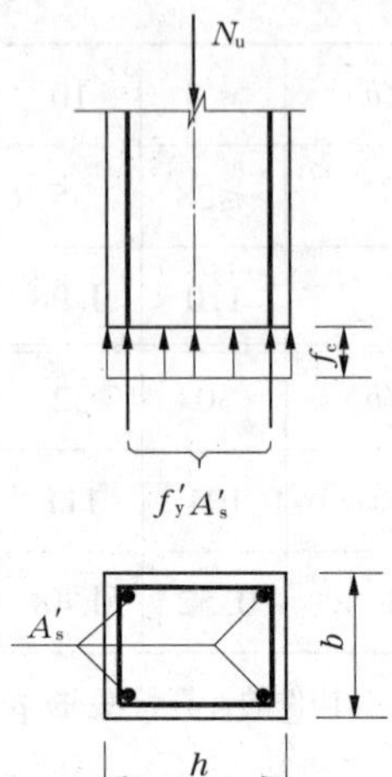

图 3-8　轴心受压柱正截面承载力计算简图

2.2　截面设计

柱的截面尺寸可根据构造要求或参照同类结构确定。然后根据构件的长细比 l_0/b 由表 3-1 查出 φ，再按式(3-1)计算所需钢筋截面面积：

$$A'_s = \frac{KN - \varphi f_c A}{\varphi f'_y} \tag{3-2}$$

求得钢筋截面面积 A'_s 后，应验算配筋率 ρ'（$\rho' = A'_s/A$）是否合适。如果 ρ' 过大或过小，说明截面尺寸选择不当，需要重新选择截面尺寸并进行配筋计算。

活动 1：普通箍筋轴心受压柱承载力计算案例

【案例 3-1】　某 3 级水工钢筋混凝土轴心受压柱，柱高 7.2 m，两端为不移动铰支座，承受的轴心压力设计值 $N = 1\ 960$ kN，采用 C30 混凝土、HRB335 级纵筋。试设计柱的截面并配筋。

解：基本资料：$K = 1.20$，$f_c = 14.3\ N/mm^2$，$f'_y = 300\ N/mm^2$。

(1) 尺寸拟定。

柱的截面尺寸常根据构造规定或参考同类结构确定，设柱为 $b = 400$ mm 的方形截面。

(2) 确定稳定系数 φ。

柱两端为不移动铰接，故 $l_0 = l = 7.2$ m，$l_0/b = 7\ 200/400 = 18 > 8$，由表 3-1 查得 $\varphi = 0.81$。

(3) 计算 A'_s。

$$A'_s = \frac{KN - \varphi f_c A}{\varphi f'_y} = \frac{1.20 \times 1\ 960 \times 10^3 - 0.81 \times 14.3 \times 400^2}{0.81 \times 300} = 2\ 052(mm^2)$$

$$\rho' = A'_s/A = 2\ 052/400^2 \times 100\% = 1.28\%$$

配筋率在经济配筋率范围，故截面尺寸选择合理，不需要调整。

(4) 选配钢筋并绘制配筋图。

受压钢筋选用 8 Φ 18（$A'_s = 2\ 036\ mm^2$），箍筋选用 Φ 6@250。截面配筋如图 3-9 所示。

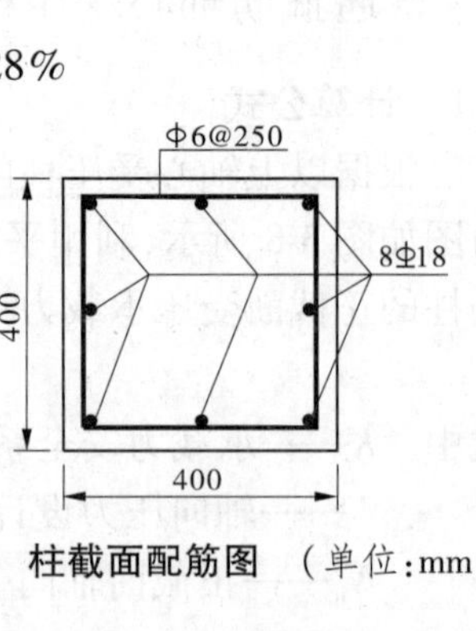

图 3-9　柱截面配筋图　（单位：mm）

2.3　截面承载力复核

截面承载力复核时，柱的计算长度、截面尺寸、材料强度等级及纵向受力钢筋的截面面积为已知，先验算截面配筋率是否满足要求，然后根据柱子的长细比由表3-1查得φ值，再根据式(3-1)进行复核。若式(3-1)得到满足，则截面承载力满足要求；否则，截面承载力不满足要求。

活动2：知识技能训练

一、填空题

1. 矩形截面轴心受压柱，当l_0/h ________时为短柱，可不考虑纵向弯曲的影响，即取φ ________。

2. 钢筋混凝土轴心受压短柱在整个加荷过程中，短柱________截面受压。由于钢筋与混凝土之间存在________力，从加荷到破坏钢筋与混凝土________变形，两者压应变始终保持________。

3. 将截面尺寸、混凝土强度等级及配筋相同的长柱与短柱相比较，可发现长柱的破坏荷载________短柱，并且柱子越细长则________越多。因此，在设计中必须考虑由于________对承载力的影响。

4. 影响钢筋混凝土轴心受压柱稳定系数的主要因素是________，当它________时，可以不考虑纵向弯曲的影响，称为________；当柱子过分细长时，受压后容易发生________破坏。

二、选择题

1. 钢筋混凝土轴心受压柱中，长柱的承载力比条件相同的短柱的承载力(　　)。

A. 低　　B. 高　　C. 相等　　D. 不一定

2. 钢筋混凝土受压短柱在持续不变的轴心压力N的作用下，经过一段时间后，量测钢筋和混凝土应力情况，会发现与加载时相比(　　)。

A. 钢筋的应力增加，混凝土的应力减小

B. 钢筋的应力减小，混凝土的应力增加

C. 钢筋和混凝土的应力均未变化

D. 钢筋和混凝土的应力都减小

3.《规范》用φ来反映长柱承载力降低的程度。当$l_0/b=16$时，$\varphi=0.87$，则(　　)。

A. $l_0/b=18$时，$\varphi=0.92$　　B. $l_0/b=18$时，$\varphi=0.81$

C. $l_0/b=6$时，$\varphi=0.84$　　D. $l_0/b=6$时，$\varphi=1.24$

4. 钢筋混凝土柱子的延性好坏主要取决于(　　)。

A. 纵向钢筋的数量　　B. 混凝土的强度

C. 柱子的长细比　　D. 箍筋的数量和形式

5. 对于钢筋混凝土轴心受压柱，当纵向钢筋配筋率大于(　　)时，公式中柱子的截面积应改为混凝土的净面积。

A. 1%　　B. 2%　　C. 3%　　D. 4%

6. 某钢筋混凝土轴心受压柱，经计算$A_s'=1\ 600\ \text{mm}^2$，其配筋正确的是(　　)。

A. 8 ⌀16　　B. 6 ⌀20　　C. 7 ⌀18　　D. 5 ⌀20

三、问答题

1. 轴心受压短柱与长柱破坏有什么区别？其原因是什么？

2. 影响稳定系数 φ 的主要因素有哪些？

四、计算题

1. 某 3 级水工建筑物的轴心受压方形柱，两端铰接，柱高 $l=6$ m，承受轴向压力设计值 $N=550$ kN，采用 C20 混凝土、HRB335 级纵筋。试设计该柱。

2. 某 2 级水工建筑物的柱，截面尺寸为 300 mm × 300 mm，柱计算长度 $l_0=4.6$ m，柱底截面承受轴向压力设计值 $N=860$ kN，采用 C20 混凝土、HRB335 级纵筋。试计算柱底截面受力钢筋并配筋。

任务3　钢筋混凝土偏心受压柱的设计

任务描述：

本任务是在已知建筑物的级别、柱高、柱两端支座情况、柱控制截面偏心内力的情况下，进行偏心受压柱的设计。

任务分析：

偏心受压构件除满足承载力计算要求外，也应满足相应的构造要求。完成本任务的步骤如下：①拟定截面尺寸，选择材料等级；②作计算简图，确定计算截面及设计内力；③判别偏心受压类型，计算所需纵向钢筋面积，选配纵向钢筋；④根据构造或斜截受剪承载力计算配置箍筋；⑤进行正常使用极限状态验算；⑥作截面配筋图。

任务知识点：

1　偏心受压柱的受力特点及破坏特征

根据正截面的受力特点和截面破坏特征不同，偏心受压构件可划分为大偏心受压构件（又称受拉破坏）和小偏心受压构件（又称受压破坏）两类。

1.1　大偏心受压破坏

试验研究表明，当轴向力的偏心距较大时，截面部分受拉、部分受压（见图 3-10）。若受拉区配置的受拉钢筋适量，则试件在受力后，首先在受拉区出现横向裂缝。随着荷载增加，裂缝将不断开展延伸，受拉钢筋应力首先达到受拉屈服强度。此时受拉应变的发展大于受压应变，中和轴向受压区边缘移动，使混凝土受压区很快缩小，受压区应变很快增加，最后混凝土压应变达到极限压应变而被压碎，构件破坏。构件破坏时受压钢筋应力也达到其受压屈服强度，因为这种破坏一般发生在轴向力偏心距较大的场合，因此称为大偏心受压破坏。

它的破坏特征是受拉钢筋应力先达到屈服强度，然后压区混凝土被压碎，受压钢筋也达到屈服，与双筋受弯构件的适筋破坏相类似。大偏心受压破坏具有明显的预兆，属于塑性破坏。

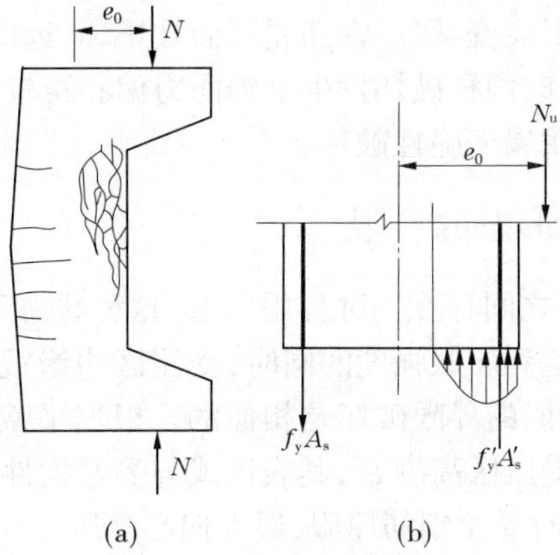

图 3-10　大偏心受压破坏

1.2　小偏心受压破坏

如图 3-11 所示，小偏心受压破坏包括以下三种情况：

(1)当偏心距很小时，截面全部受压(见图 3-11(b))。一般是靠近轴向力一侧的压应力较大，当荷载增大后，这一侧的混凝土先被压碎，受压钢筋达到受压屈服强度。而另一侧的混凝土和钢筋应力较小，在构件破坏时均不会达到抗压设计强度。

(2)当偏心距稍大时，截面大部分受压小部分受拉(见图 3-11(c))。但由于受拉钢筋靠近中和轴，应力很小，受压应变的发展大于受拉应变的发展，破坏先发生在受压一侧。破坏时受压一侧混凝土的应变达到极限压应变，受压钢筋屈服，破坏时无明显预兆。混凝土强度等级越高，破坏越带突然性。破坏时在受拉区一侧可能出现一些裂缝，也可能没有裂缝，受拉钢筋应力达不到屈服强度。

(3)当偏心距较大，且受拉钢筋配置过多时，构件受荷后中和轴位于截面高度中部，截面部分受压部分受拉(见图 3-11(d))。受拉区裂缝出现较早，但由于配筋率较高，受拉钢筋 A_s 中应力增长缓慢，受拉钢筋应变很小，破坏是由于受压区混凝土达到其抗压强度，受压钢筋 A_s' 屈服，而受拉钢筋应力此时未达到屈服强度。这种破坏性质与超筋梁类似，在设计中应予避免。

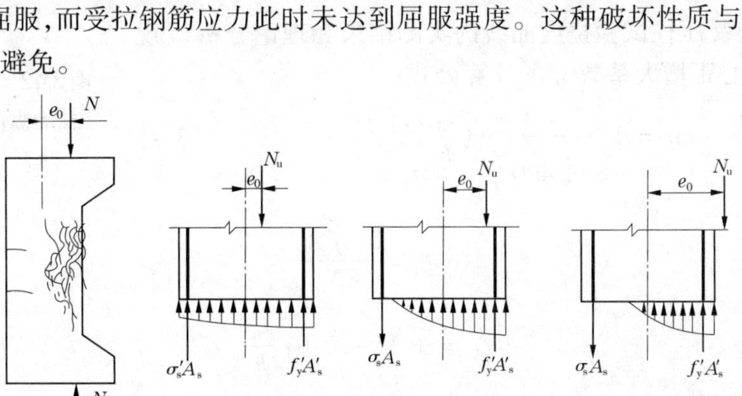

图 3-11　小偏心受压破坏

上述三种情况，尽管破坏时的应力状态有所不同，但破坏特征都是靠近轴向力一侧的受压混凝土应变先达到极限应变、受压钢筋屈服而被压坏，远离轴向力一侧的纵向钢筋不屈服，所以称为受压破坏。前两种破坏发生于轴向力偏心距较小的情况，因此也称为小偏心受压破坏。该类破坏性质属于脆性破坏。

2 大、小偏心受压破坏形态的界限

在大、小偏心受压破坏之间存在一种界限状态，这种状态下的破坏称为“界限破坏”。它的主要特征是受拉钢筋达到屈服强度的同时，受压区边缘混凝土恰好达到极限压应变而破坏，这与受弯构件正截面的界限破坏是相似的。根据平截面假定，可导出大、小偏心受压界限破坏时截面相对受压区高度 ξ_b，其表达式与受弯构件 ξ_b 的计算公式相同。

当 $\xi \leqslant \xi_b$ 时，截面破坏时受拉钢筋屈服，属大偏心受压。

当 $\xi > \xi_b$ 时，截面破坏时受拉钢筋未达到屈服，属小偏心受压。

3 偏心受压柱纵向弯曲对其承载力的影响

试验证明，对于长细比较大的偏心受压柱，其承载力比相同截面尺寸和配筋的偏心受压短柱要低。这是因为在偏心轴向压力 N 的作用下，将发生纵向弯曲，在弯矩作用平面内产生附加挠度 f（见图 3-12）。随着偏心轴向压力 N 的增加，附加挠度 f 将逐渐增大，致使偏心轴向压力 N 的偏心距从初始偏心距 e_0 增大为 e_0+f，使得原来是大偏心受压的，破坏时偏心距更大；使得原本是小偏心受压的，破坏时可能转化为大偏心受压。因此，在计算钢筋混凝土偏心受压柱时，应考虑长细比对承载力降低的影响，考虑的方法是将初始偏心距 e_0 乘一个大于 1 的偏心距增大系数 η，即

$$e_0 + f = (1 + \frac{f}{e_0}) e_0 = \eta e_0 \tag{3-3}$$

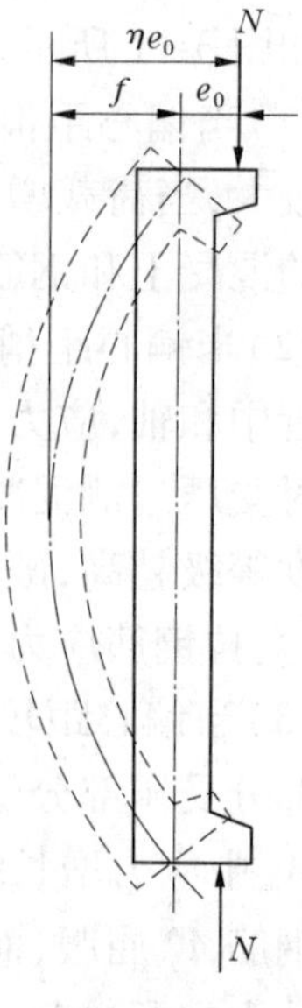

图 3-12 偏心受压长柱的纵向弯曲影响

根据偏心受压柱试验挠度曲线的实测结果和理论分析，《规范》给出了偏心距增大系数 η 的计算公式：

$$\eta = 1 + \frac{1}{1\,400\frac{e_0}{h_0}}\left(\frac{l_0}{h}\right)^2 \zeta_1 \zeta_2 \tag{3-4}$$

其中

$$\zeta_1 = \frac{0.5 f_c A}{KN} \tag{3-5}$$

$$\zeta_2 = 1.15 - 0.01\frac{l_0}{h} \tag{3-6}$$

式中 e_0——轴向压力对截面重心的初始偏心距，mm，$e_0 = M/N$，在式（3-4）中，当 $e_0 < h_0/30$ 时，取 $e_0 = h_0/30$；

l_0——构件的计算长度，mm，按表 3-2 计算；

h——截面高度，mm；

h_0——截面有效高度，mm；

A——构件的截面面积，mm^2；

ζ_1——考虑截面应变对截面曲率的影响系数，当 $\zeta_1>1$ 时，取 $\zeta_1=1$，对于大偏心受压构件，直接取 $\zeta_1=1$；

ζ_2——考虑构件长细比对截面曲率的影响系数，当 $l_0/h\leqslant 15$ 时，取 $\zeta_2=1$。

对于矩形截面，当构件长细比 $l_0/h\leqslant 8$ 时，属于短柱，可取偏心距增大系数 $\eta=1$；当长细比 $8<l_0/h\leqslant 30$ 时，η 按式(3-4)计算；当长细比 $l_0/h>30$ 时，上述公式不再适用，采用模型柱法或其他可靠方法计算。

4 矩形截面偏心受压柱正截面承载力计算

4.1 基本假定及基本公式

4.1.1 基本假定

与钢筋混凝土受弯构件相类似，钢筋混凝土偏心受压构件的正截面承载力计算采用下列基本假定：

(1)平截面假定(即构件的正截面在构件受力变形后仍保持平面)；

(2)不考虑截面受拉区混凝土参加工作；

(3)混凝土非均匀受压区的压应力图形可简化为等效的矩形应力图形，矩形应力图形的应力值取为 f_c。

4.1.2 基本公式

矩形截面偏心受压柱正截面受压承载力计算简图如图 3-13 所示。根据计算简图和截面内力的平衡条件，并满足承载能力极限状态的计算要求，可建立矩形截面偏心受压柱正截面承载力基本计算公式：

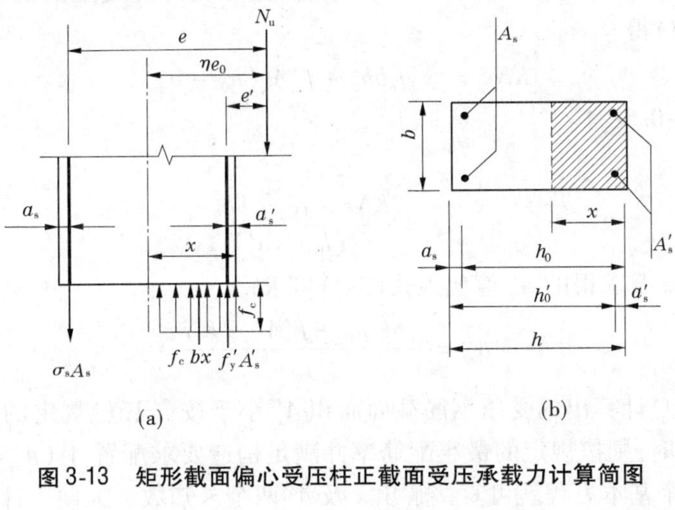

图 3-13 矩形截面偏心受压柱正截面受压承载力计算简图

$$KN\leqslant N_u=f_c bx+f_y' A_s'-\sigma_s A_s \tag{3-7}$$

$$KNe \leqslant N_u e = f_c bx(h_0 - \frac{x}{2}) + f'_y A'_s(h_0 - a'_s) \tag{3-8}$$

$$e = \eta e_0 + \frac{h}{2} - a_s \tag{3-9}$$

式中 e——轴向压力作用点至受拉边或受压较小边纵向钢筋合力点之间的距离,mm;

e_0——轴向力对截面重心的初始偏心距,mm,$e_0 = M/N$;

η——偏心距增大系数,按式(3-4)计算;

σ_s——受拉边或受压较小边纵向钢筋的应力,当构件为大偏压柱时,取 $\sigma_s = f_y$,当构件为小偏压柱时,取 $\sigma_s = f_y \dfrac{0.8 - \xi}{0.8 - \xi_b}$。

4.2 非对称配筋时承载力计算

在进行偏心受压柱的截面设计时,一般总是首先通过内力分析求得作用在截面上的轴向力 N 及弯矩 M,并参照同类的建筑物或凭设计经验拟定截面尺寸和选用材料,然后计算钢筋截面面积 A_s 及 A'_s,并进行配筋布置。当计算出的结果不合理时,则可对初拟构件的截面尺寸进行调整,然后重新进行计算。

在截面设计时,首先要判别构件属于大偏心受压还是小偏心受压,即 $\xi \leqslant \xi_b$,还是 $\xi > \xi_b$。当钢筋截面面积未知时,无法确定 ξ 的大小,不能用此条件判别。根据理论分析,可按下列条件来判别:

(1)当 $\eta e_0 > 0.3h_0$ 时,按大偏心受压柱设计;

(2)当 $\eta e_0 \leqslant 0.3h_0$ 时,按小偏心受压柱设计。

4.2.1 矩形截面大偏心受压柱截面设计

对于大偏心受压构件,受拉区钢筋的应力可以达到受拉屈服强度 f_y,取 $\sigma_s = f_y$。由式(3-7)、式(3-8)可知,有 A_s、A'_s 及 x 三个未知数,基本公式可得出无数解答,其中最经济合理的解答应该是能使钢筋用量($A_s + A'_s$)最省,充分发挥混凝土的抗压作用,即取 $x = \xi_b h_0$,代入式(3-8)得

$$KNe = \alpha_{sb} f_c bh_0^2 + f'_y A'_s(h_0 - a'_s)$$

式中 $\alpha_{sb} = \xi_b(1 - 0.5\xi_b)$。

由上式可得

$$A'_s = \frac{KNe - \alpha_{sb} f_c bh_0^2}{f'_y(h_0 - a'_s)} \tag{3-10}$$

再将 $x = \xi_b h_0$ 及求得的 A'_s 值代入式(3-7)可求得

$$A_s = \frac{f_c b\xi_b h_0 + f'_y A'_s - KN}{f_y} \tag{3-11}$$

当按式(3-10)计算出的受压钢筋截面面积 A'_s 小于按《规范》规定的最小配筋率配置的钢筋截面面积时,则按规定的最小配筋率并满足构造要求配置 A'_s($A'_s = \rho_{min} bh_0$)。此时 A'_s 为已知,由两个基本方程就可直接解出 x 及 A_s 两个未知数。为便于计算,引入 $x = \xi h_0$,则式(3-7)及式(3-8)可转化成:

$$KN \leqslant f_c b\xi h_0 + f'_y A'_s - f_y A_s \tag{3-12}$$

$$KNe \leqslant \alpha_s f_c b h_0^2 + f'_y A'_s (h_0 - a'_s) \tag{3-13}$$

式中 $\alpha_s = \xi(1-0.5\xi)$。

由式(3-13)可求得

$$\alpha_s = \frac{KNe - f'_y A'_s (h_0 - a'_s)}{f_c b h_0^2}$$

根据 α_s 值,可计算 ξ,即 $\xi = 1 - \sqrt{1-2\alpha_s}$。

若所得的 $\xi \leqslant \xi_b$,可保证构件破坏时受拉钢筋的应力达到 f_y,符合大偏心受压破坏情况,且 $x = \xi h_0 \geqslant 2a'_s$,则保证构件破坏时受压钢筋有足够的变形,其应力能达到 f'_y。此时,由式(3-12)直接计算

$$A_s = \frac{f_c b \xi h_0 + f'_y A'_s - KN}{f_y} \tag{3-14}$$

所求得的 A_s 需满足构造和最小配筋率要求。

若 $x < 2a'_s$,则受压钢筋的应力达不到 f'_y。此时与双筋受弯构件一样,可取 A'_s 为矩心的力矩平衡公式计算(设混凝土压应力合力点与受压钢筋压力作用点重合):

$$KNe' \leqslant N_u = f_y A_s (h_0 - a'_s) \tag{3-15}$$

则

$$A_s = \frac{KNe'}{f_y (h_0 - a'_s)} \tag{3-16}$$

式中 e'——轴向力作用点至钢筋 A'_s 的距离,$e' = \eta e_0 - \frac{h}{2} + a'_s$,当 e' 为负值时(即轴向力 N 作用在 A_s 与 A'_s 之间),A_s 一般可按最小配筋率并满足构造要求配置。

4.2.2 矩形截面小偏心受压柱截面设计

分析研究表明,在小偏心受压情况下,远离轴向力一侧的钢筋既可能受拉也可能受压,一般均达不到屈服强度,其应力 σ_s 随 ξ 呈线性变化,即 $\sigma_s = f_y \frac{0.8-\xi}{0.8-\xi_b}$,将 σ_s 的表达式代入式(3-7),与式(3-8)联合求解,此时共有三个未知数 ξ、A_s、A'_s,设计时需要补充一个条件才能求解。由于构件破坏时 A_s 的应力 σ_s 一般达不到屈服强度,因此为节约钢材,可按最小配筋率及构造要求配置 A_s,取 $A_s = \rho_{min} b h_0$。这样就可直接联立方程求解 ξ、A'_s。

若求得的 ξ 满足 $\xi < 1.6 - \xi_b$,直接求得 A'_s,计算完毕。

若求得的 $\xi \geqslant 1.6 - \xi_b$,计算时可取 $\sigma_s = -f'_y$ 及 $\xi = 1.6 - \xi_b$(当 $\xi > \frac{h}{h_0}$ 时,取 $\xi = \frac{h}{h_0}$)代入式(3-7)、式(3-8)直接求得 A_s 和 A'_s,A_s 和 A'_s 必须满足最小配筋率的要求。

在个别情况下,对小偏心受压构件,当 $KN > f_c bh$ 时,由于偏心距很小,同时轴向力很大,截面受压,远离轴向力一侧的钢筋 A_s 若配的太少,可能在离轴向力较远一侧混凝土发生先压坏的现象。为了避免这种情况发生,小偏心受压的 A_s 需满足下式要求:

$$A_s \geqslant \frac{KN\left(\frac{h}{2} - a'_s - e_0\right) - f_c bh\left(h'_0 - \frac{h}{2}\right)}{f'_y (h'_0 - a_s)} \tag{3-17}$$

式中 h'_0——纵向受压钢筋合力点至受拉边或受压较小边的距离,mm,$h'_0 = h - a'_s$。

4.2.3　矩形截面偏心受压柱承载力复核

4.2.3.1　弯矩作用平面内的承载力复核

弯矩作用平面内的承载力复核是在截面尺寸、受力钢筋截面面积、材料强度等级、构件计算长度和轴向力对截面重心偏心距已知的情况下，求偏心受压柱正截面承载力极限值 N_u，并验算 $N_u \geqslant KN$ 是否满足。

对于这类问题，可先根据大偏心受压柱截面应力图形，对 N_u 的作用点取矩，写出平衡方程，求受压区高度 x。当 $x \leqslant \xi_b h_0$ 时，为大偏心受压柱，按大偏心受压柱有关公式计算 N_u；当 $x > \xi_b h_0$ 时，为小偏心受压柱，此时需按小偏心受压柱截面应力图形重新建立方程式计算 x，并按小偏心受压柱有关公式计算 N_u。若 $N_u \geqslant KN$，则满足要求，否则不满足要求。

弯矩作用平面内承载力复核的具体方法请参考有关书籍，本书不再详细介绍。

4.2.3.2　垂直于弯矩作用平面的承载力复核

偏心受压柱的承载力计算仅保证了弯矩作用平面内的承载能力。偏心受压柱还可能由于长细比较大而在垂直于弯矩作用平面内发生纵向弯曲引起破坏。在这个平面内是没有弯矩作用的，因此应按轴心受压柱进行垂直于弯矩作用平面的承载力复核。计算时，柱截面内全部纵向钢筋都可作为受压钢筋 A'_s，同时须考虑稳定系数 φ 的影响。

通过分析认为，对于小偏心受压柱，一般需要验算垂直于弯矩作用平面的轴心受压承载力。

活动 1：矩形截面非对称配筋柱正截面承载力计算案例

【案例 3-2】　某水电站厂房（2 级建筑物）矩形截面受压柱，截面尺寸 $b \times h = 400\ \text{mm} \times 600\ \text{mm}$，柱的计算长度 $l_0 = 6.5\ \text{m}$，采用 C30 混凝土、HRB335 级纵筋。在使用期间承受的轴向力设计值为 $N = 850\ \text{kN}$，偏心距 $e_0 = 500\ \text{mm}$，取 $a_s = a'_s = 40\ \text{mm}$。试给该柱配置钢筋。

解：(1) 基本资料：$K = 1.20$，$f_c = 14.3\ \text{N/mm}^2$，$f'_y = f_y = 300\ \text{N/mm}^2$。

(2) 判别偏心受压类型。

$$l_0/h = 6\,500/600 = 10.83 > 8$$

故需考虑纵向弯曲的影响。

$$h_0 = h - a_s = 600 - 40 = 560(\text{mm})$$

$$\zeta_1 = \frac{0.5 f_c A}{KN} = \frac{0.5 \times 14.3 \times 400 \times 600}{1.20 \times 850 \times 10^3} = 1.68 > 1$$

故取 $\zeta_1 = 1$。

$$l_0/h = 6\,500/600 = 10.83 < 15$$

故取 $\zeta_2 = 1$。

$$e_0 = 500\ \text{mm} > h_0/30 = 560/30 = 18.7(\text{mm})$$

故取 $e_0 = 500\ \text{mm}$。

$$\eta = 1 + \frac{1}{1\,400\,\frac{e_0}{h_0}}\left(\frac{l_0}{h}\right)^2 \zeta_1 \zeta_2 = 1 + \frac{1}{1\,400 \times \frac{500}{560}} \times \left(\frac{6\,500}{600}\right)^2 \times 1 \times 1 = 1.094$$

$$\eta e_0 = 1.094 \times 500 = 547(\text{mm}) > 0.3h_0 = 0.3 \times 560 = 168(\text{mm})$$

故该构件可以按大偏心受压柱设计。

(3)计算 A_s 和 A'_s。

令 $x=\xi_b h_0$，$\alpha_{sb}=\xi_b(1-0.5\xi_b)=0.399$，则

$$e = \eta e_0 + \frac{h}{2} - a_s = 546 + \frac{600}{2} - 40 = 806(\text{mm})$$

$$A'_s = \frac{KNe - \alpha_{sb} f_c b h_0^2}{f'_y(h_0 - a'_s)}$$

$$= \frac{1.20 \times 850 \times 10^3 \times 806 - 0.399 \times 14.3 \times 400 \times 560^2}{300 \times (560 - 40)}$$

$$= 682(\text{mm}^2) > \rho_{min} b h_0 = 0.2\% \times 400 \times 560 = 448(\text{mm}^2)$$

$$A_s = \frac{f_c b \xi_b h_0 + f'_y A'_s - KN}{f_y}$$

$$= \frac{14.3 \times 400 \times 0.55 \times 560 + 300 \times 682 - 1.20 \times 850 \times 10^3}{300}$$

$$= 3\ 155(\text{mm}^2) > \rho_{min} b h_0 = 448\ \text{mm}^2$$

实配受压钢筋 A'_s 为 3 ⏀18（$A'_s=763\ \text{mm}^2$），受拉钢筋 A_s 为 5 ⏀28（$A_s=3\ 079\ \text{mm}^2$），箍筋选用Φ 8@200 双肢封闭式，配筋图如图 3-14 所示。

4.3 对称配筋时承载力计算

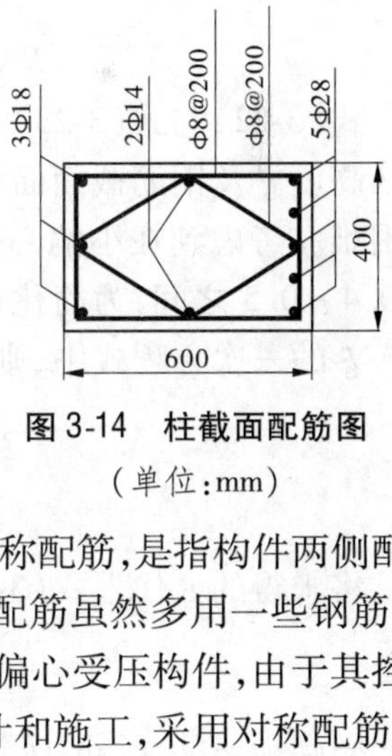

图 3-14 柱截面配筋图
（单位：mm）

不论是大偏心受压柱还是小偏心受压柱，两侧的钢筋截面面积 A_s 及 A'_s 都是由各自的计算公式得出的，其数量一般不相等，这种配筋方式称为非对称配筋。采用非对称配筋可以节约一些钢材，比较经济，但施工不方便。

在工程实践中，偏心受压柱常会受到各种荷载的组合作用，这样柱可能承受变号的弯矩作用。当在同一个截面正负两个方向的弯矩数值接近，或者即使两个相反方向的弯矩数值相差较大，在按对称配筋设计求得纵向钢筋的总量比按非对称配筋设计所得总量增加不多时，宜设计成对称配筋。所谓对称配筋，是指构件两侧配置相等的钢筋（$A_s=A'_s$、$f_y=f'_y$、$a_s=a'_s$）。与非对称配筋相比，对称配筋虽然多用一些钢筋，但构造简单，施工方便。如厂房（或渡槽）的排架柱、多层框架柱等偏心受压构件，由于其控制截面在不同的荷载组合下可能承受变号的弯矩作用，为便于设计和施工，采用对称配筋；又如，为保证吊装时不出差错，装配式柱一般也采用对称配筋。特别是构件在不同的荷载组合下，同一截面可能承受数量相近的正负弯矩时，更应采用对称配筋。

对称配筋属于不对称配筋的一种特殊情况，所以柱采用对称配筋时偏心受压柱计算公式仍可适用，只是采用了对称配筋，不对称配筋的计算公式可以得到简化。矩形截面偏心受压柱对称配筋的计算方法如下。

4.3.1 大偏心受压

因为 $\sigma_s=f_y$，$A_s=A'_s$，$f_y=f'_y$，所以式(3-7)可简化为

$$KN \leqslant f_c bx \tag{3-18}$$

即可求得

$$x = \frac{KN}{f_c b} \tag{3-19}$$

当式(3-19)求得 $x \leqslant \xi_b h_0$ 时,则为大偏心受压柱。

若 $x \geqslant 2a'_s$,则由式(3-8)可得

$$A_s = A'_s = \frac{KNe - f_c bx(h_0 - 0.5x)}{f'_y(h_0 - a'_s)} \tag{3-20}$$

若 $x < 2a'_s$,则由式(3-16)可得

$$A'_s = A_s = \frac{KNe'}{f_y(h_0 - a'_s)} \tag{3-21}$$

实际配置的 A_s 和 A'_s 均应大于 $\rho_{min} bh_0$,$\rho_{min} = 0.25\%$(HPB235 级钢筋)或 $\rho_{min} = 0.2\%$(HRB335、HRB400、RRB400 级钢筋)。

4.3.2 小偏心受压

当式(3-19)计算求得 $x > \xi_b h_0$ 时,应按小偏心受压柱进行计算。

将 $A_s = A'_s$,$x = \xi h_0$ 及 $\sigma_s = f_y \dfrac{0.8 - \xi}{0.8 - \xi_b}$ 代入式(3-7)及式(3-8)得

$$KN \leqslant f_c b\xi h_0 + f_y A_s \frac{\xi - \xi_b}{0.8 - \xi_b} \tag{3-22}$$

$$KNe \leqslant f_c bh_0^2 \xi(1 - 0.5\xi) + f'_y A'_s (h_0 - a'_s) \tag{3-23}$$

式(3-22)与式(3-23)中包含两个未知数,若将两方程联立求解,理论上可得出相对受压区高度 ξ 及钢筋截面面积。但在联立求解上述方程式时,需求解 ξ 的三次方程,求解十分困难。考虑到在小偏心受压范围内,ξ 的值在 0.55 ~ 1.1 之间变动,相应的 $\xi(1 - 0.5\xi)$ 在 0.4 ~ 0.5 之间,为简化计算,取 $\xi(1 - 0.5\xi)$ 的平均值 0.45,即令 $\xi(1 - 0.5\xi) = 0.45$,代入 ξ 的三次方程式中,则可得到 ξ 的近似公式为:

$$\xi = \frac{KN - \xi_b f_c bh_0}{\dfrac{KNe - 0.45 f_c bh_0^2}{(0.8 - \xi_b)(h_0 - a'_s)} + f_c bh_0} + \xi_b \tag{3-24}$$

将求得的 ξ 代入式(3-23),即可求出钢筋的截面面积:

$$A'_s = A_s = \frac{KNe - \xi(1 - 0.5\xi) f_c bh_0^2}{f'_y(h_0 - a'_s)} \tag{3-25}$$

实际配置的 A_s 和 A'_s 均应满足最小配筋率的要求。

对称配筋和非对称配筋的矩形截面小偏心受压构件,也可按《水工混凝土结构设计规范》附录 D 的简化方法计算。

活动 2:矩形截面对称配筋柱正截面承载力计算案例

【案例 3-3】 某矩形截面受压柱(2 级建筑物),截面尺寸 $b \times h = 400\ \text{mm} \times 500\ \text{mm}$,柱的计算长度 $l_0 = 5\ \text{m}$,采用 C30 混凝土、HRB335 级纵筋。在使用期间承受的轴向力设计值为 $N = 1\,000\ \text{kN}$,$M = 330\ \text{kN} \cdot \text{m}$,取 $a_s = a'_s = 40\ \text{mm}$。试按对称配筋配置该柱钢筋。

解:(1)基本资料:$K = 1.20$,$f_c = 14.3\ \text{N/mm}^2$,$f'_y = f_y = 300\ \text{N/mm}^2$,$a_s = a'_s = 40\ \text{mm}$,

则

$$h_0 = h - a_s = 500 - 40 = 460(\text{mm})$$

(2)偏心距 e_0 及偏心距增大系数 η 的确定。

$$e_0 = \frac{M}{N} = \frac{330 \times 10^6}{1\ 000 \times 10^3} = 330(\text{mm})$$

$\frac{l_0}{h} = \frac{5\ 000}{500} = 10 > 8$,故需考虑纵向弯曲的影响。

$$\zeta_1 = \frac{0.5 f_c A}{KN} = \frac{0.5 \times 14.3 \times 400 \times 500}{1.2 \times 1\ 000 \times 10^3} = 1.19 > 1,\text{取}\ \zeta_1 = 1$$

$\frac{l_0}{h} = 10 < 15$,则取 $\zeta_2 = 1$。

$$\eta = 1 + \frac{1}{1\ 400 \frac{e_0}{h_0}} \left(\frac{l_0}{h}\right)^2 \zeta_1 \zeta_2 = 1 + \frac{1}{1\ 400 \times \frac{330}{460}} \times \left(\frac{5\ 000}{500}\right)^2 \times 1 \times 1 = 1.10$$

(3)判别偏心受压类型。

$$x = \frac{KN}{f_c b} = \frac{1.20 \times 1\ 000 \times 10^3}{14.3 \times 400} = 209.8(\text{mm}) < \xi_b h_0 = 0.55 \times 460 = 253(\text{mm})$$

按大偏心受压柱计算。

(4)配筋计算。

$$x = 209.8\ \text{mm} > 2a'_s = 2 \times 40 = 80(\text{mm})$$

$$e = \eta e_0 + \frac{h}{2} - a_s = 1.10 \times 330 + \frac{500}{2} - 40 = 573(\text{mm})$$

$$A'_s = A_s = \frac{KNe - f_c bx\left(h_0 - \frac{x}{2}\right)}{f'_y(h_0 - a'_s)}$$

$$= \frac{1.20 \times 1\ 000 \times 10^3 \times 573 - 14.3 \times 400 \times 209.8 \times \left(460 - \frac{209.8}{2}\right)}{300 \times (460 - 40)}$$

$$= 2\ 075(\text{mm}^2) > \rho_{\min} b h_0 = 0.2\% \times 400 \times 460 = 368(\text{mm}^2)$$

(5)选配钢筋,绘制配筋图。

两侧纵筋均选用 2 Φ 25 + 2 Φ 28($A_s = A'_s = 2\ 214\ \text{mm}^2$),箍筋选用Φ 8@300 双肢封闭式,配筋图如图 3-15 所示。

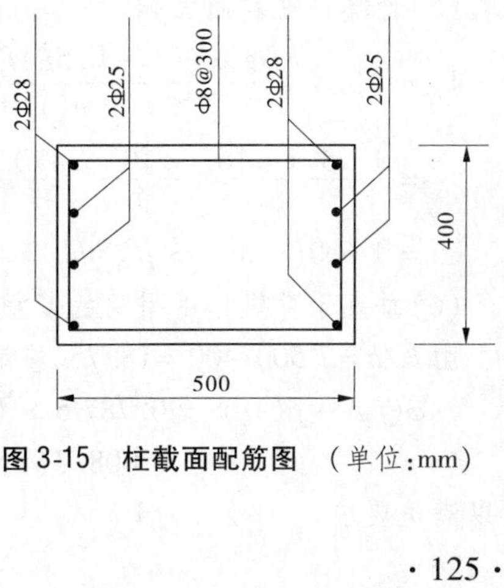

图 3-15 柱截面配筋图 (单位:mm)

【案例 3-4】 某矩形截面受压柱(2 级建筑物),截面尺寸 $b \times h = 400\ \text{mm} \times 500\ \text{mm}$,柱的计算长度 $l_0 = 7.5\ \text{m}$,采用 C30 混凝土、HRB335 级纵筋。荷载效应组合由永久荷载控制。在使用期间承受的轴向力设计值为 $N = 1\ 167\ \text{kN}$,$M = 220\ \text{kN}\cdot\text{m}$,取 $a_s = a'_s = 40\ \text{mm}$。试按对称配筋配置该

柱钢筋。

解:(1)基本资料:$K=1.20+0.05=1.25$,$f_c=14.3\ \text{N/mm}^2$,$f'_y=f_y=300\ \text{N/mm}^2$,$a_s=a'_s=40\ \text{mm}$,则

$$h_0=h-a_s=500-40=460(\text{mm})$$

(2)偏心距 e_0 及偏心距增大系数 η 的确定。

$$e_0=\frac{M}{N}=\frac{220\times10^6}{1\ 167\times10^3}=188.52(\text{mm})$$

$\dfrac{l_0}{h}=\dfrac{7\ 500}{500}=15>8$,故需考虑纵向弯曲的影响,且 $\zeta_2=1$。

$$\zeta_1=\frac{0.5f_cA}{KN}=\frac{0.5\times14.3\times400\times500}{1.25\times1\ 167\times10^3}=0.98$$

$$\eta=1+\frac{1}{1\ 400\dfrac{e_0}{h_0}}\left(\frac{l_0}{h}\right)^2\zeta_1\zeta_2=1+\frac{1}{1\ 400\times\dfrac{188.52}{460}}\times\left(\frac{7\ 500}{500}\right)^2\times0.98\times1=1.38$$

(3)判别偏心受压类型。

$$x=\frac{KN}{f_cb}=\frac{1.25\times1\ 167\times10^3}{14.3\times400}=255(\text{mm})>\xi_bh_0=0.55\times460=253(\text{mm})$$

按小偏心受压柱计算。

(4)计算 ξ 值。

$$e=\eta e_0+\frac{h}{2}-a_s=1.38\times188.52+\frac{500}{2}-40=470.2(\text{mm})$$

$$\xi=\frac{KN-\xi_bf_cbh_0}{\dfrac{KNe-0.45f_cbh_0^2}{(0.8-\xi_b)(h_0-a'_s)}+f_cbh_0}+\xi_b$$

$$=\frac{1.25\times1\ 167\times10^3-0.55\times14.3\times400\times460}{\dfrac{1.25\times1\ 167\times10^3\times470.2-0.45\times14.3\times400\times460^2}{(0.8-0.55)\times(460-40)}+14.3\times400\times460}+0.55$$

$$=0.553$$

(5)计算钢筋截面面积。

$$A_s=A'_s=\frac{KNe-\xi(1-0.5\xi)f_cbh_0^2}{f'_y(h_0-a'_s)}$$

$$=\frac{1.25\times1\ 167\times10^3\times470.2-0.553\times(1-0.5\times0.553)\times14.3\times400\times460^2}{300\times(460-40)}$$

$$=1\ 600(\text{mm}^2)>\rho_{\min}bh_0=0.2\%\times400\times460=368(\text{mm}^2)$$

(6)垂直于弯矩作用平面的复核。

由 $l_0/b=7\ 500/400=18.75$,查表 3-1 得 $\varphi=0.787\ 5$。

$$\varphi(f_cA+f'_yA'_s)=0.787\ 5\times(14.3\times400\times500+300\times1\ 600\times2)$$

$$=3\ 008.3(\text{kN})>KN=1.25\times1\ 167=1\ 458.8(\text{kN})$$

所以满足要求。

(7)选配钢筋,绘制配筋图。

两侧纵筋均选用 2 Φ 20 + 2 Φ 25($A_s = A'_s =$ 1 610 mm^2),箍筋选用Φ 8@300 双肢封闭式,配筋图如图 3-16 所示。

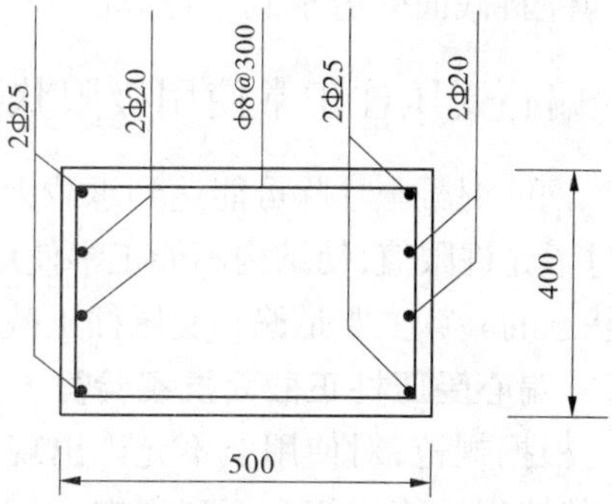

图 3-16 柱截面配筋图 (单位:mm)

5 偏心受压柱斜截面承载力计算

在实际工程中,有不少偏心受压柱在承受轴向力 N 和弯矩 M 的同时还承受剪力 V 的作用,如框架柱、排架柱等。这类构件由于轴向压力的存在,对其抗剪能力有明显的影响。因此,对于偏心受压柱斜截面受剪承载力的计算,必须考虑轴向压力的影响。偏心受压柱相当于对受弯构件增加了一个轴向压力 N。

5.1 轴向压力对斜截面受剪承载力的影响

试验结果表明,轴向压力对受剪承载力起着有利的影响。轴向压力能限制构件斜裂缝的出现和开展,增强骨料间的咬合力,增加混凝土剪压区高度,从而提高了混凝土的受剪承载力。但轴向压力对箍筋的受剪承载力无明显的影响。

试验结果还表明,轴向压力对受剪承载力的有利作用是有一定限度的。随着轴压比 $N/(f_c bh)$ 的增大,斜截面受剪承载力将增大,当轴压比 $N/(f_c bh)$ 为 0.3 ~ 0.5 时,斜截面受剪承载力达到最大值,若轴压比再继续增加,受剪承载力将降低,并转变为带有斜裂缝的正截面小偏心受压破坏。

5.2 斜截面受剪承载力计算公式

试验表明,在受弯和偏心受压情况下斜裂缝水平投影长度基本相同,即与斜裂缝相交的腹筋数量相同,所以偏心受压柱腹筋的抗剪承载能力与受弯构件腹筋的抗剪承载能力基本相同。

为了与受弯构件的斜截面受剪承载力计算公式相协调,偏心受压柱斜截面受剪承载力的计算公式是在受弯构件斜截面受剪承载力计算公式的基础上,加上由于轴向压力 N 的存在混凝土受剪承载力提高值得到的。根据试验资料,偏于安全考虑,混凝土受剪承载力提高值取为 $0.07N$。矩形、T 形和 I 形截面的偏心受压柱,其斜截面受剪承载力按下式计算:

$$KV \leqslant V_c + V_{sv} + V_{sb} + 0.07N \tag{3-26}$$

式中 V——剪力设计值,N;

N——与剪力设计值 V 相应的轴向压力设计值,N,当 $N > 0.3f_c A$ 时,取 $N = 0.3f_c A$,此处 A 为构件的截面面积(mm^2);

V_c、V_{sv}、V_{sb} 符号意义与梁同。

当符合式(3-27)时,可不进行斜截面受剪承载力计算,仅按构造要求配置箍筋。

$$KV \leqslant V_c + 0.07N \tag{3-27}$$

为防止斜压破坏,矩形、T 形和工字形截面的偏心受压柱截面应满足:

$$KV \leqslant 0.25f_c bh_0 \tag{3-28}$$

偏心受压柱受剪承载力的计算步骤和受弯构件受剪承载力计算步骤类似,可参照受弯构件斜截面受剪承载力计算。

6 偏心受压柱正常使用极限状态验算

钢筋混凝土柱除可能达到承载力极限状态而发生破坏外,还可能由于裂缝和变形过大,超过了允许限值,使结构不能正常使用,达到正常使用极限状态。钢筋混凝土柱正常使用极限状态的验算主要是偏心受压柱正截面抗裂验算和裂缝宽度验算。

6.1 偏心受压柱正截面抗裂验算

根据规范,对使用上不允许出现裂缝的钢筋混凝土偏心受压柱,在荷载效应标准组合下,其抗裂验算应符合下列规定:

$$N_k \leqslant \frac{\gamma_m \alpha_{ct} f_{tk} A_0 W_0}{e_0 A_0 - W_0} \tag{3-29}$$

式中 N_k——按荷载标准值计算的轴向力值,N;

α_{ct}——混凝土拉应力限制系数,对荷载效应的标准组合,α_{ct} 可取 0.85;

f_{tk}——混凝土轴心抗拉强度标准值,N/mm^2;

γ_m——截面抵抗矩塑性系数,按表 2-7 采用;

e_0——轴向力对截面重心的初始偏心距,mm,对荷载效应的标准组合,$e_0 = M_k/N_k$;

A_0——换算截面面积,mm^2,$A_0 = A_c + \alpha_E A_s + \alpha_E A'_s$,$\alpha_E = E_s/E_c$;

W_0——换算截面受拉边缘的弹性抵抗矩,mm^3,$W_0 = I_0/(h - y_0)$,y_0 为换算截面重心至受压边缘的距离(mm),I_0 为换算截面对其重心轴的惯性矩(mm^4),对于单筋矩形截面的 y_0 和 I_0,可按式(2-40)和式(2-41)计算。

活动 3:偏心受压柱正截面抗裂验算案例

【案例 3-5】 某 2 级水工建筑物中的矩形截面大偏心受压柱,采用对称配筋。截面尺寸 $b \times h = 400\ mm \times 600\ mm$,柱的计算长度 $l_0 = 6\ m$;受拉钢筋和受压钢筋均为 4 Φ 25 ($A_s = A'_s = 1\ 964\ mm^2$),混凝土为 C30,纵向钢筋为 HRB335 级,$c = 30\ mm$,控制截面按荷载标准值计算的内力值为 $N_k = 300\ kN$,$M_k = 150\ kN \cdot m$,取 $a_s = a'_s = 40\ mm$,该构件不允许裂缝,试验算该柱是否满足抗裂要求。

解:(1)基本资料:$f_{tk} = 2.01\ N/mm^2$,$\alpha_{ct} = 0.85$,$E_s = 2.0 \times 10^5\ N/mm^2$,$E_c = 3.0 \times 10^4\ N/mm^2$,$a_s = a'_s = 40\ mm$,$h_0 = h - a_s = 600 - 40 = 560(mm)$。

(2)偏心距 e_0 的确定。

$$e_0 = \frac{M_k}{N_k} = \frac{150 \times 10^6}{300 \times 10^3} = 500(mm)$$

(3)换算截面面积 A_0。

$$\alpha_E = \frac{E_s}{E_c} = \frac{2.0 \times 10^5}{3.0 \times 10^4} = 6.67$$

$$\begin{aligned} A_0 &= A_c + \alpha_E A_s + \alpha_E A'_s \\ &= 400 \times 600 + 6.67 \times 1\ 964 \times 2 \\ &= 266\ 200(mm^2) \end{aligned}$$

(4)弹性抵抗矩 W_0。

$$\rho = \frac{A_s}{bh_0} = \frac{1\ 964}{400 \times 560} = 0.008\ 8$$

$$\begin{aligned} y_0 &= (0.5 + 0.425\alpha_E\rho)h \\ &= (0.5 + 0.425 \times 6.67 \times 0.008\ 8) \times 600 \\ &= 315(\text{mm}) \end{aligned}$$

$$\begin{aligned} I_0 &= (0.083\ 3 + 0.19\alpha_E\rho)bh^3 \\ &= (0.083\ 3 + 0.19 \times 6.67 \times 0.008\ 8) \times 400 \times 600^3 \\ &= 8.16 \times 10^9(\text{mm}^4) \end{aligned}$$

$$W_0 = \frac{I_0}{h - y_0} = \frac{8.16 \times 10^9}{600 - 315} = 2.9 \times 10^7(\text{mm}^3)$$

(5)抗裂验算。

考虑截面高度的影响,对 γ_m 值进行修正,修正系数为 $0.7 + 300/h = 0.7 + 300/600 = 1.2 > 1.1$,取 1.1,则

$$\gamma_m = 1.1 \times 1.55 = 1.705$$

$$\frac{\gamma_m\alpha_{ct}f_{tk}A_0W_0}{e_0A_0 - W_0} = \frac{1.705 \times 0.85 \times 2.01 \times 266\ 200 \times 2.9 \times 10^7}{500 \times 266\ 200 - 2.9 \times 10^7} = 216.02(\text{kN})$$

由于 $N_k = 300\ \text{kN} > 216.02\ \text{kN}$,故该构件不满足抗裂要求。

6.2 偏心受压柱正截面裂缝宽度验算

试验和工程实践表明,在一般环境情况下,只要将钢筋混凝土结构构件的裂缝宽度限制在一定范围以内,对结构构件的耐久性不会构成威胁。因此,裂缝宽度的验算可以按下式进行:

$$w_{max} \leqslant w_{lim} \tag{3-30}$$

式中 w_{max}——按荷载效应标准组合并考虑荷载长期作用影响计算的最大裂缝宽度;

w_{lim}——最大裂缝宽度限值,见表 2-8。

配置带肋钢筋的矩形、T 形及工字形截面偏心受压钢筋混凝土柱,在荷载效应标准组合下的最大裂缝宽度 w_{max}(mm)可按下式计算:

$$w_{max} = \alpha\frac{\sigma_{sk}}{E_s}(30 + c + 0.07\frac{d}{\rho_{te}}) \tag{3-31}$$

式中 α——考虑构件受力特征和荷载长期作用的综合影响系数,对偏心受压柱取 $\alpha = 2.1$;

c——最外层纵向受拉钢筋外边缘至受拉区边缘的距离,mm,当 $c > 65$ mm 时,取 $c = 65$ mm;

d——钢筋直径,mm,当钢筋用不同直径时,式中的 d 改用换算直径 $4A_s/u$,此处 u 为纵向受拉钢筋截面总周长,mm;

ρ_{te}——纵向受拉钢筋的有效配筋率,$\rho_{te} = \frac{A_s}{A_{te}}$,当 $\rho_{te} < 0.03$ 时,取 $\rho_{te} = 0.03$;

A_{te}——有效受拉混凝土截面面积,mm^2,对于大偏心受压柱,A_{te} 取为其重心与受拉

钢筋 A_s 重心相一致的混凝土面积，即 $A_{te}=2a_s b$，其中 a_s 为 A_s 重心至截面受拉边缘的距离，b 为矩形截面的宽度，对有受拉翼缘的倒 T 形及工字形截面，b 为受拉翼缘宽度；

A_s——受拉区纵向钢筋截面面积，mm^2，对于大偏心受压构件，A_s 取受拉区纵向钢筋截面面积；

σ_{sk}——按荷载标准值计算的构件纵向受拉钢筋应力，N/mm^2。

对于式(3-31)，需要说明的有：①需控制裂缝宽度的配筋不应选用光面钢筋；②对于某些可变荷载的标准值在总效应组合中占的比重很大但只在短时间内存在的构件，如水电站厂房的吊车梁等，可将计算求得的最大裂缝宽度乘以系数 0.85；③对 $\frac{e_0}{h_0}\leqslant 0.55$ 的偏心受压构件，可不验算裂缝宽度。

钢筋混凝土大偏心受压柱最大裂缝宽度计算中，按荷载标准值计算的纵向受拉钢筋应力可按下列公式计算：

$$\sigma_{sk}=\frac{N_k}{A_s}\left(\frac{e}{z}-1\right) \tag{3-32}$$

$$z=\left[0.87-0.12(1-\gamma_f')\left(\frac{h_0}{e}\right)^2\right]h_0 \tag{3-33}$$

$$e=\eta_s e_0+y_s \tag{3-34}$$

$$\eta_s=1+\frac{1}{4\,000\frac{e_0}{h_0}}\left(\frac{l_0}{h}\right)^2 \tag{3-35}$$

式中 e——轴向压力作用点至纵向受拉钢筋合力点的距离，mm，见图 3-17；

z——纵向受拉钢筋合力点至受压区合力点的距离，mm；

η_s——使用阶段的偏心距增大系数，当 $\frac{l_0}{h}\leqslant 14$ 时，可取 $\eta_s=1.0$；

y_s——截面重心至纵向受拉钢筋合力点的距离，$y_s=\frac{h}{2}-a_s$，mm；

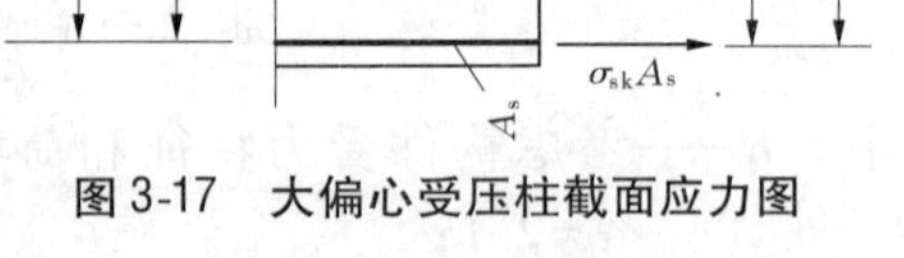

图 3-17　大偏心受压柱截面应力图

γ_f'——受压翼缘面积与腹板有效面积的比值，$\gamma_f'=\frac{(b_f'-b)h_f'}{bh_0}$，其中 b_f'、h_f' 分别为受压翼缘的宽度(mm)、高度(mm)，当 $h_f'>0.2h_0$ 时，取 $h_f'=0.2h_0$。

活动 4：偏心受压柱正截面裂缝宽度验算案例

【案例 3-6】　条件同案例 3-5，若该柱允许出现裂缝，最大裂缝允许宽度为 $w_{lim}=0.25$ mm，试验算该柱裂缝宽度是否满足要求。

解:(1)基本资料:$d=25$ mm,$c=30$ mm,$\alpha=2.1$,$E_s=2.0\times10^5$ N/mm^2,$a_s=a'_s=40$ mm,则

$$h_0=h-a_s=600-40=560(\text{mm})$$

(2)计算纵向受拉钢筋的有效配筋率 ρ_{te}。

$$A_{te}=2a_sb=2\times40\times400=32\ 000(\text{mm}^2)$$

$$\rho_{te}=\frac{A_s}{A_{te}}=\frac{1\ 964}{32\ 000}=0.06>0.03$$

(3)纵向受拉钢筋应力 σ_{sk}。

$$e_0=\frac{M_k}{N_k}=\frac{150\times10^6}{300\times10^3}=500(\text{mm})$$

因

$$\frac{l_0}{h}=\frac{6\ 000}{600}=10<14$$

故 $\eta_s=1$。

$$e=\eta_se_0+y_s=1\times500+(\frac{600}{2}-40)=760(\text{mm})$$

$$z=[0.87-0.12(1-\gamma'_f)(\frac{h_0}{e})^2]h_0$$

$$=[0.87-0.12\times(\frac{560}{760})^2]\times560$$

$$=450.7(\text{mm})$$

$$\sigma_{sk}=\frac{N_k}{A_s}(\frac{e}{z}-1)$$

$$=\frac{300\times10^3}{1\ 964}\times(\frac{760}{450.7}-1)=104.8(\text{N/mm}^2)$$

(4)构件最大裂缝宽度 w_{max}。

$$w_{max}=\alpha\frac{\sigma_{sk}}{E_s}(30+c+0.07\frac{d}{\rho_{te}})$$

$$=2.1\times\frac{104.8}{2.0\times10^5}\times(30+30+0.07\times\frac{25}{0.06})$$

$$=0.098(\text{mm})$$

由于 $w_{max}=0.098$ mm $<w_{lim}=0.25$ mm,故该柱裂缝宽度满足要求。

活动5:知识技能训练

一、填空题

1. 区别大小偏心受压的关键是远离轴向压力一侧的钢筋先________,还是靠近轴向压力一侧的混凝土先被________,钢筋先________者为大偏心受压,混凝土先被________者为小偏心受压。

2. 矩形截面偏心受压柱截面设计时,由于钢筋截面面积 A'_s 和 A_s 为未知数,构件截面

混凝土相对受压区高度ξ无法求得，因此无法利用________来判断属于大偏心受压还是小偏心受压。实际设计时常根据偏心距的大小来加以决定，当________时，可按大偏心受压柱设计；当________时，可按小偏心受压柱设计。

3. 矩形截面小偏心受压柱破坏时A_s的应力一般________屈服强度，因此为节约钢材，可按________及________配置A_s。

4. 矩形截面偏心受压柱，若计算所得的$\xi \leqslant \xi_b$，可保证构件破坏时受拉钢筋________，$x \geqslant 2a_s'$，可保证构件破坏时受压钢筋________。若受压区高度$x < 2a'_s$，则受压钢筋________。

5. 对于小偏心受压柱，可能由于柱子长细比较________，在与弯矩作用平面相垂直的平面内发生________而破坏。在这个平面内________弯矩作用的，因此应按________受压柱进行承载力复核，计算时须考虑________的影响。

6. 偏心受压柱截面两侧配置________的钢筋，称为对称配筋，对称配筋的缺点是________，优点是________。特别是柱在不同的荷载组合下，同一截面可能承受数量相近的________时，更应采用对称配筋。

7. 轴向压力对偏心受压柱斜截面受剪承载力是________的，同时这种作用是________的，一般偏安全的考虑最大取到________。

二、选择题

1. 在大偏心受压柱中所有纵向钢筋能充分利用的条件是(　　)。

A. $\xi \leqslant \xi_b$　　B. $\xi \geqslant 2a_s'/h_0$　　C. ξ为任意值　　D. 都不是

2. 钢筋混凝土大偏心受压柱的破坏特征是(　　)。

A. 远离轴向力一侧的受拉钢筋达到抗拉屈服强度，随后压区混凝土被压碎，受压钢筋也达到抗压屈服强度

B. 远离轴向力一侧的钢筋应力不定，而另一侧钢筋压屈，混凝土被压碎

C. 靠近轴向力一侧的钢筋和混凝土应力不定，而另一侧受拉钢筋受拉屈服

D. 靠近轴向力一侧的钢筋应力达到屈服强度，而另一侧受拉钢筋应力不定

3. 偏心受压柱界限破坏时(　　)。

A. 远离轴向力一侧的钢筋屈服比受压区混凝土压碎早发生

B. 远离轴向力一侧的钢筋屈服比受压区混凝土压碎晚发生

C. 远离轴向力一侧的钢筋屈服与另一侧钢筋屈服同时发生

D. 远离轴向力一侧的钢筋屈服与受压区混凝土压碎同时发生

4. 矩形截面大偏心受压柱截面设计时要令$x = \xi_b h_0$，这是为了(　　)。

A. 保证不发生小偏心受压破坏

B. 使钢筋用量最少

C. 保证破坏时，远离轴向力一侧的钢筋应力能达到屈服强度

D. 使混凝土用量最少

5. 矩形截面小偏心受压柱截面设计时A_s可按最小配筋率及构造要求配置，这是为

了(　　)。

A. 保证构件破坏时,A_s 的应力能达到屈服强度 f_y,以充分利用钢筋的抗拉作用

B. 保证构件破坏时不是从 A_s 一侧先被压坏引起

C. 节约钢材用量,因为构件破坏时 A_s 应力 σ_s 一般达不到屈服强度

D. 简化设计过程

6. 对于偏心受压柱,下述哪些情况必须考虑构件在弯矩作用平面内的挠曲对纵向力偏心距的影响(　　)。

A. 矩形截面 $l_0/h \leqslant 5$　　B. 矩形截面 $l_0/h > 8$

C. 矩形截面 $l_0/h > 5$　　D. 矩形截面 $l_0/h \leqslant 8$

7. 钢筋混凝土偏心受压柱,发生小偏心受压破坏的特征是(　　)。

A. 受拉侧的钢筋先达到屈服,而后受压混凝土和受压钢筋达到破坏

B. 受压区混凝土先压碎,而受拉侧钢筋也达到屈服

C. 受压区混凝土先压碎,而受拉侧钢筋未达到屈服

D. 受拉侧钢筋达屈服,同时受压侧混凝土压碎

8. 在剪压复合应力状态下,压应力与混凝土抗剪强度的关系是(　　)

A. 压应力越大,混凝土抗剪强度越大

B. 压应力越大,混凝土抗剪强度越小

C. 压应力与混凝土强度无关

D. 当压应力较小时,抗剪强度随压应力的增大而增大;当压应力较大时,抗剪强度随压应力的增大而减小

三、问答题

1. 什么是偏心受压柱?钢筋混凝土柱大、小偏心受压破坏有何本质区别?其界限条件是什么?

2. 在偏心受压柱承载力计算中,为什么要考虑偏心距增大系数 η 的影响?偏心距增大系数主要与什么因素有关?

3. 矩形截面非对称配筋偏心受压柱截面设计时,如何判断构件是大偏心受压还是小偏心受压?

4. 试推导矩形截面大偏心受压柱非对称配筋时的承载力计算公式,写出其适用条件,并说明适用条件的意义。

5. 在计算大偏心受压柱的配筋时:①什么情况下假定 $x=\xi_b h_0$?当求得的 $A_s' \leqslant 0$ 或 $A_s \leqslant 0$ 时,应如何处理?②当 A_s' 为已知时,是否也可假定 $x=\xi_b h_0$ 求 A_s?③什么情况下会出现 $x<2a_s'$?此时如何求钢筋面积?

6. 在小偏心受压截面设计时,若 A_s' 和 A_s 均未知,为什么 A_s 可以按最小配筋量进行配置?

7. 为什么小偏心受压柱除弯矩作用平面应进行承载力计算外,一般还需要验算垂直

于弯矩作用平面的轴心受压承载力？此时纵向弯曲的影响如何考虑？

8. 偏心受压柱在什么情况可采用对称配筋？对称配筋有什么优缺点？

四、计算题

1. 某 2 级建筑物矩形截面偏心受压柱，计算长度 $l_0=8$ m，截面尺寸 $b\times h=400$ mm × 550 mm，承受轴向力设计值 $N=1\ 000$ kN，设计弯矩 $M=300$ kN · m，取 $a_s=a_s'=40$ mm，采用 C25 混凝土、HRB335 级纵筋。试进行配筋计算，并绘制配筋图。

2. 在上题中，若受压区已配置钢筋 4 ⌽ 25，试求受拉钢筋 A_s。

3. 某 3 级建筑物矩形截面偏心受压柱，计算长度 $l_0=3$ m，截面尺寸 $b\times h=300$ mm × 400 mm，承受轴向力设计值 $N=500$ kN，设计弯矩 $M=100$ kN · m；取 $a_s=a_s'=40$ mm，采用 C20 混凝土、HRB335 级纵筋。试进行配筋计算，并绘制配筋图。

4. 某 3 级建筑物偏心受压柱，截面尺寸 $b\times h=400$ mm × 600 mm，在弯矩作用平面内的计算长度 $l_0=7.2$ m，在垂直于弯矩作用平面内的计算长度 $l_0'=3.6$ m，承受设计弯矩 $M=66$ kN · m，轴向力设计值 $N=3\ 000$ kN；取 $a_s=a_s'=40$ mm，采用 C20 混凝土、HRB335 级纵筋。试进行配筋计算，并绘制配筋图。

5. 某 1 级建筑物矩形截面偏心受压柱，截面尺寸 $b\times h=400$ mm × 600 mm，计算长度 $l_0=4.2$ m，承受设计弯矩 $M=400$ kN · m，轴向力设计值 $N=800$ kN，取 $a_s=a_s'=40$ mm，采用 C30 混凝土、HRB335 级纵筋。若采用对称配筋，试计算所需纵向钢筋面积，并绘制配筋图。

6. 某 2 级建筑物矩形截面偏心受压柱，截面尺寸 $b\times h=400$ mm × 500 mm，计算长度 $l_0=7.5$ m，承受设计弯矩 $M=140$ kN · m，轴向力设计值 $N=2\ 000$ kN，取 $a_s=a_s'=40$ mm，采用 C30 混凝土、HRB335 级纵筋。试计算对称配筋时所需纵向钢筋面积，并绘制配筋图。

7. 某 2 级建筑物对称配筋的矩形截面偏心受压柱，截面尺寸 $b\times h=400$ mm × 600 mm，计算长度 $l_0=4.5$ m，承受设计弯矩 $M=260$ kN · m，轴向力设计值 $N=650$ kN，取 $a_s=a_s'=40$ mm，采用 C25 混凝土、HRB335 级纵筋。试配置该柱钢筋。

8. 某 2 级水工建筑物中的矩形截面大偏心受压柱，采用对称配筋。截面尺寸 $b\times h=$ 300 mm × 500 mm，柱的计算长度 $l_0=6$ m；受拉钢筋和受压钢筋均为 4 ⌽ 25（$A_s=A_s'=1\ 964\ mm^2$），采用 C30 混凝土、HRB335 级纵向钢筋，$c=30$ mm，控制截面按荷载标准值计算的内力值为 $N_k=200$ kN，$M_k=500$ kN · m，取 $a_s=a_s'=40$ mm，不允许裂缝，试验算该柱是否满足抗裂要求。

9. 某 2 级水工建筑物中的矩形截面大偏心受压柱，采用对称配筋。截面尺寸 $b\times h=$ 300 mm × 500 mm，柱的计算长度 $l_0=6$ m；受拉钢筋和受压钢筋均为 3 ⌽ 25（$A_s=A_s'=1\ 473\ mm^2$），采用 C25 混凝土、HRB335 级纵向钢筋，$c=30$ mm，控制截面按荷载标准值计算的内力值为 $N_k=200$ kN，$M_k=500$ kN · m，取 $a_s=a_s'=40$ mm，允许裂缝，最大裂缝允许宽度为 $w_{lim}=0.25$ mm，试验算该柱是否满足裂缝宽度要求。

任务4　钢筋混凝土受拉构件设计

任务描述：

受拉构件是水利工程中应用较为广泛的一种构件。本任务是通过案例分析掌握轴心受拉构件、偏心受拉构件的设计方法。

任务分析：

钢筋混凝土受拉构件可以分为轴心受拉构件和偏心受拉构件（偏心受拉构件又分为大偏心受拉构件和小偏心受拉构件）。完成本任务的步骤如下：①拟定截面尺寸，选择材料等级；②确定计算截面及设计内力；③判别构件类型，计算所需纵向钢筋面积，选配纵向钢筋；④根据构造或斜截面受剪承载力计算配置箍筋；⑤进行正常使用极限状态验算；⑥作截面配筋图。

任务知识点：

1　受拉构件的类型

钢筋混凝土受拉构件可以分为轴心受拉构件和偏心受拉构件。

钢筋混凝土桁架或拱拉杆、受内压力作用的环形截面管壁及圆形贮液池的筒壁等，通常按轴心受拉构件计算，如图3-18所示。

矩形水池的池壁、矩形剖面料仓或煤斗的壁板、水压力作用下的渡槽底板，以及双肢柱的受拉肢，均属于偏心受拉构件，如图3-19所示。

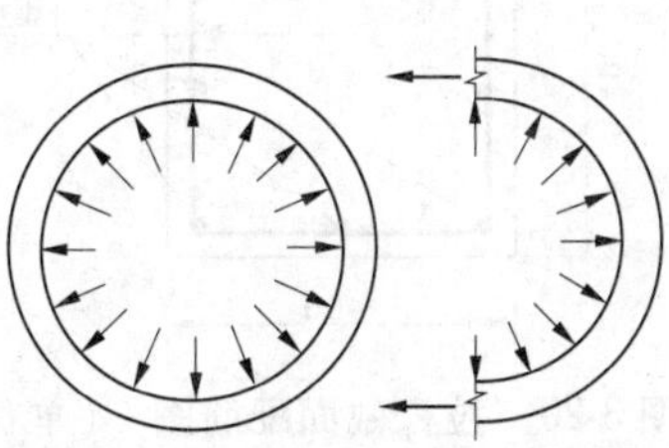

图3-18　钢筋混凝土轴心受拉构件

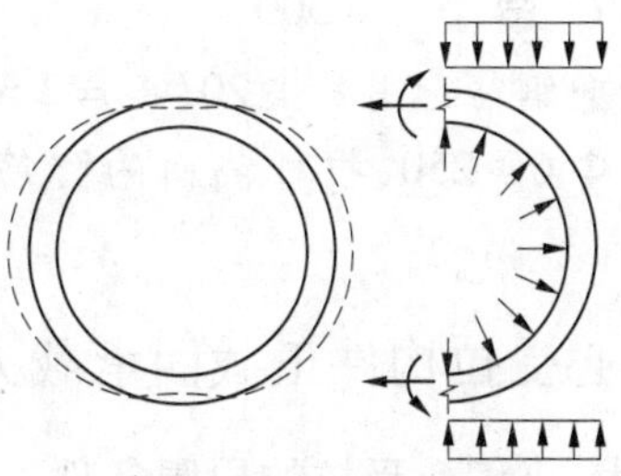

图3-19　钢筋混凝土偏心受拉构件

受拉构件除承受轴向拉力外，同时受弯矩和剪力作用。

2　受拉构件的构造要求

2.1　纵向受拉钢筋

（1）为了增强钢筋和混凝土之间的黏结力并减少构件的裂缝开展宽度，受拉构件的纵向受力钢筋宜采用直径稍细的带肋钢筋。轴心受拉构件的受力钢筋应沿构件周边均匀布置，偏心受拉构件的受力钢筋布置在垂直于弯矩作用平面的两边。

（2）轴心受拉构件和小偏心受拉构件中的受力钢筋不得采用绑扎接头，必须采用焊接；大偏心受拉构件中的受拉钢筋，当直径大于28 mm时，也不宜采用绑扎接头。

（3）为了避免受拉钢筋配置过少而引起脆性破坏，受拉钢筋的用量不应小于最小配筋率配筋。

(4)纵向钢筋的混凝土保护层厚度要求与梁相同。

2.2 箍筋

在受拉构件中,箍筋的作用是与纵筋形成钢筋骨架,固定纵向钢筋在截面中的位置;对于有剪力作用的偏心受拉构件,箍筋主要起抗剪作用。受拉构件中的箍筋,其构造要求与柱箍筋相同。

3 轴心受拉构件正截面承载力计算

轴心受拉构件的正截面受拉承载力应符合下列规定:

$$KN \leqslant f_y A_s \tag{3-36}$$

式中 K——承载力安全系数;

N——轴向拉力设计值,N;

f_y——纵向钢筋的抗拉强度设计值,N/mm^2;

A_s——纵向钢筋的全部截面面积,mm^2。

活动1:轴心受拉构件正截面承载力计算案例

【案例3-7】 已知某钢筋混凝土屋架为2级水工建筑物,其下弦拉杆截面尺寸 $b \times h = 400\ mm \times 400\ mm$,承受的轴心拉力设计值为590 kN,采用C25混凝土和HRB335级钢筋。试进行截面配筋。

解:查表得:$K = 1.20$,$f_y = 300\ N/mm^2$,则

$$A_s = \frac{KN}{f_y} = \frac{1.20 \times 590 \times 10^3}{300} = 2\ 360(mm^2)$$

纵向钢筋选用8 Φ 20($A_s = 2\ 513\ mm^2$),箍筋采用Φ 6@250,拉杆截面的配筋图如图3-20所示。

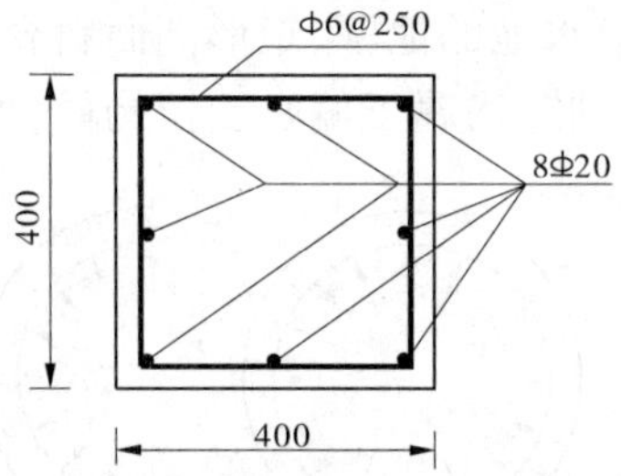

图3-20 拉杆截面配筋图 (单位:mm)

4 偏心受拉构件正截面承载力计算

4.1 大、小偏心受拉的界限条件

如图3-21所示,距轴向拉力 N 较近一侧的纵向钢筋为 A_s,较远一侧的纵向钢筋为 A_s'。试验表明,根据轴向力偏心距 e_0 的不同,偏心受拉构件的破坏特征可分为以下两种情况。

(1)轴向拉力 N 作用在钢筋 A_s 和 A_s' 之间,即偏心距 $e_0 \leqslant h/2 - a_s$ 时,称为小偏心受拉,如图3-21(a)所示。

当偏心距较小时,受力后即为全截面受拉,随着荷载的增加,混凝土达到极限拉应变而开裂,进而全截面裂通,最后钢筋应力达到屈服强度,构件破坏;当偏心距较大时,混凝土开裂前截面部分受拉,部分受压,在受拉区混凝土开裂后,裂缝迅速发展至全截面裂通,混凝土退出工作,这时截面将全部受拉,随着荷载的不断增加,最后钢筋应力达到屈服强度,构件破坏。

因此,只要拉力 N 作用在钢筋 A_s 和 A_s' 之间,不管偏心距大小如何,构件破坏时均为全截面受拉,拉力由 A_s 和 A_s' 共同承担,构件受拉承载力取决于钢筋的抗拉强度,小偏心

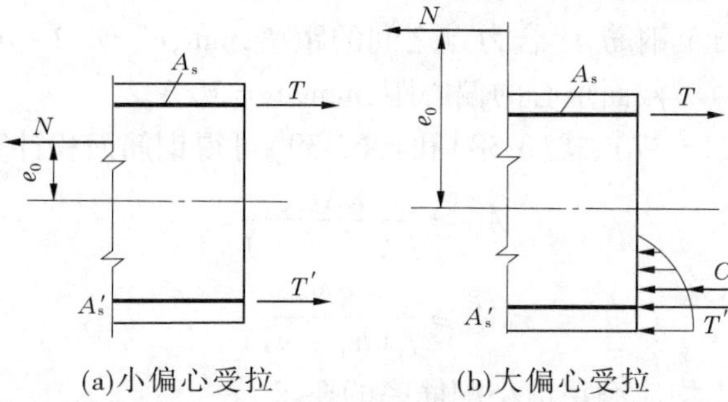

(a)小偏心受拉　(b)大偏心受拉

图 3-21　大、小偏心受拉内力图形

受拉构件破坏时，构件全截面裂通，截面上不会有受压区存在。

(2)轴向拉力 N 作用在钢筋 A_s 和 A'_s 之外，即偏心距 $e_0 > h/2 - a_s$ 时，称为大偏心受拉，如图 3-21(b)所示。

由于拉力 N 的偏心距较大，受力后截面部分受拉，部分受压，随着荷载的增加，受拉区混凝土开裂，这时受拉区拉力仅由受拉钢筋 A_s 承担，而受压区压力由混凝土和受压钢筋 A'_s 共同承担。随着荷载进一步增加，裂缝进一步扩展，受拉钢筋 A_s 达到屈服强度 f_y，受压区进一步缩小，以至混凝土被压碎，同时受压钢筋 A'_s 的应力也达到屈服强度 f'_y，其破坏形态与大偏心受压构件类似。大偏心受拉构件破坏时，构件截面不会裂通，截面上有受压区存在。

4.2　小偏心受拉构件正截面承载力计算

轴向拉力 N 作用在钢筋 A_s 合力点与 A'_s 合力点之间的小偏心受拉构件正截面承载力计算简图如图 3-22 所示。

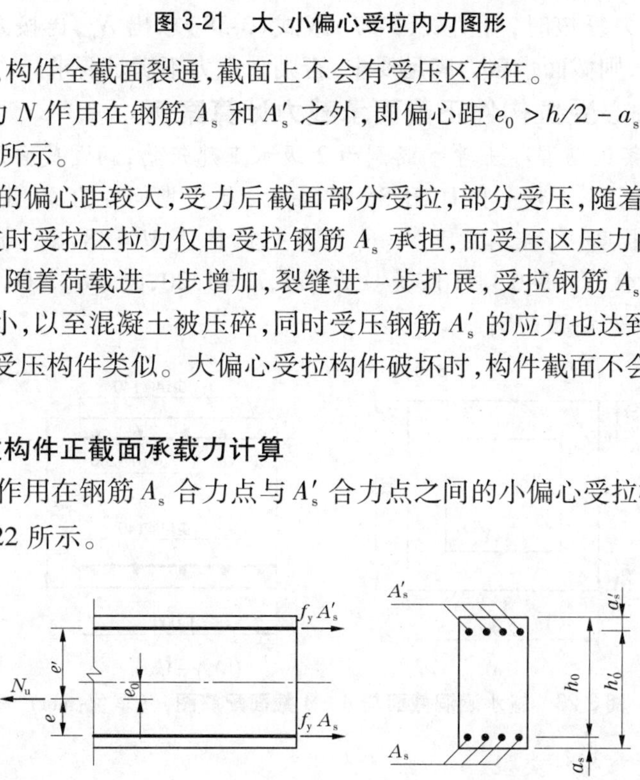

(a)纵剖面　(b)横剖面

图 3-22　小偏心受拉构件的正截面受拉承载力计算

根据承载力计算简图的内力平衡条件得：

$$N_ue = f_yA'_s(h_0 - a'_s) \tag{3-37}$$

$$N_ue' = f_yA_s(h'_0 - a_s) \tag{3-38}$$

根据承载力极限状态设计表达式得：

$$KN \leqslant N_u \tag{3-39}$$

式中　N_u——轴向受拉承载力极限值，N；

A_s——靠近轴向拉力一侧的纵向钢筋截面面积，mm^2；

A'_s——远离轴向拉力一侧的纵向钢筋截面面积，mm^2；

e——轴向拉力至钢筋 A_s 合力点之间的距离，mm，$e = h/2 - a_s - e_0$；

e'——轴向拉力至钢筋 A'_s 合力点之间的距离，mm，$e' = h/2 - a'_s + e_0$；

e_0——轴向拉力对截面重心的偏心距，mm，$e_0 = M/N$。

截面设计时，由式(3-37)、式(3-38)和式(3-39)可得钢筋面积计算公式为：

$$A_s \geqslant \frac{KNe'}{f_y(h'_0 - a_s)} \tag{3-40}$$

$$A'_s \geqslant \frac{KNe}{f_y(h_0 - a'_s)} \tag{3-41}$$

计算得到的 A_s、A'_s 均应满足最小配筋率的要求。

构件截面承载力复核时，可由式(3-37)或式(3-38)求出 N_u，再按式(3-39)复核，若式(3-39)得到满足，则截面承载力满足要求，否则承载力不满足要求。

活动 2：小偏心受拉构件正截面承载力计算案例

【案例 3-8】 某钢筋混凝土输水涵洞为 2 级水工建筑物，涵洞截面尺寸如图 3-23(a)所示。该涵洞采用 C25 混凝土和 HRB335 级钢筋。使用期间在自重、土压力及动水压力作用下，每米涵洞长度内，控制截面 $A—A$ 的弯矩设计值 $M = 38$ kN · m(以外壁受拉为正)、轴心拉力设计值 $N = 340$ kN(以受拉为正)，$K = 1.20$，$a_s = a'_s = 60$ mm，涵洞壁厚为 550 mm，试配置 $A—A$ 截面的钢筋。

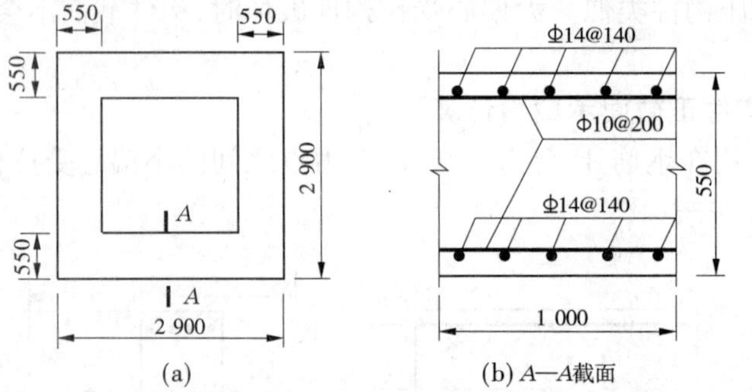

图 3-23 输水涵洞截面与 $A—A$ 截面配筋图 (单位：mm)

解：(1) 判别受拉构件类型。

$$h_0 = h - a_s = 550 - 60 = 490(\text{mm})$$

$$h'_0 = h - a'_s = 550 - 60 = 490(\text{mm})$$

$$e_0 = \frac{M}{N} = \frac{38}{340} = 0.112(\text{m}) = 112\ \text{mm} < \frac{h}{2} - a_s = \frac{550}{2} - 60 = 215(\text{mm})$$

属于小偏心受拉构件。

(2) 计算纵向钢筋 A_s 和 A'_s。

$$e = \frac{h}{2} - a_s - e_0 = \frac{550}{2} - 60 - 112 = 103(\text{mm})$$

$$e' = \frac{h}{2} - a'_s + e_0 = \frac{550}{2} - 60 + 112 = 327(\text{mm})$$

根据式(3-40)和式(3-41)得

$$A_s = \frac{KNe'}{f_y(h_0' - a_s)} = \frac{1.20 \times 340 \times 10^3 \times 327}{300 \times (490 - 60)} = 1\,034(\text{mm}^2)$$

$$> \rho_{\min} bh_0 = 0.15\% \times 1\,000 \times 490 = 735(\text{mm}^2)$$

$$A_s' = \frac{KNe}{f_y(h_0 - a_s')} = \frac{1.20 \times 340 \times 10^3 \times 103}{300 \times (490 - 60)} = 326(\text{mm}^2)$$

$$< \rho_{\min} bh_0 = 0.15\% \times 1\,000 \times 490 = 735(\text{mm}^2)$$

(3)选配钢筋并绘制配筋图。

为满足最小配筋率的要求且便于施工,内外侧钢筋均选配Φ14@140($A_s = A_s' = 1\,100$ mm^2),分布钢筋选用Φ10@200。截面配筋图如图3-23(b)所示。

4.3 大偏心受拉构件正截面承载力计算

4.3.1 基本公式

轴向拉力 N 作用在钢筋 A_s 合力点与 A_s' 合力点之外的矩形截面大偏心受拉构件正截面承载力计算简图如图3-24所示。

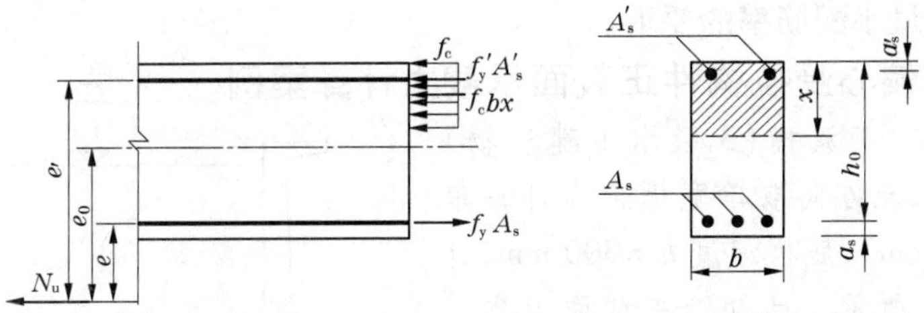

(a)纵剖面　　(b)横剖面

图3-24　矩形截面大偏心受拉构件正截面受拉承载力计算

根据承载力计算简图及内力平衡条件得:

$$N_u = f_yA_s - f_y'A_s' - f_cbx \tag{3-42}$$

$$N_ue = f_cbx\left(h_0 - \frac{x}{2}\right) + f_y'A_s'(h_0 - a_s') \tag{3-43}$$

根据承载力极限状态设计表达式得:

$$KN \leqslant N_u \tag{3-44}$$

基本公式的适用条件为:①$x \leqslant 0.85\xi_b h_0$;②$x \geqslant 2a_s'$。

当 $x < 2a_s'$ 时,上述式(3-42)和式(3-43)不再适用。此时,可假设混凝土压力合力点与受压钢筋 A_s' 合力点重合,取以 A_s' 为矩心的力矩平衡方程得:

$$N_ue' = f_yA_s(h_0' - a_s) \tag{3-45}$$

式中　e——轴向拉力至钢筋 A_s 合力点之间的距离,mm,$e = e_0 - \frac{h}{2} + a_s$;

e_0——轴向拉力对截面重心的偏心距,mm;

e'——轴向拉力至钢筋 A_s' 合力点之间的距离,mm,$e' = e_0 + \frac{h}{2} - a_s'$;

其他符号意义同前。

4.3.2 截面设计

当已知截面尺寸、材料强度及偏心拉力设计值 N,按非对称配筋方式进行矩形截面大

偏心受拉构件截面设计时,有下面两种情况:

第一种情况:要求计算受压钢筋截面面积 A'_s 和受拉钢筋截面面积 A_s。

这种情况下,三个基本公式中有四个未知数 N_u、A_s、A'_s、x 无法求解。为充分利用混凝土承受压力,以便使钢筋的总用量(即 $A_s+A'_s$)为最小,令 $x=0.85\xi_b h_0$,则 $\alpha_s=\alpha_{max}=0.85\xi_b(1-0.5\times0.85\xi_b)$,将 $\alpha_s=\alpha_{max}$ 代入式(3-43)与式(3-44)联合求得 A'_s 值。若 $A'_s\geqslant\rho'_{min}bh_0$,则将求得的 A'_s 和 $x=0.85\xi_b h_0$ 代入式(3-42)与式(3-44)联合求得 A_s 值。若 $A'_s<\rho'_{min}bh_0$,取 $A'_s=\rho'_{min}bh_0$,然后按第二种情况求 A_s。求出的 A_s 需满足最小配筋率的要求。

第二种情况:已知受压钢筋截面面积 A'_s,计算受拉钢筋截面面积 A_s。

由式(3-43)与式(3-44)联合计算 x。若 $2a'_s\leqslant x\leqslant0.85\xi_b h_0$,将 x 代入式(3-42)与式(3-44)联合计算受拉钢筋截面面积 A_s。若 $x<2a'_s$,可由式(3-45)与式(3-44)联合计算受拉钢筋截面面积 A_s。若 $x>0.85\xi_b h_0$,说明已配置的受压钢筋 A'_s 数量不足,需按第一种情况重新计算 A'_s 和 A_s。

对称配筋的偏心受拉构件,不论大、小偏心受拉,均可按小偏心受拉构件的公式(3-40)计算,并满足最小配筋率的要求。

活动 3:大偏心受拉构件正截面承载力计算案例

【案例 3-9】 某渡槽(3 级水工建筑物)底板设计时,沿水流方向取单宽板带为计算单元(取 $b=1\ 000$ mm),底板厚度 $h=300$ mm,计算简图如图 3-25 所示。已知跨中截面上弯矩设计值 $M=36$ kN·m(底板下部受拉),轴心拉力设计值 $N=21$ kN,$K=1.20$,根据结构耐久性要求取 $a_s=a'_s=40$ mm,采用 C25 混凝土($f_c=11.9$ N/mm²)及 HRB335 级钢筋($f_y=f'_y=300$ N/mm²)。试配置跨中截面的钢筋并绘制配筋图。

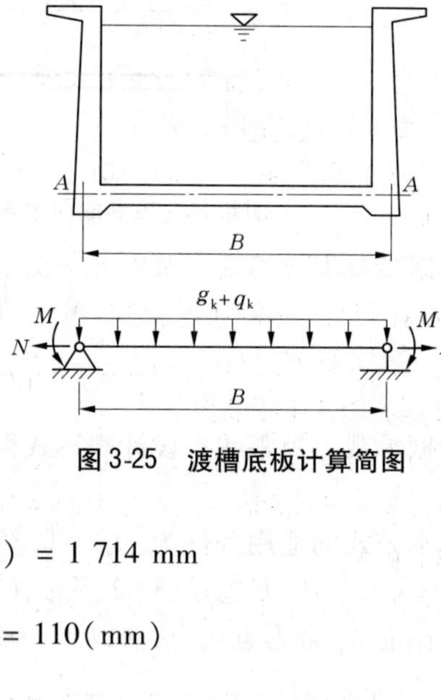

图 3-25 渡槽底板计算简图

解:(1)判别受拉构件类型。

$$e_0=\frac{M}{N}=\frac{36}{21}=1.714(\text{m})=1\ 714\ \text{mm}$$

$$>\frac{h}{2}-a_s=\frac{300}{2}-40=110(\text{mm})$$

属于大偏心受拉构件。

(2)计算纵向钢筋 A'_s。

$$h_0=h-a_s=300-40=260(\text{mm})$$

$$e=e_0-\frac{h}{2}+a_s=1\ 714-\frac{300}{2}+40=1\ 604(\text{mm})$$

$$\alpha_{smax}=0.85\xi_b(1-0.5\times0.85\xi_b)$$

$$=0.85\times0.550\times(1-0.5\times0.85\times0.550)=0.358$$

$$A'_s=\frac{KNe-\alpha_{smax}f_c bh_0^2}{f'_y(h_0-a'_s)}$$

$$= \frac{1.20 \times 21 \times 10^3 \times 1\,604 - 0.358 \times 11.9 \times 1\,000 \times 260^2}{300 \times (260 - 40)} < 0$$

按构造受压钢筋配置Φ10@200($A'_s = 393\ mm^2 > \rho'_{min} bh_0 = 0.15\% \times 1\,000 \times 260 = 390\ (mm^2)$),此时本题转化为已知 A'_s 求 A_s。

(3)计算纵向钢筋 A_s。

$$\alpha_s = \frac{KNe - f'_y A'_s (h_0 - a'_s)}{f_c b h_0^2}$$

$$= \frac{1.20 \times 21 \times 10^3 \times 1\,604 - 300 \times 393 \times (260 - 40)}{11.9 \times 1\,000 \times 260^2} = 0.018$$

$$\xi = 1 - \sqrt{1 - 2\alpha_s} = 1 - \sqrt{1 - 2 \times 0.018} = 0.018\,2$$

$$x = \xi h_0 = 0.018\,2 \times 260 = 4.73(\text{mm}) < 2a'_s = 2 \times 40 = 80(\text{mm})$$

则 A_s 应按式(3-44)、式(3-45)计算。

$$e' = e_0 + \frac{h}{2} - a'_s = 1\,714 + \frac{300}{2} - 40 = 1\,824(\text{mm})$$

$$h'_0 = h - a'_s = 300 - 40 = 260(\text{mm})$$

$$A_s = \frac{KNe'}{f_y (h'_0 - a_s)} = \frac{1.20 \times 21 \times 10^3 \times 1\,824}{300 \times (260 - 40)} = 696(\text{mm}^2)$$

$$> \rho_{min} bh_0 = 0.15\% \times 1\,000 \times 260 = 390(\text{mm}^2)$$

(4)选配钢筋,绘制配筋图。

受拉钢筋选用Φ14@200($A_s = 770\ mm^2$),分布钢筋选用Φ8@200。截面配筋图如图3-26所示。

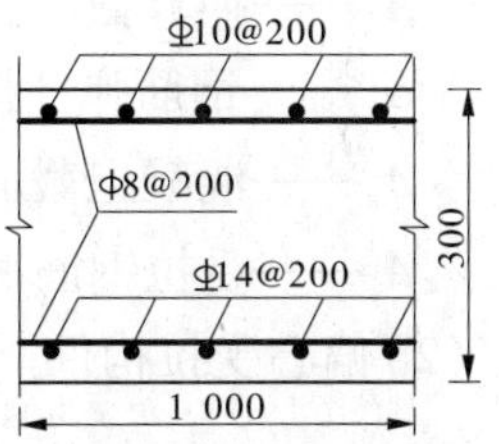

图3-26 渡槽底板断面配筋图 (单位:mm)

4.3.3 截面承载力复核

当截面尺寸、材料强度、钢筋截面面积和偏心拉力设计值 N 已知,要复核截面的承载力是否满足要求时,可联合式(3-42)与式(3-43)求得 x。

当 $2a'_s \leqslant x \leqslant 0.85\xi_b h_0$,将 x 代入式(3-42)求 N_u;当 $x > 0.85\xi_b h_0$,令 $x = 0.85\xi_b h_0$ 代入式(3-42)求 N_u;若 $x < 2a'_s$,按式(3-45)求 N_u。

利用式(3-44)进行复核,若式(3-44)满足,则截面承载力满足要求,否则承载力不满足要求。

4.4 偏心受拉构件斜截面受剪承载力计算

当偏心受拉构件同时作用有剪力时,应进行斜截面受剪承载力计算。轴向拉力 N 的存在会使构件更容易出现斜裂缝,使剪压区面积减小,使原来不贯通的裂缝有可能贯通。因此,与梁相比,偏心受拉构件斜截面受剪承载力要低。

为了与梁的斜截面受剪承载力计算公式相协调,矩形、T形和工字形截面的偏心受拉构件斜截面受剪承载力按下式计算:

$$KV \leqslant V_c + V_{sv} + V_{sb} - 0.2N \tag{3-46}$$

式中 V——剪力设计值,N;

N——与剪力设计值 V 相应的轴向压力设计值,N;

V_c、V_{sv}、V_{sb} 符号意义与梁同。

当式(3-46)右边的计算值小于 $V_{sv}+V_{sb}$ 时,应取为 $V_{sv}+V_{sb}$,且箍筋的受剪承载力 V_{sv} 值不应小于 $0.36f_tbh_0$。

为防止斜压破坏,矩形、T 形和工字形截面的偏心受拉构件的截面尺寸应满足:

$$KV \leqslant 0.25f_cbh_0 \tag{3-47}$$

偏心受拉构件受剪承载力的计算步骤和受弯构件受剪承载力计算步骤类似,可参照受弯构件斜截面受剪承载力计算。

5 受拉构件正常使用极限状态验算

5.1 受拉构件正截面抗裂验算

对使用上不允许出现裂缝的钢筋混凝土受拉构件,在荷载效应标准组合下,其抗裂验算应符合下列规定:

(1)轴心受拉构件。

$$N_k \leqslant \alpha_{ct}f_{tk}A_0 \tag{3-48}$$

式中 N_k——按荷载标准值计算的轴向力值,N;

α_{ct}——混凝土拉应力限制系数,对荷载效应的标准组合,α_{ct} 可取 0.85;

f_{tk}——混凝土轴心抗拉强度标准值,N/mm^2;

A_0——换算截面面积,mm^2,$A_0=A_c+\alpha_EA_s$;

α_E——钢筋弹性模量与混凝土弹性模量的比值,即 $\alpha_E=E_s/E_c$;

A_c——混凝土截面面积,mm^2;

A_s——受拉钢筋截面面积,mm^2。

(2)偏心受拉构件。

$$N_k \leqslant \frac{\gamma_m\alpha_{ct}f_{tk}A_0W_0}{e_0A_0+\gamma_mW_0} \tag{3-49}$$

式中 γ_m——截面抵抗矩塑性系数,按表 2-7 采用;

e_0——轴向力对截面重心的偏心距,mm,$e_0=M_k/N_k$;

A_0——换算截面面积,mm^2,$A_0=A_c+\alpha_EA_s+\alpha_EA'_s$;

W_0——换算截面受拉边缘的弹性抵抗矩,mm^3,$W_0=I_0/(h-y_0)$;

y_0——换算截面重心至受压边缘的距离,mm;

I_0——换算截面对其重心轴的惯性矩,mm^4;

h——截面全高,mm;

其他符号意义同前。

活动 4:受拉构件正截面抗裂验算案例

【案例 3-10】 某矩形截面轴心受拉构件(3 级水工建筑物),截面尺寸 $b\times h=400\ mm\times400\ mm$,承受轴向拉力标准值 $N_k=200\ kN$,混凝土强度等级采用 C25,纵筋采用 HRB335 级钢筋,配置 8 Φ20,试验算该构件是否满足抗裂要求。

解：$\alpha_{ct}=0.85$，$f_{tk}=1.78\ N/mm^2$，$E_s=2.0\times10^5\ N/mm^2$，$E_c=2.8\times10^4\ N/mm^2$。

$$A_0 = A_c + \alpha_E A_s = 400\times400+\frac{2.0\times10^5}{2.8\times10^4}\times2\ 513 = 177\ 950(mm^2)$$

$$\alpha_{ct} f_{tk} A_0 = 0.85\times1.78\times177\ 950 = 269\ 238(N) = 269.24\ kN > N_k = 200\ kN$$

故该轴心受拉构件正截面抗裂满足要求。

5.2 受拉构件正截面裂缝宽度验算

对于使用上要求限制裂缝宽度的钢筋混凝土受拉构件，应进行裂缝宽度验算。按荷载效应的标准组合所求得的最大裂缝宽度应满足：

$$w_{max}\leqslant w_{lim} \tag{3-50}$$

式中 w_{max}——按荷载效应标准组合并考虑荷载长期作用影响计算的最大裂缝宽度，mm；

w_{lim}——最大裂缝宽度限值，mm，见表2-8。

配置带肋钢筋的矩形、T形及工字形截面钢筋混凝土受拉构件，在荷载效应标准组合下的最大裂缝宽度 w_{max} 可按下式计算：

$$w_{max} = \alpha\frac{\sigma_{sk}}{E_s}\left(30 + c + 0.07\frac{d}{\rho_{te}}\right) \tag{3-51}$$

式中 α——考虑构件受力特征和荷载长期作用的综合影响系数，对于偏心受拉构件，取 $\alpha=2.4$，对于轴心受拉构件，取 $\alpha=2.7$；

c——最外层纵向受拉钢筋外边缘至受拉区边缘的距离，mm，当 $c>65$ mm时，取 $c=65$ mm；

d——钢筋直径，mm，当钢筋用不同直径时，式中的 d 改用换算直径 $4A_s/u$，此处 u 为纵向受拉钢筋截面总周长（mm）；

ρ_{te}——纵向受拉钢筋的有效配筋率，$\rho_{te}=\dfrac{A_s}{A_{te}}$，当 $\rho_{te}<0.03$ 时，取 $\rho_{te}=0.03$；

A_{te}——有效受拉混凝土截面面积，mm^2，对于偏心受拉构件，A_{te} 取其重心与受拉钢筋 A_s 重心相一致的混凝土面积，即 $A_{te}=2a_s b$，其中 a_s 为 A_s 重心至截面受拉边缘的距离，b 为矩形截面的宽度，对于有受拉翼缘的倒T形及工字形截面，b 为受拉翼缘宽度，对于轴心受拉构件，A_{te} 取为 $2a_s l_s$，但不大于构件全截面面积，其中 a_s 为一侧钢筋重心至截面边缘的距离，l_s 为沿截面周边配置的受拉钢筋重心连线的总长度；

A_s——受拉区纵向钢筋截面面积，mm^2，对于偏心受拉构件，A_s 取受拉区纵向钢筋截面面积，对于全截面受拉的偏心受拉构件，A_s 取拉应力较大一侧的钢筋截面面积，对于轴心受拉构件，A_s 取全部纵向钢筋截面面积；

σ_{sk}——按荷载标准值计算的构件纵向受拉钢筋应力，N/mm^2。

钢筋混凝土受拉构件最大裂缝宽度计算中，按荷载标准值计算的纵向受拉钢筋应力 σ_{sk} 可按下列公式计算：

（1）轴心受拉构件。

$$\sigma_{sk} = \frac{N_k}{A_s} \tag{3-52}$$

(2)偏心受拉构件(矩形截面)。

$$\sigma_{sk} = \frac{N_k}{A_s}(1 \pm 1.1\frac{e_s}{h_0}) \tag{3-53}$$

式中 N_k——按荷载标准值计算的轴向力,N;

A_s——受拉区纵向钢筋截面面积,mm^2,取值原则与式(3-51)的规定相同;

e_s——轴向拉力作用点至纵向受拉钢筋(对全截面受拉的偏心受拉构件,为拉应力较大一侧的钢筋)合力点的距离,mm,对于大偏心受拉构件,$e_s = e_0 - \frac{h}{2} + a_s$,对于小偏心受拉构件,$e_s = \frac{h}{2} - e_0 - a_s$。

对于小偏心受拉构件,式(3-53)右边括号内取减号,对于大偏心受拉构件,式(3-53)右边括号内取加号。

活动5:受拉构件正截面裂缝宽度验算案例

【案例3-11】 某矩形截面轴心受拉构件(3级水工建筑物),截面尺寸 $b \times h = 400\ mm \times 400\ mm$,轴心拉力标准值 $N_k = 400\ kN$,混凝土强度等级采用C25,纵筋采用HRB335级钢筋,配置8 Φ20,试验算构件裂缝宽度是否满足要求,保护层厚度取30 mm,环境类别为二类。

解:$w_{lim} = 0.3\ mm$,$E_s = 2.0 \times 10^5\ N/mm^2$,$A_s = 2\ 513\ mm^2$。

$$a_s = c + \frac{d}{2} = 30 + \frac{20}{2} = 40(mm)$$

(1)纵向受拉钢筋应力。

$$\sigma_{sk} = \frac{N_k}{A_s} = \frac{400 \times 10^3}{2\ 513} = 159.2(N/mm^2)$$

(2)纵向受拉钢筋的有效配筋率。

$$l_s = 4 \times (400 - 2 \times 40) = 1\ 280(mm)$$

$$\rho_{te} = \frac{A_s}{A_{te}} = \frac{A_s}{2a_s l_s} = \frac{2\ 513}{2 \times 40 \times 1\ 280} = 0.025 < 0.03$$

取 $\rho_{te} = 0.03$。

(3)最大裂缝宽度计算与裂缝宽度验算。

$$w_{max} = \alpha\frac{\sigma_{sk}}{E_s}(30 + c + 0.07\frac{d}{\rho_{te}})$$

$$= 2.7 \times \frac{159.2}{2.0 \times 10^5} \times (30 + 30 + 0.07 \times \frac{20}{0.03})$$

$$= 0.23(mm) < w_{lim} = 0.3\ mm$$

故该构件裂缝宽度满足要求。

【案例3-12】 某钢筋混凝土矩形水池,池壁厚为200 mm,采用C25混凝土和HRB335级钢筋,沿池壁1 m高度的垂直截面上作用的轴心拉力标准值 $N_k = 21\ kN$,弯矩

标准值 $M_k=16.6\ \text{kN}\cdot\text{m}$,沿池壁的内外侧均匀布置钢筋$\Phi 10@150$($A_s=A'_s=524\ \text{mm}^2$),配筋图如图3-27所示。混凝土保护层厚度取25 mm,二类环境条件下 $w_{lim}=0.3$ mm。试验算构件裂缝宽度是否满足要求。

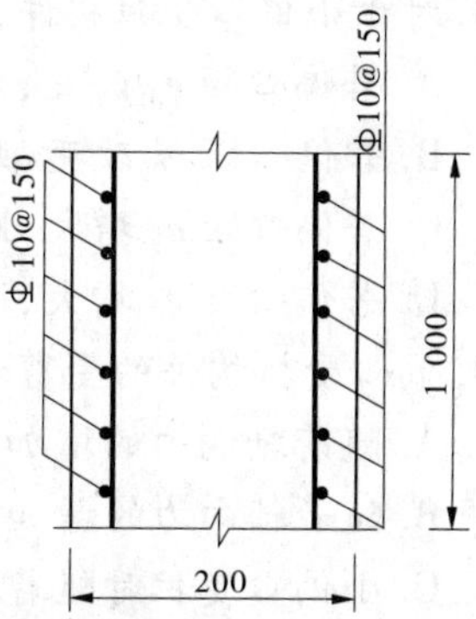

图3-27　水池池壁配筋图　(单位:mm)

解:$b=1\ 000$ mm,$h=200$ mm,$E_s=2.0\times10^5$ N/mm²,$a_s=c+\dfrac{d}{2}=25+\dfrac{10}{2}=30$(mm),$h_0=h-a_s=200-30=170$(mm)。

(1)判断偏心类型。

$$e_0=\frac{M_k}{N_k}=\frac{16.6}{21}=0.79(\text{m})$$
$$=790\ \text{mm}>\frac{h}{2}-a_s=100-30$$
$$=70(\text{mm})$$

故为大偏心受拉构件。

(2)计算 σ_{sk}。

$$e_s=e_0-\frac{h}{2}+a_s=790-100+30=720(\text{mm})$$

$$\sigma_{sk}=\frac{N_k}{A_s}(1+1.1\frac{e_s}{h_0})=\frac{21\times10^3}{524}\times(1+1.1\times\frac{720}{170})=226.8(\text{N/mm}^2)$$

(3)最大裂缝宽度计算与裂缝宽度验算。

$$\rho_{te}=\frac{A_s}{A_{te}}=\frac{A_s}{2a_sb}=\frac{524}{2\times30\times1\ 000}=0.008\ 7<0.03$$

取 $\rho_{te}=0.03$。

$$w_{max}=\alpha\frac{\sigma_{sk}}{E_s}(30+c+0.07\frac{d}{\rho_{te}})$$
$$=2.4\times\frac{226.8}{2.0\times10^5}\times(30+25+0.07\times\frac{10}{0.03})$$
$$=0.21(\text{mm})<w_{lim}=0.3\ \text{mm}$$

故该构件裂缝宽度验算满足要求。

活动6:知识技能训练

一、选择题

1. 大偏心受压构件设计时,若已知受压钢筋截面面积 A'_s,计算出 $\xi>0.85\xi_b$,则说明(　　)。

A. A'_s 过多　　B. A'_s 过少　　C. A_s 过多　　D. A_s 过少

2. 大偏心受拉构件的破坏特征与(　　)构件类似。

A. 小偏心受压　　B. 大偏心受压　　C. 受剪　　D. 小偏心受拉

3. 对于小偏心受拉构件，当轴向拉力值一定时，则(　　)。

A. 若偏心距 e_0 改变，则总用量 A_s+A_s' 不变

B. 若偏心距 e_0 改变，则总用量 A_s+A_s' 改变

C. 若偏心距 e_0 增大，则总用量 A_s+A_s' 增大

D. 若偏心距 e_0 增大，则总用量 A_s+A_s' 减少

4. 偏心受拉构件的受剪承载力(　　)。

A. 随着轴向力的增加而减小

B. 随着轴向力的增加而增加

C. 小偏心受拉时随着轴向力的增加而增加

D. 大偏心受拉时随着轴向力的增加而增加

5. 衡量裂缝开展宽度是否超过允许值，应以下列(　　)为准。

A. 最大宽度　　B. 最小宽度　　C. 平均宽度　　D. 允许宽度

二、问答题

1. 试举例说明哪些构件属于受拉构件。

2. 怎样判别大、小偏心受拉构件？

3. 简述大、小偏心受拉构件的破坏特征。

4. 大偏心受拉构件正截面承载力计算公式的适用条件是什么？其意义是什么？

三、设计计算

1. 某2级水工建筑物中的矩形截面受拉构件，截面尺寸 $b\times h=300\ \text{mm}\times400\ \text{mm}$，采用C20混凝土、HRB335级钢筋，承受轴向拉力设计值 $N=360\ \text{kN}$，弯矩设计值 $M=36\ \text{kN}\cdot\text{m}$，$a_s=a_s'=45\ \text{mm}$。试确定钢筋截面面积 A_s 和 A_s'，并绘制配筋图。

2. 某1级水工建筑物中的矩形截面受拉构件，截面尺寸 $b\times h=300\ \text{mm}\times450\ \text{mm}$，采用C25混凝土、HRB335级钢筋，承受轴向拉力设计值 $N=300\ \text{kN}$，弯矩设计值 $M=30\ \text{kN}\cdot\text{m}$，$a_s=a_s'=45\ \text{mm}$。试确定钢筋截面面积 A_s 和 A_s'，并绘制配筋图。

3. 某3级水工建筑物中的偏心受拉构件，截面 $b\times h=400\ \text{mm}\times550\ \text{mm}$，采用C20混凝土、HRB335级钢筋，$a_s=a_s'=45\ \text{mm}$。按下列两种情况计算钢筋面积：①承受轴向拉力设计值 $N=450\ \text{kN}$，弯矩设计值 $M=225\ \text{kN}\cdot\text{m}$；②承受轴向拉力设计值 $N=450\ \text{kN}$，弯矩设计值 $M=60\ \text{kN}\cdot\text{m}$。

4. 某电站厂房(2级水工建筑物)楼板设计时，取单宽板带为计算单元(取 $b=1\ 000\ \text{mm}$)，取底板厚度 $h=300\ \text{mm}$。已知跨中截面上弯矩标准值 $M_k=9\ \text{kN}\cdot\text{m}$，轴心拉力标准值 $N_k=18\ \text{kN}$，采用C20混凝土、HPB235级钢筋，控制截面受拉区上已配置纵向受拉钢筋为Φ12@150。取 $a_s=a_s'=40\ \text{mm}$，二类环境条件下 $w_{lim}=0.3\ \text{mm}$。试验算构件裂缝宽度是否满足要求。

项目4　钢筋混凝土肋形结构设计

学习目标

知识目标

(1)掌握计算跨度的计算方法。

(2)理解折算荷载、内力包络图的概念及最不利荷载布置原则。

(3)理解单向板肋形结构板、次梁和主梁的配筋构造。

(4)理解双向板肋形结构的配筋构造。

(5)掌握肋形结构钢筋用量计算的相关知识。

能力目标

(1)能进行单向板肋形结构板、次梁和主梁的设计计算。

(2)能进行双向板肋形结构板的设计计算。

(3)能绘制与识读肋形结构配筋图。

(4)能进行肋形结构钢筋用量计算。

任务1　钢筋混凝土单向板肋形结构设计

任务描述:

本任务主要通过一个水电站副厂房楼盖设计,掌握单向板、次梁和主梁的结构布局,以及计算简图的确定、内力计算、板梁计算要点及配筋构造。

任务分析:

本任务主要是通过一个水电站副厂房楼盖设计,掌握单向板的厚度、次梁和主梁截面尺寸的确定方法及其荷载的计算、支座的简化以及跨度和跨数的确定,理解连续梁的内力包络图、最不利荷载组合等概念。最后利用项目2中的钢筋混凝土板与梁的设计方法进行楼盖的板和次梁、主梁的配筋计算,并进行连续板、连续梁施工图的绘制。

任务知识点:

1　梁板结构

1.1　梁板结构布局

由板及支承板的梁组成的板梁结构,称为肋形结构。肋形结构根据梁格的布置情况可分为单向板肋形结构和双向板肋形结构。常见有现浇整体式楼盖。单向板肋形结构中荷载的传递路线是:板→次梁→主梁→柱或墙→基础→地基。

在各种现浇整体式楼盖中,板区格的四周一般均有梁或墙体支承。因为梁的刚度比板大得多,所以将梁作为板的不动支承。板上的竖向荷载通过板的双向弯曲传递到四边支承上。传递到支承上荷载的大小主要取决于该板两个方向边长的比值。当板的长短边之比超过一定数值时,沿长边方向所分配的荷载可以忽略不计,荷载主要沿短边方向传递,这样四边支承的板叫单向板,如图 4-1(a)所示。当板沿长边方向所分配荷载不可忽略、荷载沿板长边和短边两个方向传递时,这种板叫双向板,如图 4-1(b)所示。对于仅有两对边支承,另两对边为自由边的板,不论板平面两个方向的长度比如何,均属单向板。《规范》规定:①当长边与短边之比 $l_2/l_1 \geqslant 3$ 时,可按沿短边方向受力的单向板计算。②当长边与短边之比 $2 < l_2/l_1 < 3$ 时,宜按双向板计算。为了简化计算,当按沿短边方向受力的单向板计算,应沿长边方向布置足够数量的构造钢筋。③当长边与短边之比 $l_2/l_1 \leqslant 2$ 时,应按双向板计算。

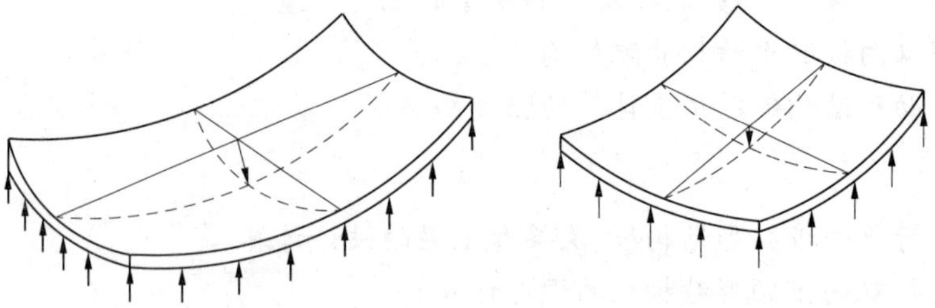

(a)单向板 (b)双向板

图 4-1 单向板与双向板的弯曲

结构平面布置,就是根据使用要求,在经济合理、施工方便的前提下,合理地布置板与梁的位置、方向和尺寸,布置柱的位置和柱网尺寸等。梁格布置应力求简单、规整、统一,以减少构件类型。

柱的布置:柱的间距决定了主、次梁的跨度,因此柱与承重墙的布置不仅要满足使用要求,还应考虑到梁格布置尺寸的合理与整齐,一般应尽可能不设或少设内柱,柱网尺寸宜尽可能大些。根据经验,柱的合理间距即梁的跨度最好为:次梁 4 ~ 6 m,主梁 5 ~ 8 m。另外,柱网的平面以布置成矩形或正方形为好。

梁的布置:次梁间距决定了板的跨度,将直接影响到次梁的根数、板的厚度及材料的消耗量。从经济角度考虑,确定次梁间距时,应使板厚为最小值。据此并结合刚度要求,次梁间距即板跨一般取 1.5 ~ 2.7 m 为宜,不宜超过 3 m。主梁一般宜布置在整个结构刚度较弱的方向,这样可使截面较大、增加房屋的横向刚度,主梁一般沿横向布置较好,这样主梁与柱构成框架或内框架体系,使侧向刚度较大,提高整体性,有利于采光。但当柱的横向间距大于纵向间距时,主梁沿纵向布置可以减小主梁的截面高度,增大室内净空,但刚度较差。如图 4-2 为单向板肋形结构布置的几个示例。

1.2 梁板结构分类

梁板结构是由板和支承板的梁所组成的,土木工程中常见的结构形式的实际应用有整体式楼面结构、整体式渡槽、筏式基础等,如图 4-3 所示。

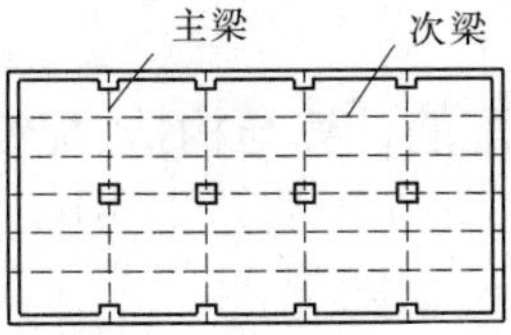

(a)主梁沿横向布置

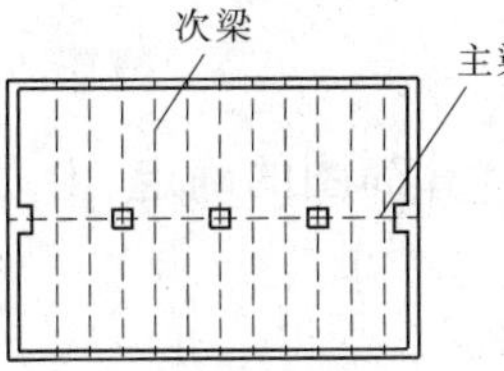

(b)主梁沿纵向布置

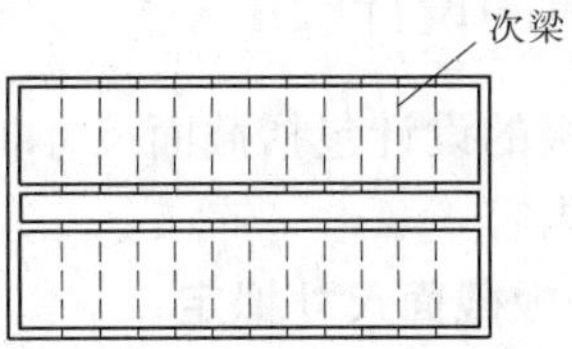

(c)有中间走廊

图 4-2　单向板肋形结构布置

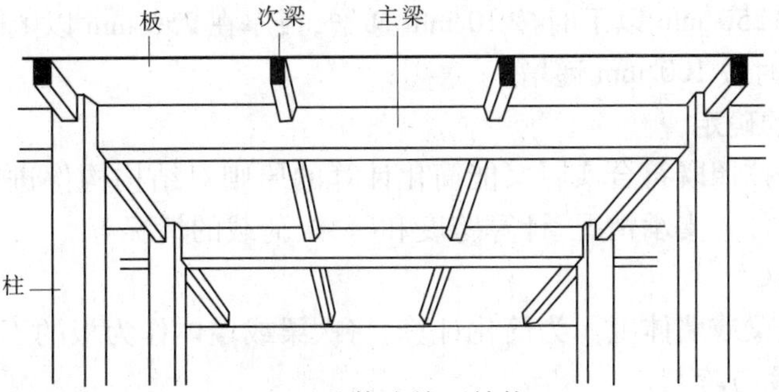

(a)整体式楼面结构

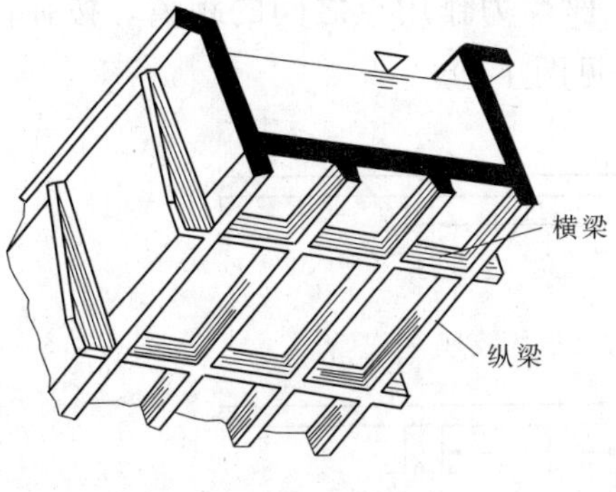

(b)整体式渡槽

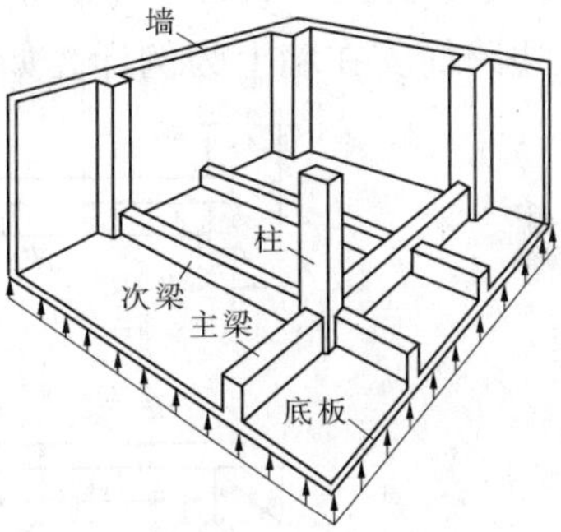

(c)筏式基础

图 4-3　梁板结构的应用实例

根据施工方法的不同,肋形结构可分为装配式、装配整体式和现浇整体式三种。

装配式肋形结构节省模板,施工受季节影响小,工期短,预制构件质量稳定,便于工业化生产和机械化施工,造价较低。但整体刚性、抗震性、防水性较差,不便开设洞口。

为了提高装配式结构的整体性,可采用装配整体式肋形结构。这种结构是将各种预制构件吊装就位后,通过整结方法,使之构成整体,但在楼板上浇筑一叠合层,施工工序增多,有时还须增加焊接工作。

现浇整体式肋形结构具有整体刚性好、抗震性强、防水性能好、对房屋不规则平面适应性强等优点,但有模板用量多、现场施工量大、工期长等缺点。现浇整体式肋形结构适用于各种有特殊布局的楼盖。

钢筋混凝土肋形结构设计的步骤是:①结构平面布置;②板梁的计算简图和内力计算;③板梁的配筋计算;④绘制结构施工图。

2 板的设计

板的设计包括截面尺寸拟定、计算简图的确定、内力计算、配筋计算与构造、配筋图绘制等内容。

2.1 板截面尺寸拟定

连续板的截面尺寸按刚度要求，单向板厚 $h \geqslant l/40$（l 为板的跨度），民用建筑楼板 $h \geqslant 60$ mm，工业房屋楼面要求 $h \geqslant 80$ mm。在水工建筑物中，由于板在工程中所处部位及受力条件不同，板厚 h 可在相当大的范围内变化，一般薄板厚度大于 100 mm，特殊情况下适当加厚。板厚在 250 mm 以下时按 10 mm 递增，板厚在 250 mm 以上时按 50 mm 递增，板厚超过 800 mm 时按 100 mm 递增。

2.2 计算简图的确定

计算简图是按照既符合实际又能简化计算的原则对结构构件进行简化的力学模型，它应表明结构构件的支承情况、计算跨度和跨数、荷载的情况等。

2.2.1 支座选取

板支承在次梁或墙体上。为简化计算，将次梁或墙体作为板的不动铰支座。

2.2.2 计算跨度与跨数

连续板的弯矩计算跨度 l_0 为相邻两支座反力作用点之间的距离。按弹性方法计算内力时，以边跨简支在墙上为例计算如下（见图 4-4）。

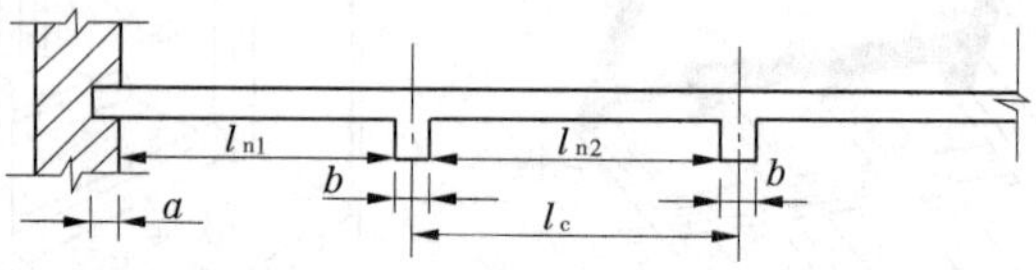

(a)弹性嵌固支座

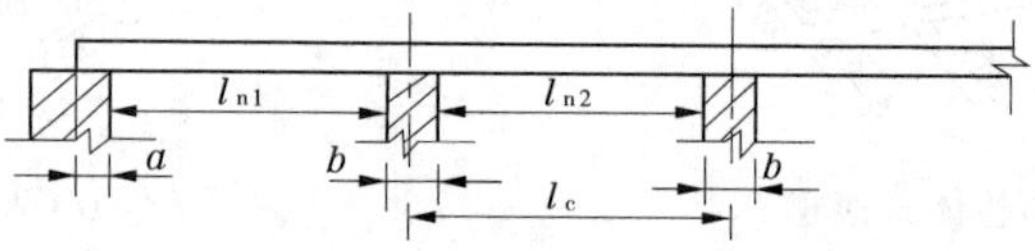

(b)自由支座

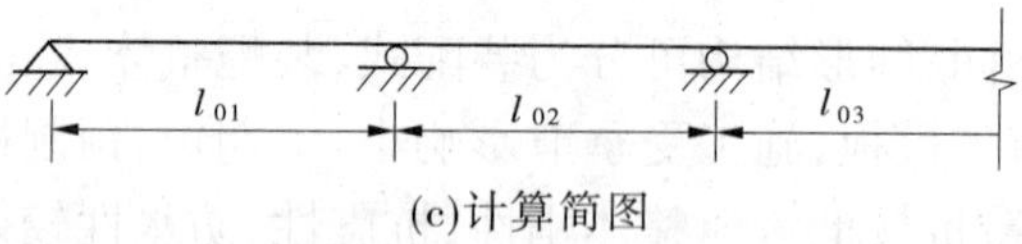

(c)计算简图

图 4-4 板的计算跨度

连续板 边跨 $l_{01} = l_{n1} + 0.5b + 0.5h$ 或 $l_{01} = l_{n1} + 0.5a + 0.5b \leqslant 1.1l_{n1}$

中跨 $l_{02} = l_c$，当 $b > 0.1l_c$ 时，取 $l_{02} = 1.1l_{n2}$

式中 l_{n1}——板边跨的净跨度，mm；

l_{n2}——板中间跨的净跨度，mm；

l_c——支座中心线间的距离，mm；

h——板的厚度，mm；

b——次梁的宽度,mm;

a——板伸入的长度,mm。

对于多跨连续板,当跨度不相等,但相差不超过10%时,按等跨计算。当跨数不超过五跨时,按实际跨数计算。当跨数超过五跨时,可按五跨来计算。此时,除连续板两边的第一跨、第二跨外,其余的中间各跨跨中及中间支座的内力值均按五跨连续板的中间跨跨中和中间支座采用,如图4-5所示。

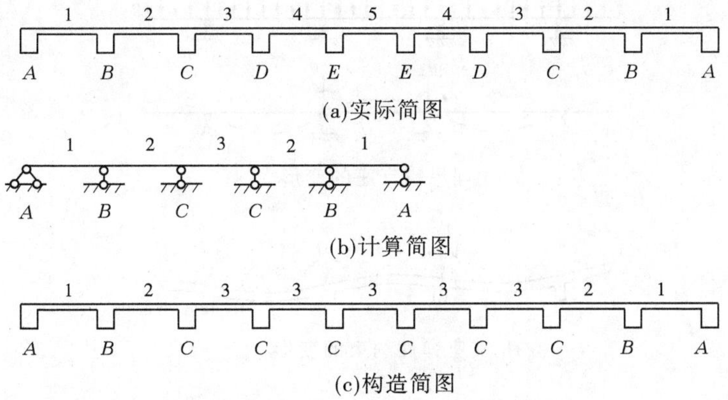

图4-5　连续板的简图

2.2.3　荷载计算

2.2.3.1　计算单元

当楼面承受均布荷载时,对于板,通常取宽度为1 m的板带作为计算单元。板所承受的荷载为板带自重(包括面层及粉刷等)及板带上的均布可变荷载,如图4-6所示。

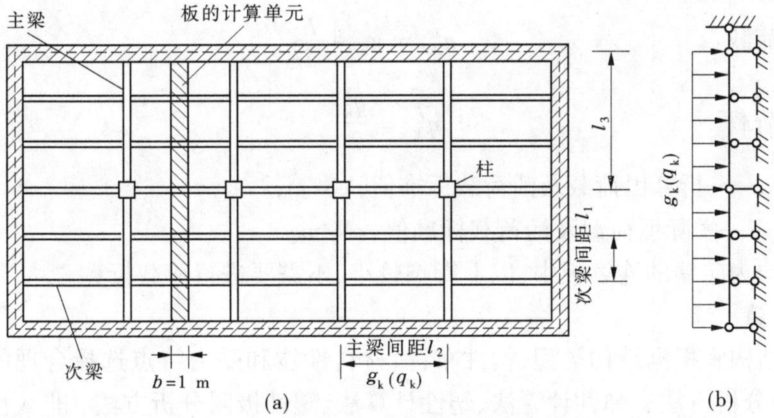

图4-6　板的荷载计算单元图及计算简图

2.2.3.2　折算荷载

在进行连续板的内力计算时,一般假设其支座均为铰接,即忽略支座对板的约束作用。实际上,当连续板与支座为整体现浇时,这种假设与实际情况并不完全相符。

当活荷载隔跨布置时,由于构件的弯曲变形将使支承梁发生扭转。对于连续板,次梁是它的支座，由于次梁两端被主梁所约束，次梁的抗扭刚度将部分地阻止板的自由转动。这种作用反映在支座处的转角θ'比铰支座的转角θ小，如图4-7(a)、(b)所示，其效果相当于减少了跨中的最大弯矩。这种影响通常难以精确计算，一般采用调整荷载(即加大恒载、减少活载)的方法加以考虑。即在进行内力计算时，仍按铰支座假定，但用折算荷载代替实际的计算荷载，如图4-7(c)所示。

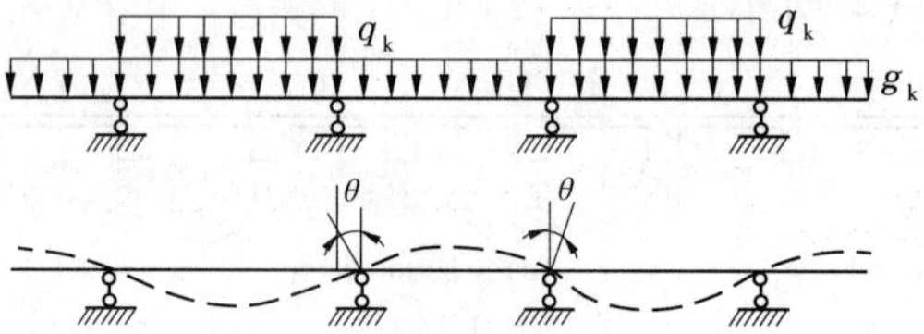

(a)理想铰支座的变形

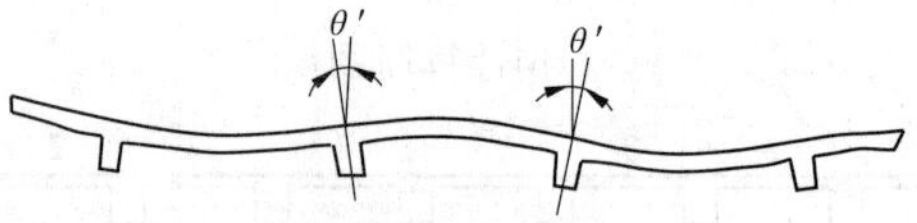

(b)支座弹性约束的变形

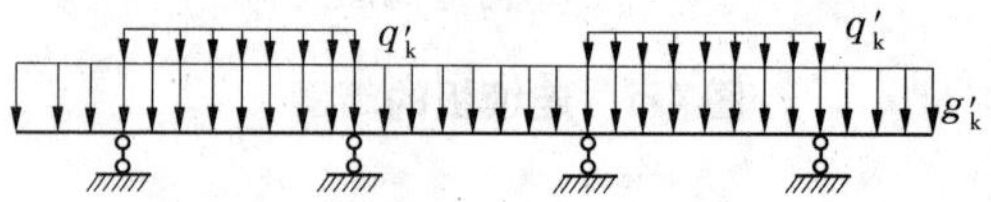

(c)采用折算荷载

图4-7　折算荷载简图

连续板折算荷载标准值为：

折算恒荷载
$$g'_k = g_k + \frac{q_k}{2}$$

折算活荷载
$$q'_k = \frac{q_k}{2}$$

式中　g'_k、q'_k——折算恒荷载及活荷载标准值，kN/m；

g_k、q_k——实际恒荷载及活荷载标准值，kN/m。

在支座均为砖墙的连续板中，以上影响较小，不需要进行荷载折算。

2.3　内力计算

混凝土结构宜根据结构类型、构件布置、材料性能和受力特点选择合理的分析方法。目前，常用的分析方法有弹性计算法、塑性计算法、塑性极限分析方法、非线性分析方法、试验分析方法。水工建筑物中的连续板一般按弹性计算法进行计算。在实际工程中则多采用连续板的内力系数表进行计算。

2.3.1　活荷载的最不利布置

板(梁)上的荷载有恒荷载和活荷载，其中恒荷载的大小和位置均不变化，而活荷载的大小和位置是随意变化的，引起构件各截面的内力也是变化的。所以，要使构件在各种情况下保证安全，在设计连续板(梁)时，就必须确定活荷载如何布置，将使结构各截面的内力为最不利内力。如图 4-8 所示，为五跨连续板（梁）活荷载布置在不同位置上时板（梁）在各截面所产生的弯矩图（*M* 图）与剪力图（*V* 图）。

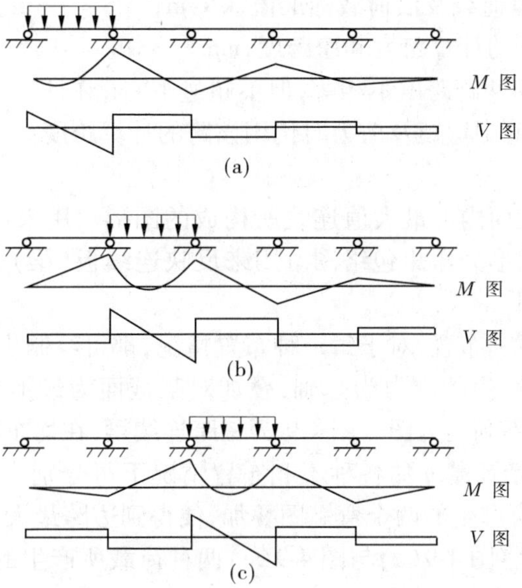

图 4-8　不同跨布置活荷载时的内力图

从图 4-8 中可以看出，当活荷载布置在 1、3、5 跨上时，在 1、3、5 各跨中都引起正弯矩；而当活荷载布置在 2、4 跨上时，都使 1、3、5 跨跨中弯矩减小。所以，在求 1、3、5 跨中最大弯矩时，应将活荷载布置在 1、3、5 跨上。依次类推，分析连续板（梁）内力图的变化规律，能得出确定截面最不利活荷载布置的原则：

（1）当求某跨跨内最大正弯矩时，应在该跨布置活荷载，然后向其左、右隔跨布置活荷载。

（2）当求某跨跨内最大负弯矩时（即最小弯矩）时，本跨不布置活荷载，而在相邻两跨布置活荷载，然后向其左、右隔跨布置活荷载。

（3）当求某支座最大负弯矩时，应在该支座左、右两跨布置活荷载，然后向其左、右隔跨布置活荷载。

（4）求某支座最大剪力时的活荷载布置与求该支座最大负弯矩时的活荷载布置相同；当求边支座截面处最大剪力时，活荷载的布置与求边跨跨内最大正弯矩的活荷载布置相同。

连续板（梁）上的恒荷载应按实际情况布置。

2.3.2　应用图表进行计算内力

活荷载的最不利位置确定后，对于等跨（包括跨差不大于 10%）的连续板（梁），即可直接应用附录表 4 查得在恒荷载和各种活荷载最不利位置下的内力系数，并按下列公式求出连续板（梁）的各控制截面的内力值（弯矩 *M* 和剪力 *V*），即

当均布荷载作用下：

$$M = 1.05\alpha_1 g_k' l_0^2 + 1.20\alpha_2 q_k' l_0^2 \qquad (4\text{-}1)$$

$$V = 1.05\beta_1 g_k' l_n + 1.20\beta_2 q_k' l_n \tag{4-2}$$

式中　α_1、α_2、β_1、β_2——弯矩系数和剪力系数，查附录表4；

g_k'、q_k'——折算恒荷载及活荷载标准值，kN/m；

l_0、l_n——板（梁）的计算跨度和净跨度，mm。

若连续板（梁）相邻两跨跨度不相等，但不超过10%，在计算支座弯矩时 l_0 取相邻两跨的平均值，而在计算跨中弯矩及剪力时仍用该跨的计算跨度。

2.3.3　内力包络图

内力包络图是各截面内力最大值连线所构成的图形。用来反映连续板（梁）各个截面上弯矩变化范围的图形为弯矩包络图。用来反映连续板（梁）各个截面上剪力变化范围的图形为剪力包络图。

通过活荷载的最不利布置，对于每一种布置情况，都可绘制出一个内力图（弯矩图或剪力图）。以恒荷载所产生的内力为基础，叠加对某截面为最不利的活荷载所产生的内力，便得到该截面的最不利内力图。图4-9为三跨连续梁，在均布恒荷载 g 的作用下可绘出一个弯矩图，在均布活荷载 q 的各种不利布置情况下可分别绘出弯矩图，将图4-9（a）与图4-9（b）两种荷载所产生的两个弯矩图叠加，便得到边跨最大弯矩和中间跨最小弯矩图线1（见图4-9（e））；将图4-9（a）与图4-9（c）两种荷载所产生的两个弯矩图叠加，便得到边跨最小弯矩和中间跨最大弯矩图线2；将图4-9（a）与图4-9（d）两种荷载所产生的两个弯矩图叠加，便得到支座 B 最大负弯矩图线3。图线1、2、3形成的外包线就是梁的弯矩包络图，见图4-9（e）。用同样方法可绘出梁的剪力包络图，见图4-9（f）。

作弯矩包络图的目的是计算构件正截面配筋，合理确定纵向钢筋弯起和截断位置。作剪力包络图的目的是计算构件斜截面的配筋，合理布置腹筋。

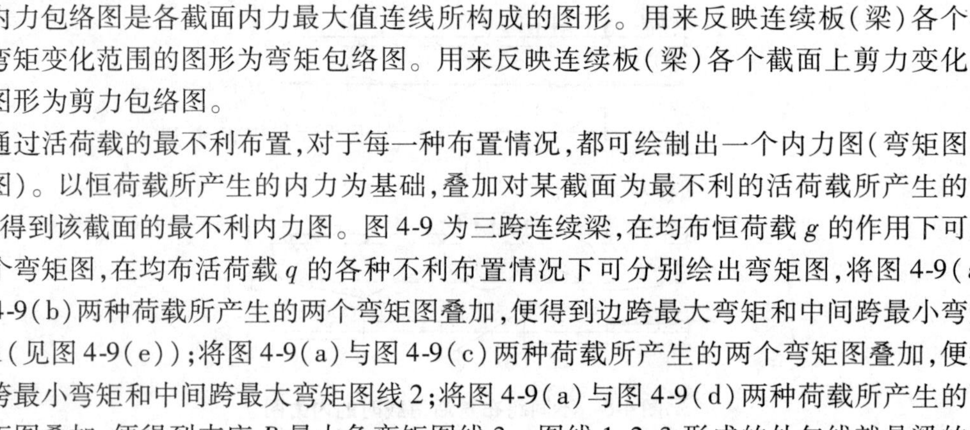

图4-9　连续板（梁）均布荷载作用下内力包络图

2.3.4　支座截面内力的调整

按弹性法计算连续板（梁）的内力时，计算时跨度一般为支承中心线间的距离。若板（梁）与支座不是整体连接，或支座宽度很小，计算简图与实际情况基本相一致。对于板（梁）与支承整体浇筑且支承有一定宽度时，支承宽度内板（梁）的截面高度加大，危险截面由支座中心转移到边缘。所以，在单向板结构设计时应考虑支承宽度的影响，支座计算内力值应取支座边缘处的内力。该内力值可通过取隔离体的方法计算求得（如图4-10所示）。

支座边缘截面的弯矩 M'_c 可按下式近似计算：

$$M'_c = -(|M_c| - 0.5b|V_0|) \tag{4-3}$$

式中 M'_c——支座边缘处截面弯矩设计值，kN·m；

M_c——支座中心处截面弯矩设计值，kN·m；

V_0——支座边缘处的剪力设计值，kN，可近似按单跨简支板（梁）计算；

b——支座宽度，m，对于板，当 $b>0.1l_n$ 时，取 $b=0.1l_n$，对于梁，当 $b>0.05l_n$ 时，取 $b=0.05l_n$。

当板中间支座为砖墙，或板搁置在钢筋混凝土构件上时，不作此调整。

2.4 板的计算要点及配筋构造

板按上述计算所得内力计算所需要的钢筋面积，按计算钢筋面积选配钢筋，同时要满足板的构造规定。

2.4.1 板的计算要点

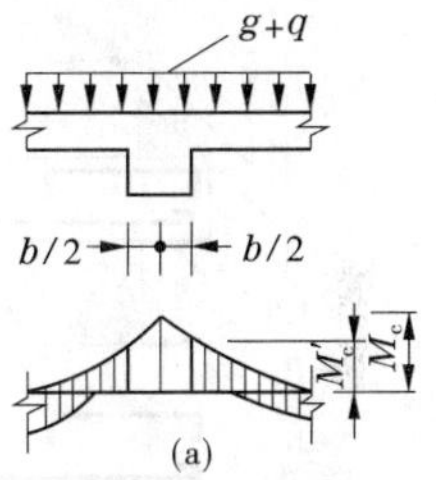

图 4-10 支座截面弯矩的修正

（1）板的计算对象是垂直次梁方向的单位宽度的连续板带，次梁和端墙视为连续板的铰支座。

（2）当板按弹性方法计算内力时，要采用折算荷载，并按最不利荷载组合来求跨中和支座的弯矩。

（3）板按跨中和支座截面的最大弯矩（绝对值）进行配筋，其步骤同前面的单筋矩形截面梁，其经济配筋率为0.4%～0.8%。

（4）板一般不需要绘制弯矩包络图，受力钢筋按构造规定布置。板的剪力由混凝土承担，一般不进行斜截面抗剪承载力计算，不设腹筋。

（5）连续板在四周与梁整体连接时，支座截面负弯矩使板上部开裂，跨中正弯矩使板下部开裂，使板的实际轴线形成拱形。在板面荷载作用下，板对次梁产生主动水平推力，次梁对板产生被动水平推力，对板的承载能力有利，如图4-11所示。因此，可将四周与梁整体连接的中间跨板带的跨中截面及中间支座截面的计算弯矩折减20%。但对于边跨的跨中截面及离板端第二支座截面，由于边梁侧向刚度不大或无边梁，难以提供水平推力，因此计算弯矩不予折减，如图4-12所示。

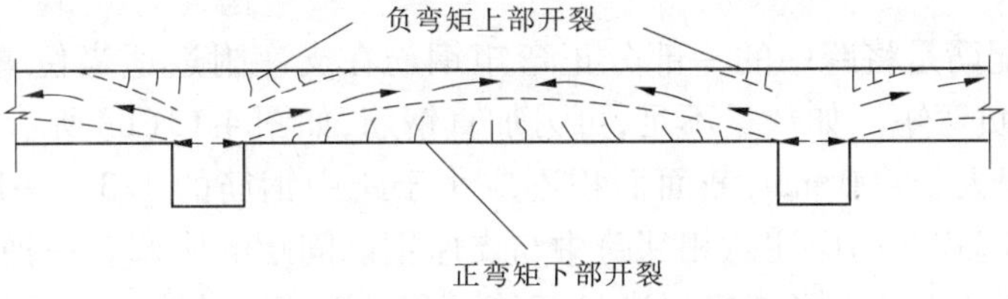

图 4-11 连续板的拱作用示意图

2.4.2 板的配筋构造

单向连续板中受力钢筋的配筋方式有分离式和弯起式两种，如图4-13所示。

（1）分离式配筋是将全部跨中钢筋伸入支座，支座上部负弯矩钢筋另外设置，如图4-13（a）所示。支座受力钢筋伸过支座边缘的长度 a 的确定方法是：当 $q_k/g_k \leq 3$ 时，$a=l_n/4$；当 $q_k/g_k>3$ 时，$a=l_n/3$。

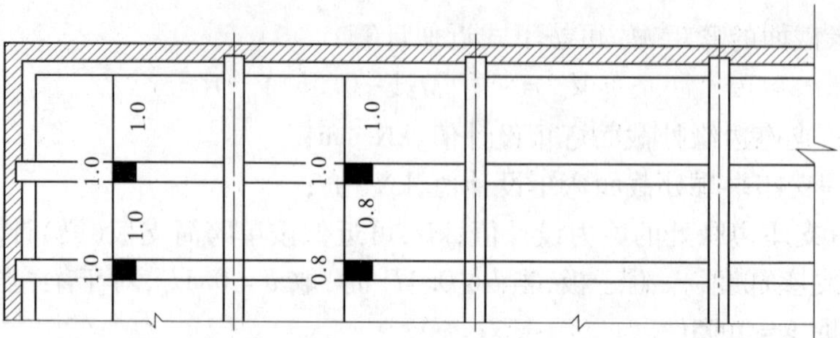

图 4-12　连续板的计算弯矩折减系数示意图

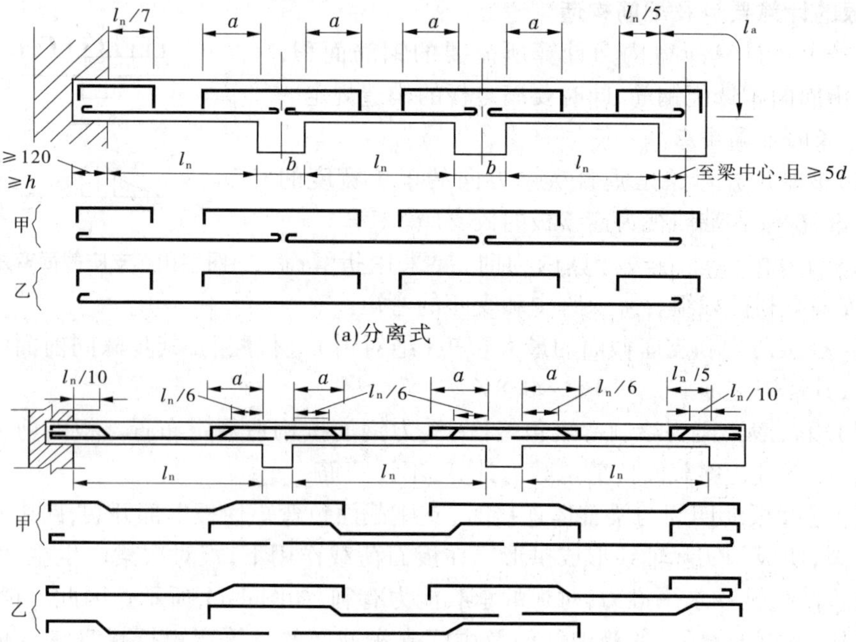

(a)分离式

(b)弯起式

图 4-13　单向板中受力钢筋的布置

(2)弯起式配筋是将跨中的一部分正弯矩钢筋在支座附近适当位置向上弯起,在支座上方抵抗支座负弯矩。如数量不足,可另加直钢筋,如图 4-13(b)所示。剩余的钢筋伸入支座,间距不得大于 400 mm,截面面积不应小于跨中钢筋的 1/3。一般采用隔一弯一或隔一弯二。弯起式配筋应注意相邻跨中与支座钢筋间距的协调。一种板通常采用一种间距,然后通过调整钢筋直径来确保满足钢筋面积的要求。支座处的负弯矩钢筋可在距支座边不小于 a 的距离截断。a 的确定同分离式。弯起钢筋的弯起角不宜小于 30°,厚板中的弯起角可为 45°或 60°。

弯起式配筋锚固和整体性较好,节约钢筋,但施工较为复杂。分离式配筋锚固较差,钢筋用量较大,但施工简单方便,现成为工程中采用的主要配筋方式。

2.4.3　板内构造钢筋

板内构造钢筋一般有以下几种。

2.4.3.1　单向板长边方向的分布钢筋

单向板除沿短边方向布置受力钢筋外，还沿长边方向布置分布钢筋。单位长度上分布钢筋的截面面积不宜小于单位宽度上受力钢筋截面面积的15%（集中荷载时为25%）。分布钢筋的间距不宜大于250 mm，直径不宜小于6 mm，当集中荷载较大时，分布钢筋间距不宜大于200 mm。

承受分布荷载的厚板，其分布钢筋的配置可不受上述规定的限制。分布钢筋的直径可采用10～16 mm，间距可为200～400 mm。

当板处于温度变幅较大或处于不均匀沉陷的复杂条件，且在与受力钢筋垂直的方向所受约束很大时，分布钢筋宜适当增加。

2.4.3.2　嵌固在墙内板边上部的附加钢筋

板边嵌固于墙内的板，在分析中没有考虑到这种嵌固的影响时，计算简图是按简支考虑的，而实际上由于墙的约束而产生负弯矩，则应在板的顶部沿板边配置垂直板边的附加钢筋，其数量可按承受跨中最大弯矩绝对值的1/4计算。单向板垂直于板跨方向的板边，一般每米宽度内配置5根直径6 mm的钢筋，钢筋应从支座边伸出至少为$l_1/5$的长度（l_1为单向板跨度）。单向板平行板跨方向的板边，其顶部垂直板边的钢筋可按构造要求适当配置。对于两边嵌固在墙内的板角部分，应在板的上部双向配置钢筋网，其伸出墙边的长度不应小于$l_1/4$，如图4-14所示。

2.4.3.3　板中垂直于主梁的构造钢筋

单向板上的荷载将主要沿短边方向传到次梁上，但由于板和主梁整体连接，在靠近主梁两侧一定宽度范围内，板内仍将产生一定大小与主梁方向垂直的负弯矩，因此应在跨越主梁的板上部配置与主梁垂直的构造钢筋，其数量应不少于板中受力钢筋的1/3，且直径不应小于8 mm，间距不应大于200 mm，伸出主梁边缘的长度不应小于板计算跨度l_0的1/4，如图4-15所示。

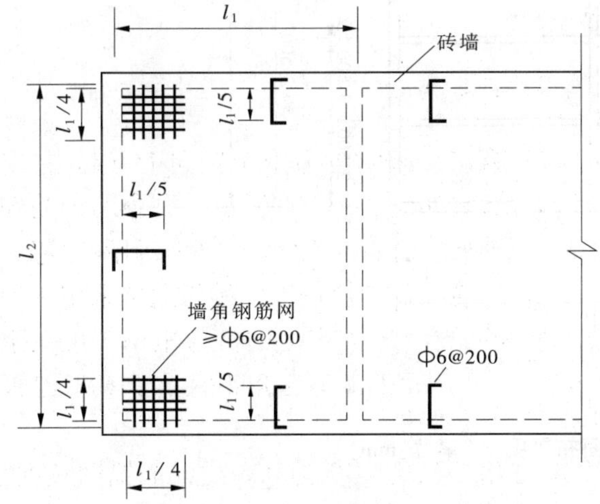

图4-14　嵌固在墙内板顶构造钢筋示意图　（单位：mm）

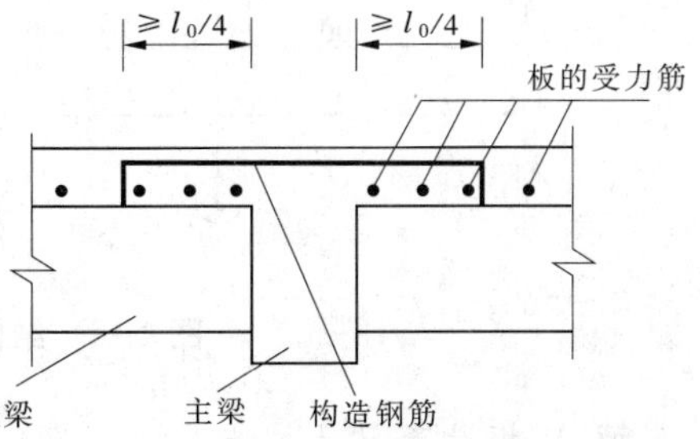

图4-15　板中与梁肋垂直的构造钢筋

活动 1:单向板肋形结构板设计案例

【案例 4-1】 某水电站副厂房楼盖平面布置如图 4-16 所示。楼盖采用现浇钢筋混凝土肋形结构。基本资料为:

(1)楼板上层采用 20 mm 厚水泥砂浆抹面,水泥砂浆容重为 20 kN/m^3。

(2)外墙采用 240 mm 厚砖墙,不设边柱,板在墙上的支承长度为 120 mm,次梁和主梁在墙上的支承长度为 240 mm。

(3)楼面活荷载标准值为 6 kN/m^2。

(4)采用 C20 混凝土,梁内受力主筋采用 HRB335 级,其他钢筋用 HPB235 级。

(5)该厂房为 2 级水工建筑物,一类环境条件。

试进行该楼盖板的设计。

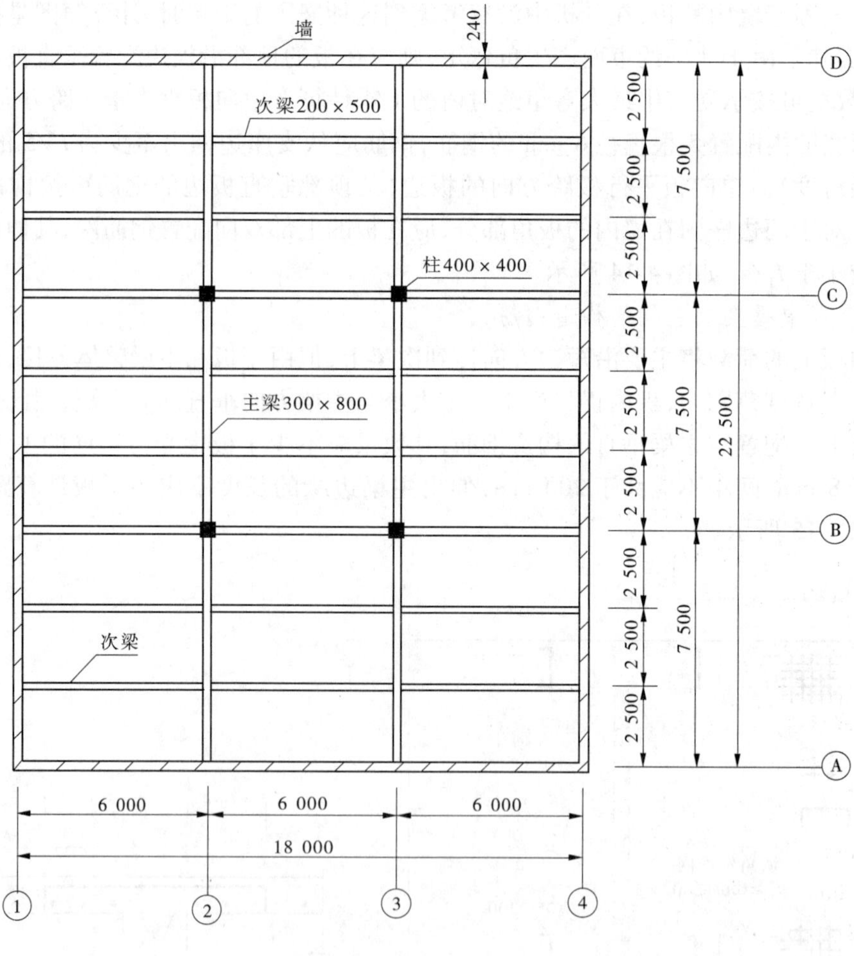

图 4-16 结构平面布置图 (单位:mm)

解:1. 板截面尺寸拟定

本案例中板的跨度为 2 500 mm,次梁的跨度为 6 000 mm,板的长边与短边之比为 2 <

$l_2/l_1=6\ 000/2\ 500=2.4<3$，按单向板设计。按照板的刚度要求，板厚 $h\geq l_1/40=62.5$ mm，水工建筑物中混凝土板厚 $h\geq100$ mm，取 $h=100$ mm。

2. 计算简图的确定

(1)计算跨度与跨数。

板的尺寸和支承情况如图4-17(a)所示。次梁截面宽度取200 mm。

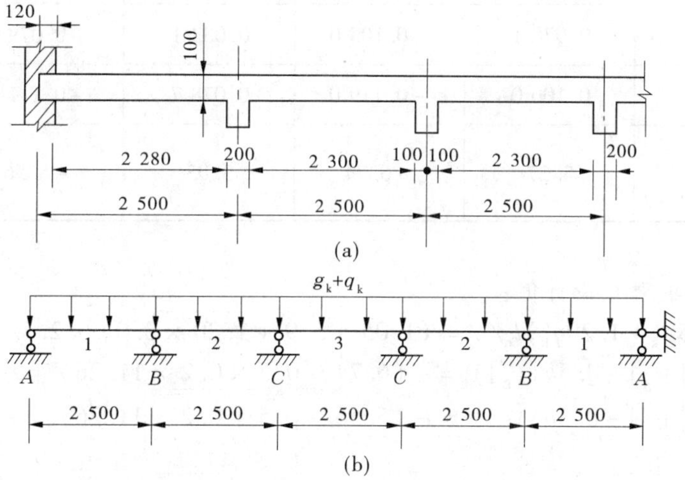

图4-17 连续板的构造及计算简图 (单位:mm)

板的计算跨度：

边跨 $l_{n1}=2\ 500-120-200/2=2\ 280(\text{mm})$

$$l_{01}=l_{n1}+0.5b+0.5h=2\ 280+0.5\times200+0.5\times100=2\ 430(\text{mm})$$

$$l_{01}=l_{n1}+0.5a+0.5b=2\ 280+0.5\times120+0.5\times200=2\ 440(\text{mm})$$

$$l_{01}=1.1l_{n1}=1.1\times2\ 280=2\ 508(\text{mm})$$

取 $l_{01}=2\ 430$ mm。

中跨 $l_{02}=l_c=2\ 500$ mm

两跨相差 $(l_{02}-l_{01})/l_{01}=(2\ 500-2\ 430)/2\ 500=2.8\%<10\%$，按等跨计算。为安全考虑，取板的计算跨度 $l_0=2\ 500$ mm。9跨按5跨计算。

(2)荷载计算。

按弹性理论方法计算，取1 m宽板带为计算单元。

20 mm厚的水泥砂浆面层： $0.02\times1.0\times20=0.4(\text{kN/m})$

100 mm厚的钢筋混凝土板： $0.1\times1.0\times25=2.5(\text{kN/m})$

恒荷载标准值 $g_k=0.4+2.5=2.9(\text{kN/m})$

活荷载标准值 $q_k=6\times1.0=6.0(\text{kN/m})$

折算恒荷载 $$g'_k=g_k+\frac{q_k}{2}=2.9+6.0/2=5.9(\text{kN/m})$$

折算活荷载 $$q'_k=\frac{q_k}{2}=6.0/2=3.0(\text{kN/m})$$

板的计算简图如图4-17(b)所示。

3. 内力计算

连续板跨中和支座弯矩设计值按式(4-1)计算,式中 α_1、α_2 可查附录表 4 得到,计算结果见表 4-1。

表 4-1 连续板的弯矩计算表

截面	边跨中	支座 B	2 跨中	支座 C	3 跨中
α_1	0.078 1	−0.105 0	0.033 1	−0.079 0	0.046 2
α_2	0.100 0	−0.119 0	0.078 7	−0.111 0	0.085 5
$M=1.05\alpha_1 g'_k l_0^2+1.20\alpha_2 q'_k l_0^2$ (kN·m)	5.27	−6.74	3.05	−5.56	3.71

支座边缘的弯矩设计值:

$$V_0=(1.05g'_k+1.20q'_k)l_n/2=(1.05\times5.9+1.20\times3.0)\times2.3/2=11.26(\text{kN})$$

$$M'_B=-(|M_B|-0.5b|V_0|)=-(6.74-0.5\times0.2\times11.26)=-5.61(\text{kN}\cdot\text{m})$$

$$M'_C=-(|M_C|-0.5b|V_0|)=-(5.56-0.5\times0.2\times11.26)=-4.43(\text{kN}\cdot\text{m})$$

4. 配筋与构造

(1)配筋计算。

基本资料:$b=1\ 000$ mm,$h=100$ mm,$h_0=h-a_s=100-25=75$(mm),$f_c=9.6$ N/mm^2,$f_y=210$ N/mm^2,2 级水工建筑物,$K=1.20$,计算结果见表 4-2。

表 4-2 板的正截面承载力计算表

截面	边跨中	支座 B	2 跨中	支座 C	3 跨中
M(kN·m)	5.27	−5.61	3.05	−4.43	3.71
$\alpha_s=\dfrac{KM}{f_c b h_0^2}$	0.117	0.125	0.068	0.098	0.082
$\xi=1-\sqrt{1-2\alpha_s}$	0.125	0.134	0.070	0.103	0.086
$0.85\xi_b$	0.522	0.522	0.522	0.522	0.522
$A_s=\dfrac{f_c\xi b h_0}{f_y}$(mm^2)	428	458	240	353	293
$\rho=\dfrac{A_s}{bh_0}$(%)	0.571	0.611	0.320	0.471	0.391
选配钢筋(分离式配筋)	Φ 10@170	Φ 10@170	Φ 8@170	Φ 8/10@170	Φ 8@170
实配钢筋面积(mm^2)	462	462	296	379	296

(2)构造配筋。

本案例受力钢筋采用分离式配筋。按板中分布钢筋的规定,本案例分布钢筋采用Φ 6@250。

单向板垂直于板跨方向的板边附加钢筋选Φ 6@200,钢筋应从支座边伸出至少为 $l_1/5$ 的长度,即 $l_1/5=2\ 500/5=500$(mm)。

单向板平行板跨方向的板边附加钢筋选Φ 6@200,钢筋应从支座边伸出至少为 $l_1/5$ 的长度,即 $l_1/5=2\ 500/5=500$(mm)。

对于两边嵌固在墙内的板角部分,在板的上部双向钢筋网选Φ 6@200,其伸出墙边的长度不应小于 $l_1/4$,即 $l_1/4=2\ 500/4=625$(mm)。

单向板上的荷载将主要沿短边方向传到次梁上,但由于板和主梁整体连接,在靠近主梁而垂直于主梁的板面附加钢筋选Φ 8@200,伸出主梁边缘的长度不应小于板计算跨度 $l_0/4$,即 $l_0/4=2\ 500/4=625$(mm)。

$q_k/g_k=6/2.9=2.07\leqslant 3$,支座受力钢筋伸过支座边缘的长度 $a=l_n/4=2\ 300/4=575$(mm)。

5. 绘制板的结构施工图

板的配筋图见图 4-18,板的钢筋表见表 4-3。

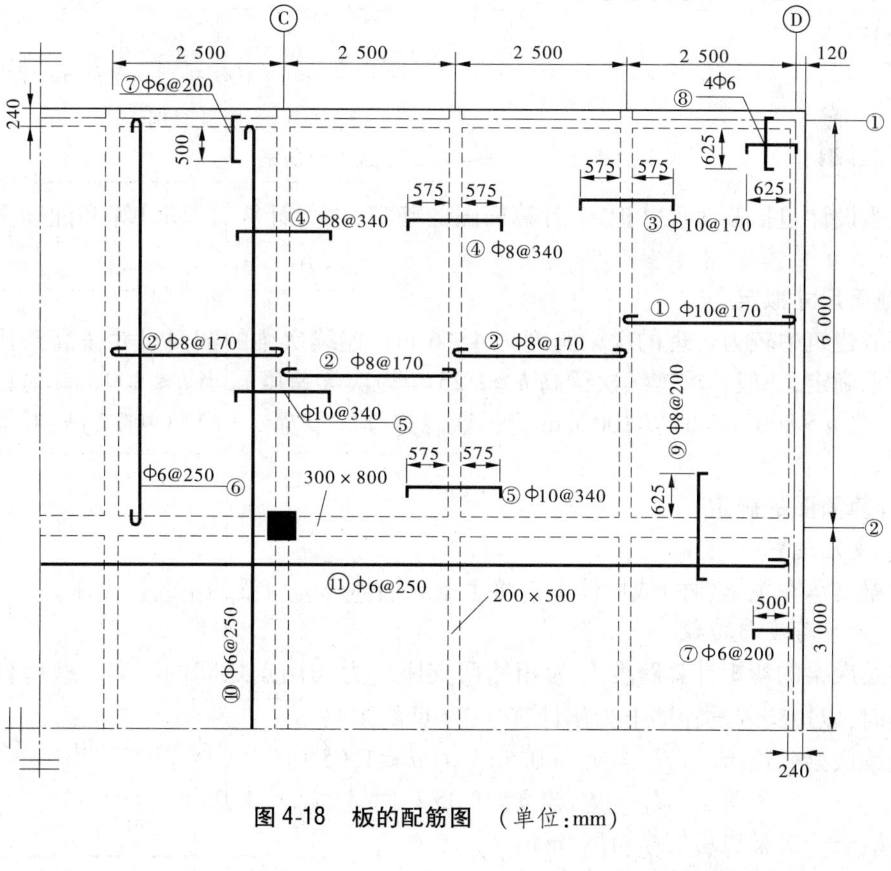

图 4-18　板的配筋图　(单位:mm)

表 4-3　板的钢筋表

构件	编号	简图	规格	长度 (mm)	根数 (根)	总长 (m)	单位质量 (kg/m)	总质量 (kg)
板	①	2 480	Φ 10	2 605	210	547. 1	0. 617	337. 56
	②	2 500	Φ 8	2 600	735	1 911. 0	0. 395	754. 85
	③	80 1 350 80	Φ 10	1 510	210	317. 1	0. 617	195. 65
	④	80 1 350 80	Φ 8	1 510	306	462. 1	0. 395	182. 53
	⑤	80 1 350 80	Φ 10	1 510	324	489. 2	0. 617	301. 84
	⑥	6 000	Φ 6	6 075	297	1 804. 3	0. 222	400. 55
	⑦	80 600 80	Φ 6	760	382	290. 3	0. 222	64. 45
	⑧	80 725 80	Φ 6	885	32	28. 3	0. 222	6. 28
	⑨	80 1 550 80	Φ 8	1 710	234	400. 1	0. 395	158. 04
	⑩	17 760	Φ 6	17 835	70	1 248. 5	0. 222	277. 17
	⑪	22 260	Φ 6	22 335	22	491. 4	0. 222	109. 09
	合计							2 788. 01

3　次梁设计

次梁设计包括截面尺寸拟定、计算简图的确定、内力计算、配筋计算和配筋图绘制等内容。

3.1　截面尺寸拟定

一般建筑中较为合理的次梁跨度为 4 ~ 6 m。连续次梁的截面尺寸按高跨比关系和刚度要求确定，一般要求连续次梁高 $h \geqslant l/25$（l 为次梁跨度），当 $h \leqslant 800$ mm 时以 50 mm 为模数，当 $h > 800$ mm 时以 100 mm 为模数。连续次梁宽 $b = (1/3 \sim 1/2)h$，并以 50 mm 为模数。

3.2　计算简图的确定

3.2.1　支座选取

次梁支承在主梁（柱）或墙体上。将主梁或墙体作为次梁的不动铰支座。

3.2.2　计算跨度与跨数

连续次梁的弯矩计算跨度 l_0 为相邻两支座反力作用点之间的距离。按弹性方法计算内力时，以边跨简支在墙上为例计算如下（见图 4-4）。

连续次梁　边跨　$l_{01} = l_{n1} + 0.5a + 0.5b \leqslant 1.05\ l_{n1}$

中跨　$l_{02} = l_c$，当 $b > 0.05\ l_c$ 时，取 $l_{02} = 1.05\ l_{n2}$

式中　l_{n1}——次梁边跨的净跨度，mm；

l_{n2}——次梁中间跨的净跨度，mm；

l_c——次梁支座中心线间的距离，mm；

a——次梁伸入支座的长度，mm；

b——主梁的宽度，mm。

计算跨度 l_0 分别取其最小值。

在剪力计算时，计算跨度取净跨，即 l_n。

与连续板相同，对于多跨连续次梁，当跨度不相等，但相差不超过10%时，按等跨计算。当跨数不超过五跨时，按实际跨数计算；当跨数超过五跨时，可按五跨来计算，如图4-5所示。

3.2.3 荷载计算

作用在次梁上的荷载面积为相邻板跨中线所分割出来的面积，宽度为次梁间距 l_1，如图4-19(a)所示。次梁所承受的荷载为次梁自重及受荷面积上板传来的荷载（含活荷载与恒荷载）。计算简图如图4-19(b)所示。

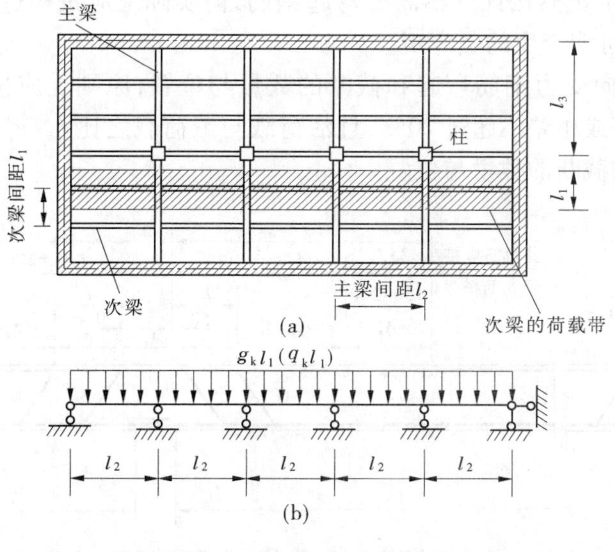

图4-19 次梁的荷载计算范围及计算简图

道理同连续板。连续次梁折算荷载标准值为：

折算恒荷载 $$g'_k = g_k + \frac{q_k}{4}$$

折算活荷载 $$q'_k = \frac{3q_k}{4}$$

式中 g'_k、q'_k——折算恒荷载及活荷载标准值，kN/m；

g_k、q_k——实际恒荷载及活荷载标准值，kN/m。

在支座均为砖墙的连续板中，以上影响较小，不需要进行荷载折算。

3.3 内力计算

承受均布荷载连续等跨次梁的内力计算公式见式(4-1)和式(4-2)，其中弯矩系数和剪力系数查附录表4。

3.4 次梁的配筋计算与构造要求

3.4.1 次梁的配筋计算

单向板肋形楼盖的次梁应根据所求的内力按项目 2 有关计算方法进行正截面和斜截面配筋计算。因次梁与板是整体连接,板作为梁的翼缘参加工作。在正截面承载力计算中,跨中截面按 T 形截面考虑,支座截面按矩形截面考虑。在斜截面承载力计算中,当荷载、跨度较小时,一般可仅配置箍筋。否则,宜在支座附近设置弯起钢筋,以减少箍筋用量。

3.4.2 次梁的构造要求

(1)次梁的一般构造规定与单跨梁相同。

(2)次梁跨中、支座截面受力钢筋求出后,一般先选定跨中钢筋的直径和根数,然后将其中部分钢筋在支座附近弯起后伸过支座,以承担支座处的负弯矩,若相邻两跨弯起伸入支座的钢筋尚不能满足支座正截面承载力的要求,可在支座上另加直钢筋来承担负弯矩。

(3)在端支座处虽然按计算不需要弯起钢筋,但实际上应按构造弯起部分钢筋伸入支座顶面,以承担可能产生的负弯矩。

(4)次梁中纵向受力钢筋弯起和截断的数量与位置,原则上应按弯矩包络图确定。但当次梁跨度相等或相差不超过20%,且活荷载与恒荷载之比 $q_k/g_k \leqslant 3$ 时,可按图 4-20 来确定钢筋弯起和截断的数量与位置。

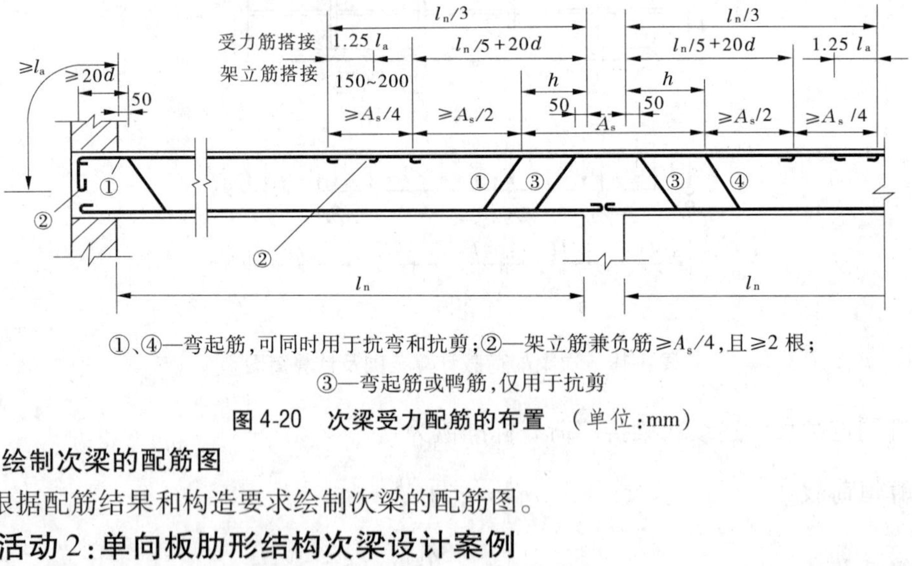

①、④—弯起筋,可同时用于抗弯和抗剪;②—架立筋兼负筋$\geqslant A_s/4$,且≥2 根;

③—弯起筋或鸭筋,仅用于抗剪

图 4-20 次梁受力配筋的布置 (单位:mm)

3.5 绘制次梁的配筋图

根据配筋结果和构造要求绘制次梁的配筋图。

活动 2:单向板肋形结构次梁设计案例

【案例 4-2】 资料见案例 4-1,试进行该楼盖次梁的设计。

解:1. 次梁截面尺寸拟定

本案例中次梁的跨度为 6 000 mm,按照刚度要求,次梁高度$h \geqslant l/25 = 6\ 000/25 = 240$(mm),取$h = 500$ mm,梁宽 $b = (1/3 \sim 1/2)\ h = (1/3 \sim 1/2) \times 500 = 167 \sim 250$(mm),取 $b = 200$ mm。

2. 计算简图的确定

(1)计算跨度与跨数。

次梁为三跨连续梁，主梁截面宽度取300 mm，其尺寸和支承情况如图4-21(a)所示。次梁设计时取其相邻跨板中心之间部分作为计算单元，按弹性方法计算内力。

次梁的计算跨度：

边跨 $l_{n1}=6\,000-120-300/2=5\,730(\mathrm{mm})$

$l_{01}=l_{n1}+0.5a+0.5b=5\,730+0.5\times240+0.5\times300=6\,000(\mathrm{mm})$

$l_{01}=1.05l_{n1}=1.05\times5\,730=6\,017(\mathrm{mm})$

取 $l_{01}=6\,000$ mm。

中跨 $l_{n2}=l_c-300=6\,000-300=5\,700(\mathrm{mm})$

$l_{02}=l_c=6\,000$ mm

$l_{02}=1.05l_{n2}=1.05\times5\,700=5\,985(\mathrm{mm})$

两者相差很小，为计算方便，取 $l_{02}=6\,000$ mm。

该次梁按三跨等跨连续梁计算。

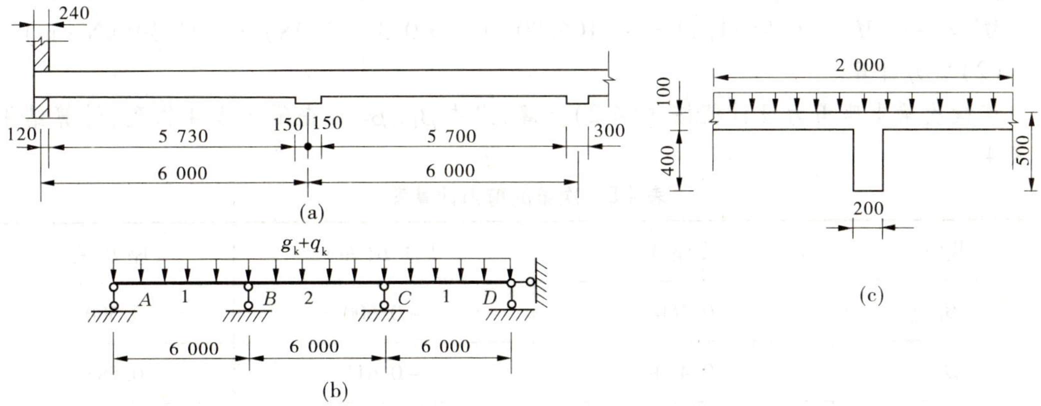

图4-21 次梁构造和计算简图 （单位：mm）

(2)荷载计算。

次梁所承受的荷载为次梁自重及受荷面积上板传来的荷载（含恒荷载与活荷载）。

板的自重 $2.9\times2.5=7.25(\mathrm{kN/m})$

次梁肋的自重 $0.2\times(0.5-0.1)\times25=2.0(\mathrm{kN/m})$

恒荷载标准值 $g_k=7.25+2.0=9.25(\mathrm{kN/m})$

活荷载标准值 $q_k=6\times2.5=15.0(\mathrm{kN/m})$

折算恒荷载 $g'_k=g_k+\dfrac{q_k}{4}=9.25+\dfrac{15.0}{4}=13.0(\mathrm{kN/m})$

折算活荷载 $q'_k=\dfrac{3}{4}q_k=\dfrac{3}{4}\times15.0=11.25(\mathrm{kN/m})$

次梁的构造和计算简图如图4-21(b)所示。

3. 内力计算

(1)弯矩计算。

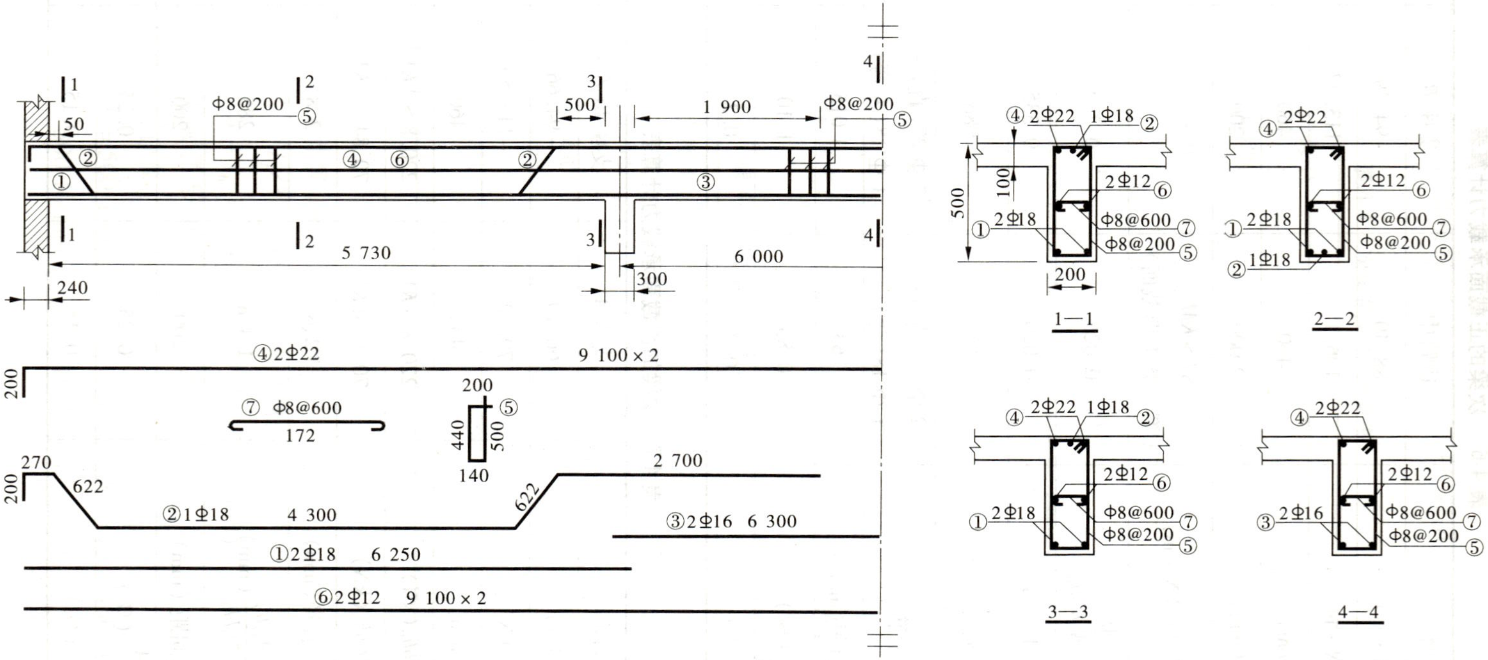

图 4-22 次梁配筋图 （单位:mm）

表 4-8　次梁钢筋表

构件	编号	简图	规格	长度（mm）	根数	总长（m）	单位质量（kg/m）	总质量（kg）
次梁	①	6 250	Φ 18	6 250	32	200.0	2.000	400.00
	②	200 270 622 4 300 622 2 700	Φ 18	8 714	16	139.4	2.000	278.80
	③	6 300	Φ 16	6 300	16	100.8	1.580	159.26
	④	200 18 200 200	Φ 22	18 600	16	297.6	2.980	886.85
	⑤	500 200 140 440	ϕ 8	1 280	752	962.6	0.395	380.23
	⑥	18 200	Φ 12	18 200	16	291.2	0.888	258.59
	⑦	172	ϕ 8	272	250	68.0	0.395	26.86
	合计							2 390.59

4　主梁设计

主梁设计包括截面尺寸拟定、计算简图的确定、内力计算、配筋计算与构造、配筋图绘制等内容。

4.1　截面尺寸拟定

一般建筑中较为合理的主梁跨度为 5 ~ 8 m。连续主梁的截面尺寸按高跨比关系和刚度要求确定，一般要求连续主梁高 $h \geq l/15$（l 为主梁跨度），当 $h \leq 800$ mm 时以 50 mm 为模数，当 $h > 800$ mm 时以 100 mm 为模数。连续主梁宽 $b = (1/3 \sim 1/2)h$，并以 50 mm 为模数。

4.2　计算简图的确定

4.2.1　支座选取

若主梁的中间支承是柱，两端支承在墙体上，当主梁的线刚度与柱的线刚度之比大于 4 时，可把主梁看作是以边墙和柱为铰支座的多跨连续梁。否则，柱对主梁内力影响较大，应按刚架计算。

4.2.2　计算跨度与跨数

连续主梁计算跨度计算和跨数的确定同次梁。

4.2.3　荷载计算

作用在主梁上的荷载划分范围如图 4-23(a)所示。主梁承受次梁传来的集中恒荷载、集中活荷载和自重，主梁肋部自重为均布荷载，但与次梁传来的集中荷载相比较小，为简化计算，将次梁之间的一段主梁肋部均布自重化为集中荷载，与次梁传来的集中荷载一并计算。计算简图如图 4-23(b)所示

连续主梁的荷载不予调整。

4.3　内力计算

在集中荷载作用下：

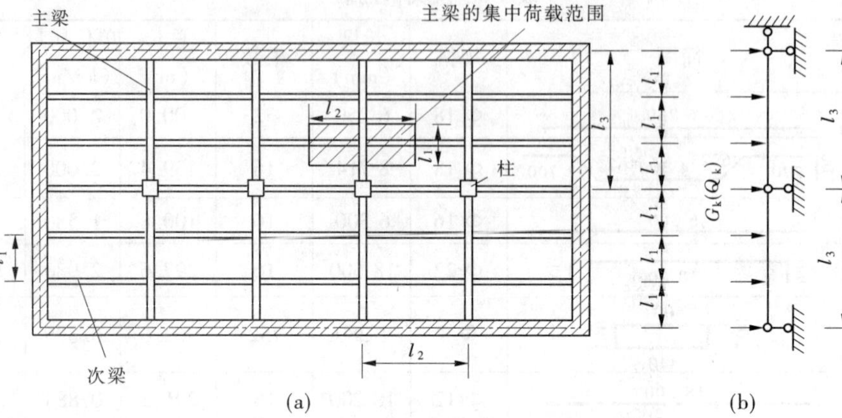

图 4-23　主梁荷载计算范围及计算简图

$$M = 1.05\alpha_1 G_k l_0 + 1.20\alpha_2 Q_k l_0 \tag{4-4}$$

$$V = 1.05\beta_1 G_k + 1.20\beta_2 Q_k \tag{4-5}$$

式中　α_1、α_2、β_1、β_2——弯矩系数和剪力系数，查附录表 4；

Q_k、G_k——折算恒荷载及活荷载标准值，kN；

l_0——主梁的计算跨度，mm。

4.4　主梁的配筋计算

4.4.1　主梁的计算要点

(1)次梁传给主梁的恒荷载与活荷载均为集中荷载，为简化计算，主梁及构造层自重也简化为集中荷载，作用于次梁所对应的位置。

(2)主梁考虑可变荷载的不利位置一般按弹性方法计算内力，并作弯矩包络图和剪力包络图。

(3)主梁在正截面承载力计算时，计算截面选取和次梁一样，即跨中截面按 T 形截面计算，支座截面按矩形截面计算。对于出现负弯矩的跨中，也按矩形截面计算。当按构造要求选择梁的截面尺寸和钢筋直径时，一般不做挠度和裂缝宽度验算。

在支座截面处，主、次梁和板的负弯矩钢筋相互交叉，且主梁钢筋位于次梁内侧，使主梁的截面有效高度 h_0 降低，如图 4-24 所示。因此，计算主梁支座截面负弯矩钢筋时，主

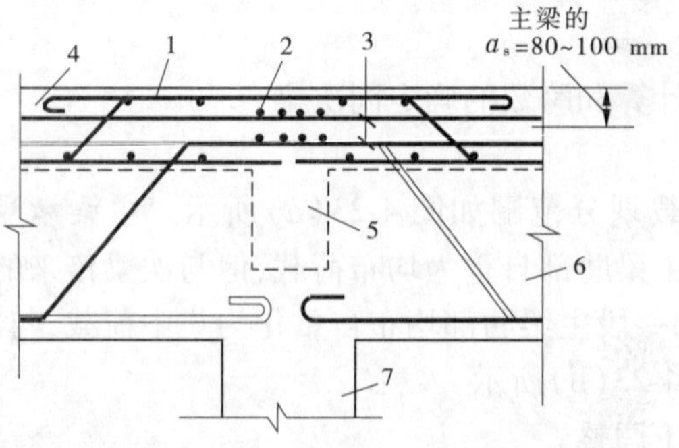

1—板的支座钢筋；2—次梁的支座钢筋；3—主梁的支座钢筋；4—板；5—次梁；6—主梁；7—柱

图 4-24　主梁支座截面受力钢筋的布置

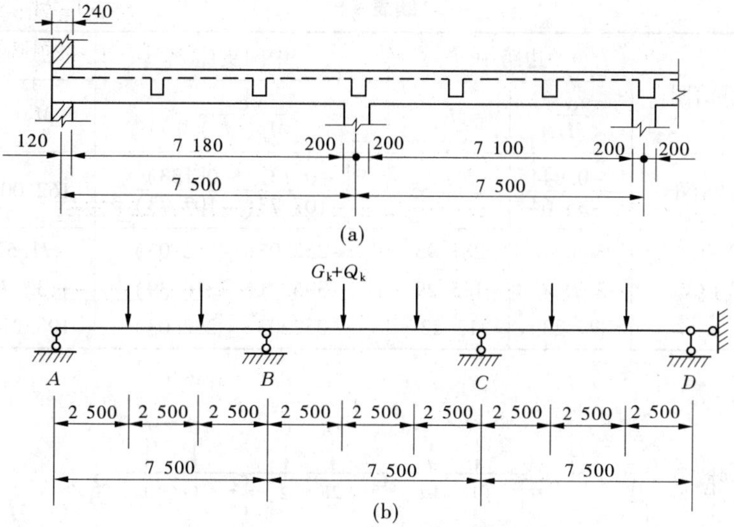

图 4-27 主梁的构造与计算简图

次梁传来的荷载：　　$9.25\times6=55.50(kN)$

主梁梁肋自重：　　$0.3\times(0.8-0.1)\times2.5\times25=13.13(kN)$

恒荷载标准值　　$G_k=55.50+13.13=68.63(kN)$

活荷载标准值　　$Q_k=6\times2.5\times6=90.0(kN)$

主梁的构造和计算简图见图 4-27(b)。

3. 内力计算

(1)弯矩计算。

$$M=1.05\alpha_1G_kl_0+1.20\alpha_2Q_kl_0$$

$$1.05G_kl_0=1.05\times68.63\times7.5=540.46(kN\cdot m)$$

$$1.20Q_kl_0=1.20\times90\times7.5=810(kN\cdot m)$$

$$M_{1a}=M_1-M_B/3$$

$$M_{2b}=M_2-(M_B-M_C)/3$$

上式中 M_B、M_C 均按绝对值代入。主梁的弯矩计算结果见表 4-9，主梁活荷载最不利组合图见图 4-28。

表 4-9 主梁的弯矩计算表

序号	荷载简图	边跨中		中间支座	2 跨中	
		$\frac{\alpha}{M_1}$	M_{1a}	$\frac{\alpha}{M_B(M_C)}$	M_{2b}	$\frac{\alpha}{M_2}$
①	图 4-28(a)	$\frac{0.244}{131.87}$	83.77	$\frac{-0.267(-0.267)}{-144.30(-144.30)}$	36.21	$\frac{0.067}{36.21}$
②	图 4-28(b)	$\frac{0.289}{234.09}$	198.18	$\frac{-0.133(-0.133)}{-107.73(-107.73)}$	-107.73	$\frac{-0.133}{-107.73}$
③	图 4-28(c)	$\frac{0.229}{185.49}$	101.52	$\frac{-0.311(-0.089)}{-251.91(-72.09)}$	77.76	$\frac{0.170}{137.70}$

续表 4-9

序号	荷载简图	边跨中		中间支座	2 跨中	
		$\frac{\alpha}{M_1}$	M_{1a}	$\frac{\alpha}{M_B(M_C)}$	M_{2b}	$\frac{\alpha}{M_2}$
④	图 4-28(d)	$\frac{-0.044}{-35.64}$	-71.55	$\frac{-0.133(-0.133)}{-107.73(-107.73)}$	162.00	$\frac{0.200}{162.00}$
最不利内力组合	①+②	365.96	281.95	-252.03(-252.03)	-71.52	-71.52
	①+③	317.36	185.29	-396.21(-216.39)	113.97	173.91
	①+④	96.23	12.22	-252.03(-252.03)	198.21	198.21

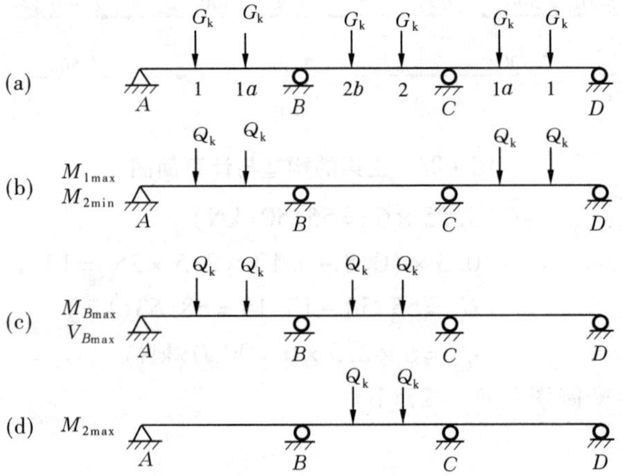

图 4-28　主梁活荷载最不利组合图

由表 4-9 主梁的弯矩计算表绘制的主梁弯矩包络图见图 4-29。

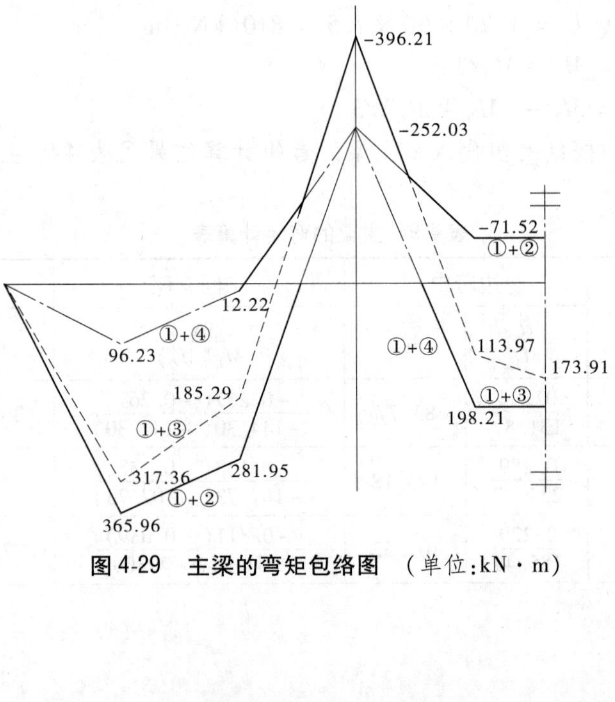

图 4-29　主梁的弯矩包络图　(单位:kN · m)

(2)剪力计算。

$$V = 1.05\beta_1 G_k + 1.20\beta_2 Q_k$$

$$1.05G_k = 1.05 \times 68.63 = 72.06(\text{kN})$$

$$1.20Q_k = 1.20 \times 90 = 108(\text{kN})$$

主梁的剪力计算结果见表 4-10,由表 4-10 主梁的剪力计算表绘制的主梁剪力包络图见图 4-30。

表 4-10 主梁的剪力计算表

序号	荷载简图	边支座 $\frac{\beta}{V_A}$	边跨中 V_1^R	中间支座 $\frac{\beta}{V_B^L(V_B^R)}$	2 跨中 V_{2b}^R
①	图 4-28(a)	$\frac{0.733}{52.82}$	-19.24	$\frac{-1.267(1.000)}{-91.30(72.06)}$	0
②	图 4-28(b)	$\frac{0.866}{93.53}$	-14.47	$\frac{-1.133(0)}{-122.36(0)}$	0
③	图 4-28(c)	$\frac{0.689}{74.41}$	-33.59	$\frac{-1.311(1.222)}{-141.59(131.98)}$	23.98
④	图 4-28(d)	$\frac{-0.133}{-14.36}$	-14.36	$\frac{-0.133(1.000)}{-14.36(108.00)}$	0
最不利内力组合	①+②	146.35	-33.71	-213.66(72.06)	0
	①+③	127.23	-52.83	-232.89(204.04)	23.98
	①+④	38.46	-33.60	-105.66(180.06)	0

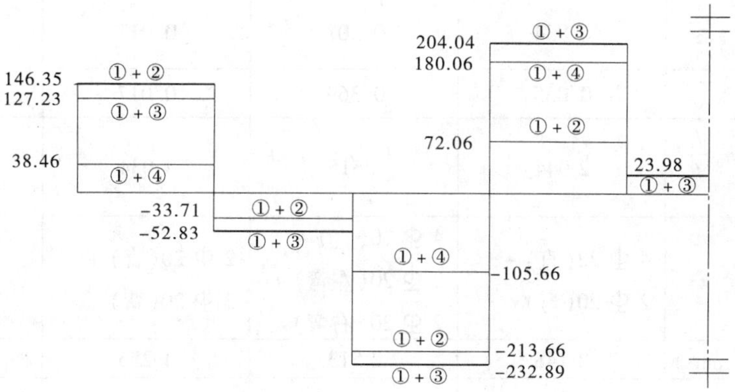

图 4-30 主梁的剪力包络图 (单位:kN)

4. 配筋计算

主梁跨中截面按 T 形截面计算,翼缘厚度 $h'_f = 100$ mm,翼缘计算宽度为:

$$b'_f = l_0/3 = 7\,500/3 = 2\,500(\text{mm})$$

$$b'_f = b + s_n = 300 + 5\,700 = 6\,000(\text{mm})$$

取 $b'_f = 2\,500$ mm。

主梁支座截面按矩形截面计算。基本资料: $b = 300$ mm, $h = 800$ mm, $f_c = 9.6$ N/mm², $f_t = 1.1$ N/mm², $f_y = 300$ N/mm², $f_{yv} = 210$ N/mm², $K = 1.20$。

(1)正截面承载力计算。

支座 B 截面有效高度 $h_0 = h - a_s = 800 - 90 = 710(\text{mm})$

边跨中截面有效高度 $h_0 = h - a_s = 800 - 70 = 730(\text{mm})$

中跨中截面有效高度 $h_0 = h - a_s = 800 - 40 = 760(\text{mm})$(下部)

$h_0 = h - a_s = 800 - 60 = 740(\text{mm})$(上部)

主梁支座截面计算弯矩采用支座边缘处弯矩值。支座边缘的弯矩设计值：

$$b = 400\ \text{mm} > 0.05l_n = 0.05 \times (7\,500 - 400) = 355(\text{mm})$$

取 $b = 355$ mm。

$$V_0 = 1.05G_k + 1.20Q_k = 1.05 \times 68.63 + 1.20 \times 90 = 180.06(\text{kN})$$

$$M'_B = -(|M_B| - 0.5b|V_0|)$$

$$= -(396.21 - 0.5 \times 0.355 \times 180.06) = -364.25(\text{kN} \cdot \text{m})$$

主梁的正截面承载力计算结果见表 4-11。

表 4-11　主梁的正截面承载力计算表

截面	边跨中	中间支座	2 跨中	
$M(\text{kN}\cdot\text{m})$	365.96	−364.25	198.21	−71.52
$KM(\text{kN}\cdot\text{m})$	439.15	−437.10	237.85	−85.82
$h_0(\text{mm})$	730	710	760	740
b'_f 或 $b(\text{mm})$	2 500	300	2 500	300
$f_c b'_f h'_f(h_0 - h'_f/2)$ $(\text{kN}\cdot\text{m})$	$1\,632 > KM$		$1\,632 > KM$	
	(第一类 T 形截面)		(第一类 T 形截面)	
$\alpha_s = \dfrac{KM}{f_c b'_f(\text{或 } b)h_0^2}$	0.034	0.301	0.017	0.054
$\xi = 1 - \sqrt{1 - 2\alpha_s}$	0.035	0.369	0.017	0.056
$A_s = \xi b'_f(\text{或 } b)h_0 \dfrac{f_c}{f_y}$ (mm^2)	2 044	2 515	1 034	398
选配钢筋	4 Φ 22(直) + 2 Φ 20(弯)	4 Φ 20(直) + 2 Φ 20(左弯) + 2 Φ 20(右弯)	2 Φ 20(直) + 2 Φ 20(弯)	2 Φ 20(直)
实配钢筋面积(mm^2)	2 148	2 513	1 256	628
$\rho = \dfrac{A_s}{bh_0}(\%)$	0.98	1.16	0.55	0.28
$\rho_{min}(\%)$	0.2	0.2	0.2	0.2

(2)斜截面承载力计算。

主梁的斜截面承载力计算结果见表 4-12。

(3)主梁吊筋。

由次梁传来的集中荷载设计值为：

$$F = 1.05G_k + 1.20Q_k = 1.05 \times 68.63 + 1.20 \times 90 = 180.06(\text{kN})$$

$$A_{sv}=\frac{KF}{f_{yv}\sin\alpha}=\frac{1.20\times180.06\times10^3}{300\times\sin45^\circ}=1\ 019(\text{mm}^2)$$

吊筋选用 2 Φ 18($A_{sb}=2\times509=1\ 018(\text{mm}^2)$)。

表 4-12　主梁的斜截面承载力计算表

截面	支座 A	支座 B(左)	支座 B(右)
V(kN)	146.35	-232.89	204.04
KV(kN)	175.62	-279.47	244.85
h_0(mm)	730	710	710
$0.25f_cbh_0$(kN)	525.60 > KV	511.20 > $\lvert KV\rvert$	511.20 > KV
$V_c=0.7f_tbh_0$(kN)	168.63 < KV	164.01 < $\lvert KV\rvert$	164.01 < KV
箍筋肢数、直径(mm)	2、8	2、8	2、8
$s=\frac{1.25f_{yv}A_{sv}h_0}{KV-0.7f_tbh_0}$(mm)	2 769	163	233
实配箍筋间距(mm)	160	160	200
$\rho_{sv}=\frac{A_{sv}}{bs}$(%)	0.21	0.21	0.17
$\rho_{sv,min}$(%)	0.15	0.15	0.15

5. 绘制主梁结构施工图

主梁钢筋表见表 4-13,主梁的配筋如图 4-31 所示。

表 4-13　主梁钢筋表

构件	编号	简图	规格	长度(mm)	根数(根)	总长(m)	单位质量(kg/m)	总质量(kg)
主梁	①	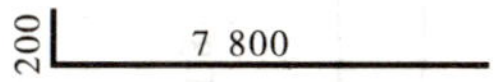 200; 7 800	Φ 22	8 000	16	128.0	2.980	381.44
	②	 200; 270; 874; 5 094; 874; 3 600	Φ 20	10 912	8	87.3	2.470	215.63
	③	 7 900	Φ 20	7 900	4	31.6	2.470	78.05
	④	 3 600; 947; 4 160; 947; 3 600	Φ 20	13 254	4	53.0	2.470	130.91
	⑤	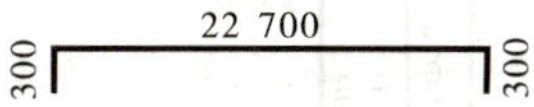 300; 22 700; 300	Φ 20	23 300	4	93.2	2.470	230.20
	⑥	 15 080	Φ 20	15 080	4	60.3	2.470	148.94
	⑦	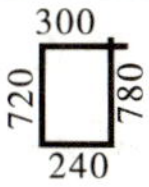 300; 720; 780; 240	Φ 8	2 040	230	469.2	0.395	185.33
	⑧	 22 700	Φ 14	22 700	8	181.6	1.210	219.74
	⑨	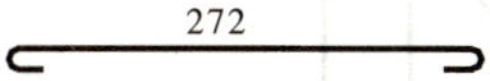 272	Φ 8	372	156	58.03	0.395	22.92
	⑩	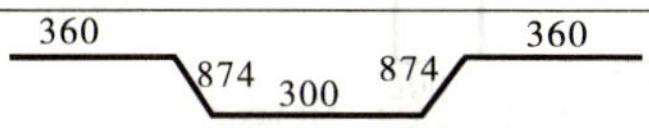 360; 874; 300; 874; 360	Φ 18	2 768	24	66.4	2.000	132.80
	合计							1 745.96

2. 现浇整体式单向板采用分离式配筋与采用弯起式配筋相比，其优点是(　　)。

A. 整体性好　　B. 省钢筋　　C. 施工方便　　D. 承受动力性能好

3. 次梁、主梁相交处，在次梁两侧的主梁内设置附加横向钢筋，其作用是(　　)。

A. 构造要求，起架立作用　　B. 次梁受剪承载力不足

C. 主梁抗弯承载力不足　　D. 防止斜裂缝的产生而引起局部破坏

4. 嵌固于墙内的板，在板的顶部沿板边配置垂直板边的附加钢筋，其作用是(　　)。

A. 承担板上荷载　　B. 承担支座负弯矩

C. 加强板与墙的联结　　D. 承受墙体自重

5. 对于钢筋混凝土多跨连续梁或板与支承整体浇筑且支承有一定宽度时，支承附近的危险截面在(　　)处。

A. 支座中心截面　　B. 支座边缘截面　　C. 跨中截面　　D. 不好确定

6. 对于四周与梁整体连接的板，考虑拱的作用，可将板中间跨跨中截面及中间支座截面的计算弯矩折减(　　)。

A. 5%　　B. 10%　　C. 15%　　D. 20%

7. 某单向板肋形结构中的五跨连续板，计算跨度 $l_0 = 2\ 200$ mm，单位宽度内板承受恒荷载标准值 $g_k = 2.6$ kN/m，活荷载标准值 $q_k = 5$ kN/m，则边跨跨中最大弯矩设计值为(　　) kN · m。

A. 3.48　　B. 5.10　　C. 2.50　　D. 7.60

三、简答题

1. 什么是单向板和双向板？两者在受力和配筋方面有何不同？

2. 钢筋混凝土肋形结构设计的步骤有哪些？

3. 单向板中受力钢筋应如何配置？构造要求有哪些？

4. 单向板中构造钢筋有哪些？应如何配置？

5. 按弹性方法计算单向板肋形结构，为什么要对板和次梁的荷载进行折算？

6. 某五跨连续次梁，欲求边跨跨中和第二个支座的最大弯矩，则梁上的活荷载应如何布置？

7. 图 4-32 为某单向板配筋图，请指出第二跨跨中、第二支座的受力钢筋及主梁上部的构造钢筋。

四、单向板肋形结构设计

1. 任务名称

某水电站副厂房现浇整体式钢筋混凝土楼盖。

2. 活动目的

钢筋混凝土单向板肋形结构设计是本课程的主要内容之一，通过设计，使学生对所学知识加深理解，锻炼学生运用所学知识解决实际问题的能力；让学生掌握单向板肋形结构的设计方法和设计步骤，提高学生的设计能力；提高学生用图纸和设计说明书表达设计意图的能力，进一步掌握结构施工图的绘制方法，提高读图、识图的能力。

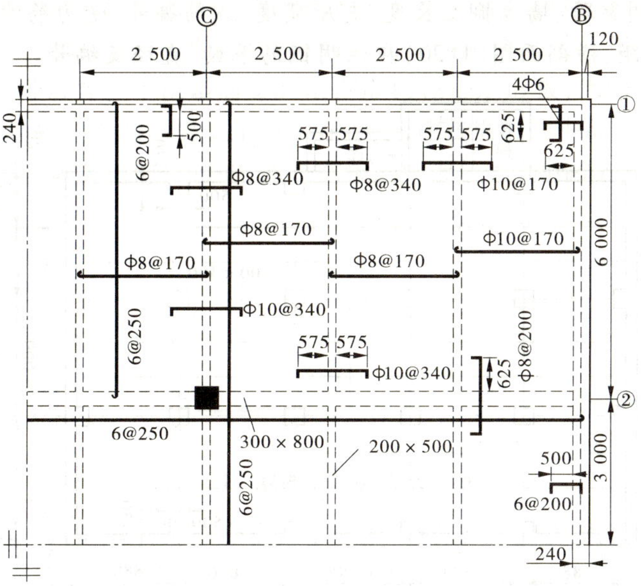

图 4-32　单向板的配筋图　（单位：mm）

3. 基本材料

某水电站副厂房楼盖为 3 级水工建筑物，结构平面布置如图 4-33 所示，楼面活荷载标准值为 $q_k = 6\ kN/m^2$，板厚选用 100 mm，楼面面层采用 20 mm 水泥砂浆抹面（容重为 20 kN/m^3），板底、梁底及梁侧采用 15 mm 厚的石灰砂浆抹底（容重为 17 kN/m^3）。混凝土强度等级采用 C20，钢筋除主梁的主筋采用 HRB335 级外，其余均为 HPB235 级钢筋。外墙为 240 mm 厚砖墙，设有内边柱，板在墙上的搁置长度为 120 mm，次梁和主梁在墙上的搁置长度为 370 mm。

4. 设计内容和步骤

（1）确定梁格的布置。

（2）确定主梁、次梁的截面尺寸和板的厚度。

（3）按弹性方法确定板的计算简图，并进行内力计算和配筋计算。

（4）按弹性方法确定次梁的计算简图，并进行内力计算和配筋计算。

（5）按弹性方法确定主梁的计算简图，进行控制截面内力计算，绘制内力包络图，并进行主梁的正截面、斜截面配筋计算。

（6）绘制楼盖结构施工图，包括板的配筋图、主梁及次梁的纵向和横向配筋图、钢筋表和说明。

5. 成果上交

（1）结构设计计算说明书，包括基本资料、板和梁（含次梁、主梁）的计算简图、内力计算、配筋计算、配筋示意图等。

（2）绘制楼盖结构施工图，包括板、次梁、主梁的配筋图、钢筋表和说明等。2 号图两张，一张绘制结构平面布置图及板的配筋图（1∶100），各种细部尺寸应标注齐全，应标明各种钢筋的直径、间距以及受力筋的弯起点和切断点；另一张为次梁、主梁的配筋图，纵剖

1/3 ~ 1/2 来承担,不足部分另加直钢筋。由于边缘板带内跨中钢筋较少,钢筋弯起较困难,可在支座上面另加直钢筋。

双向板受力钢筋的配筋方式也有弯起式和分离式两种,如图 4-37 所示。

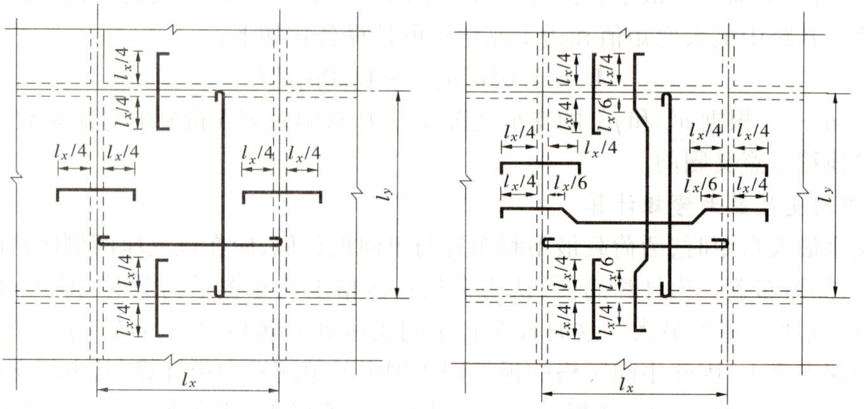

(a)连续双向板的分离式配筋　　(b)连续双向板的弯起式配筋

图 4-37　双向板的配筋方式

4　支撑双向板的梁的计算

4.1　支承梁的荷载计算

双向板上的荷载按就近传递的原理向两个方向的支承梁传递,这样我们可以将每个区格的四角分别作 45°角平分线与平行于长边的中线相交,将整个板块分成四部分,作用每块面积上的荷载即为分配给相邻梁上的荷载。每小块面积上的荷载认为传递到相邻的梁上,短跨梁上的荷载是三角形分布,长跨梁上的荷载是梯形分布,如图 4-38 所示。

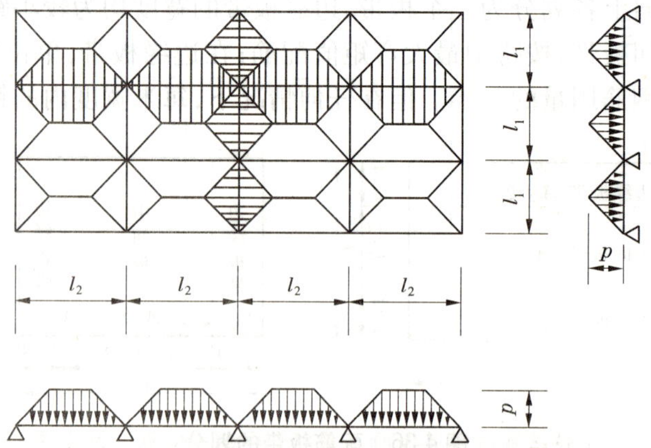

图 4-38　多跨连续双向板支承梁所承受的荷载

4.2　支承梁的内力计算(弹性法)

梁上荷载确定后,可以求得梁控制截面的内力。当支承梁为单跨简支时,可按实际荷载直接计算支承梁的内力。当支承梁为连续的,且跨度差不超过 10% 时,可将梁上的三角形或梯形荷载根据支座弯矩相等的条件折算成等效均布荷载 P_E（见表 4-14）。利用附录表 4 查得最不利荷载布置情况下支座弯矩系数，求出支座弯矩。然后，根据各跨梁的静力平衡条件求出跨中弯矩和支座剪力。

表 4-14　各种荷载化成具有相同支座弯矩的等效均布荷载

编号	实际荷载简图	支座弯矩等效均布荷载 P_E	编号	实际荷载简图	支座弯矩等效均布荷载 P_E
1	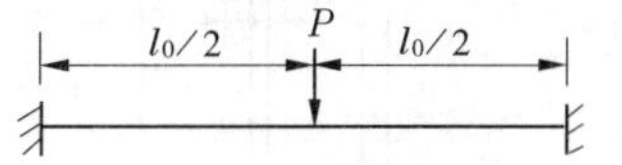	$\frac{3P}{2l_0}$	7	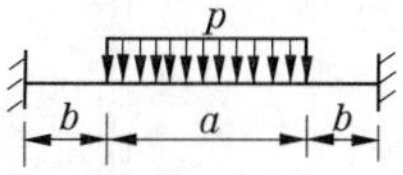 $\frac{a}{l_0}=\alpha$	$\frac{\alpha(3-\alpha^2)}{2}p$
2	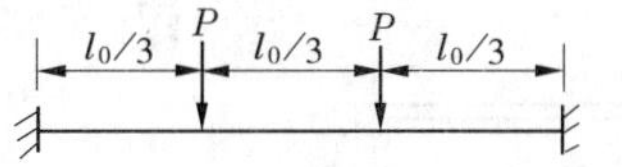	$\frac{8P}{3l_0}$	8	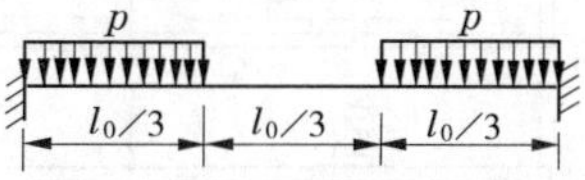	$\frac{14}{27}p$
3	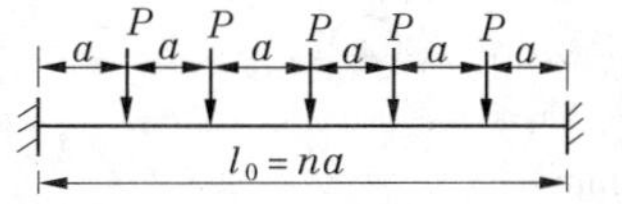	$\frac{(n^2-1)P}{nl_0}$	9	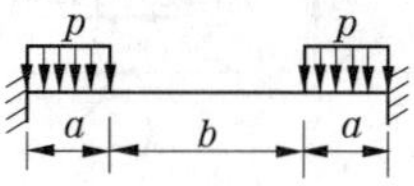 $\frac{b}{l_0}=\beta$	$\frac{2(2+\beta)\alpha^2}{l_0^2}p$
4	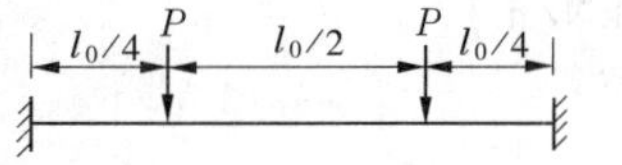	$\frac{9P}{4l_0}$	10	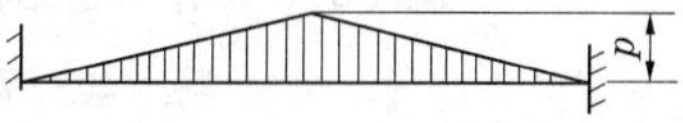	$\frac{5}{8}p$
5	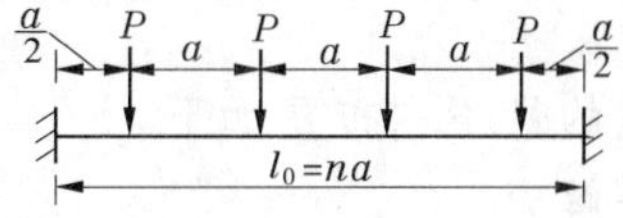	$\frac{(2n^2+1)P}{2nl_0}$	11	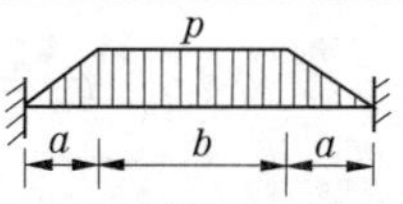 $\frac{a}{l_0}=\alpha$	$(1-2\alpha^2+\alpha^3)p$
6	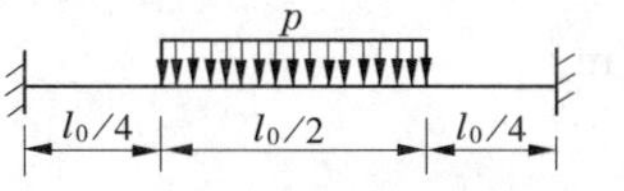	$\frac{11}{16}p$	12	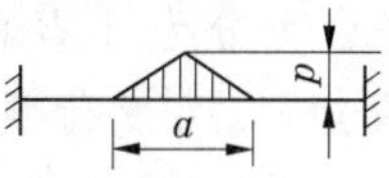 $\frac{a}{l_0}=\alpha$	$\frac{\alpha}{4}(3-\frac{\alpha^2}{2})p$
			13	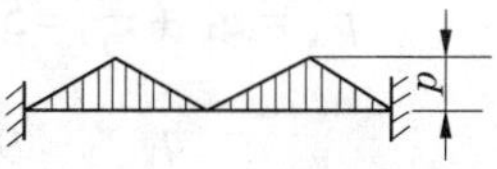	$\frac{17}{32}p$

注：1. 对于连续梁，支座弯矩按下式确定：$M_c=\alpha p_E l_0^2$。

2. 表中 p_E 为等效均布荷载值，α 相当于表中均布荷载系数。

梁的截面设计、裂缝和变形验算及配筋构造与支承单向板的梁完全相同。

活动 1：双向板肋形结构板设计案例

【案例 4-4】　某水电站的工作平台，采用双向板肋形结构，梁格布置如图 4-39 所示，板四边与梁整体浇筑。可变荷载标准值为 9.0 kN/m²，楼面顶棚构造做法重 1.25 kN/m²，板厚 $h=150$ mm，梁的截面尺寸为 250 mm×600 mm。该工程属 3 级水工建筑物，二类环境。混凝土为 C20，钢筋采用 HRB400 级。试计算各区格板的弯矩并配筋。

解：1. 单位宽度荷载计算

(1) 恒荷载。

150 mm 钢筋混凝土板　　$0.15\times25\times1=3.75$（kN/m）

楼面顶棚构造做法重　　$1.25\times1=1.25$（kN/m）

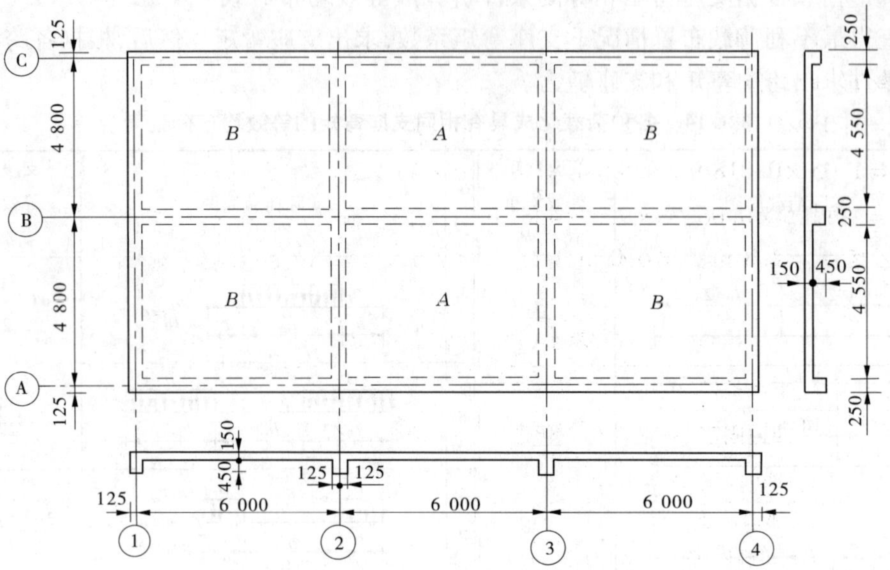

图 4-39　工作平台结构布置图　（单位：mm）

标准值　　$g_k = 3.75 + 1.25 = 5.0(\text{kN/m})$

(2) 活荷载。

标准值　　$q_k = 9.0 \times 1 = 9.0(\text{kN/m})$

2. 弯矩计算

由于结构对称，该平台可分为 A、B 两种区格。可变荷载的最不利布置如下。

(1) 当求跨中最大弯矩时，可变荷载按棋盘式布置，即分解为：

满布荷载　　$p'_k = g_k + \dfrac{q_k}{2} = 5.0 + \dfrac{9.0}{2} = 9.5(\text{kN/m})$

一上一下荷载　　$p''_k = \pm \dfrac{q_k}{2} = \pm \dfrac{9.0}{2} = \pm 4.5(\text{kN/m})$

(2) 当求中间支座最大弯矩时，可变荷载满布。

$$p = 1.05g_k + 1.20q_k = 1.05 \times 5.0 + 1.20 \times 9.0 = 16.05(\text{kN/m})$$

A 区格：$l_x = 4.8\ \text{m}$，$l_y = 6.0\ \text{m}$，$l_x/l_y = 4.8/6.0 = 0.8$，由附录表 5 查得弯矩系数 α 如表 4-15 所示。

表 4-15　区格 A 弯矩系数 α

荷载	支承条件	M_x	M_y	M_x^0	M_y^0
p	四边固定	0.029 5	0.018 9	−0.066 4	−0.055 9
p'	四边固定	0.029 5	0.018 9	−0.066 4	−0.055 9
p''	三边简支、一边固定	0.045 9	0.025 8	−0.100 7	

在荷载 p 作用下的中间支座弯矩：

$$M_x^0 = -0.0664\times16.05\times4.8^2 = -24.55(\mathrm{kN\cdot m})$$
$$M_y^0 = -0.0559\times16.05\times4.8^2 = -20.67(\mathrm{kN\cdot m})$$

荷载 $p'_k+p''_k$ 作用下的跨中弯矩及边支座弯矩：

$M_x=1.05\times0.0295\times9.5\times4.8^2+1.20\times0.0459\times4.5\times4.8^2=12.49(\mathrm{kN\cdot m})$

$M_y=1.05\times0.0189\times9.5\times4.8^2+1.20\times0.0258\times4.5\times4.8^2=7.55(\mathrm{kN\cdot m})$

$M_x^0=-1.05\times0.0664\times9.5\times4.8^2-1.20\times0.1007\times4.5\times4.8^2=-27.79(\mathrm{kN\cdot m})$

B 区格：$l_x=4.8$ m，$l_y=6.0$ m，$l_x/l_y=4.8/6.0=0.8$，由附录表5查得弯矩系数 α 如表4-16所示。

表4-16　区格 B 弯矩系数 α

荷载	支承条件	M_x	M_y	M_x^0	M_y^0
p	四边固定	0.029 5	0.018 9	-0.066 4	-0.055 9
p'	四边固定	0.029 5	0.018 9	-0.066 4	-0.055 9
p''	两邻边简支、两邻边固定	0.039 0	0.026 3	-0.088 3	-0.074 8

在荷载 p 作用下的中间支座弯矩：

$$M_x^0 = -0.0664\times16.05\times4.8^2 = -24.55(\mathrm{kN\cdot m})$$
$$M_y^0 = -0.0559\times16.05\times4.8^2 = -20.67(\mathrm{kN\cdot m})$$

荷载 $p'_k+p''_k$ 作用下的跨中弯矩及边支座弯矩：

$$M_x = 1.05\times0.0295\times9.5\times4.8^2+1.20\times0.0390\times4.5\times4.8^2 = 11.63(\mathrm{kN\cdot m})$$
$$M_y = 1.05\times0.0189\times9.5\times4.8^2+1.20\times0.0263\times4.5\times4.8^2 = 7.62(\mathrm{kN\cdot m})$$
$$M_x^0 = -1.05\times0.0664\times9.5\times4.8^2-1.20\times0.0883\times4.5\times4.8^2 = -26.25(\mathrm{kN\cdot m})$$
$$M_y^0 = -1.05\times0.0559\times9.5\times4.8^2-1.20\times0.0748\times4.5\times4.8^2 = -22.15(\mathrm{kN\cdot m})$$

3. 配筋计算

$b=1\,000$ mm，$f_c=9.6$ N/mm²，$f_y=360$ N/mm²，$c=25$ mm，$K=1.20$。

$h_{01}=150-30=120$(mm)（短向、支座），$h_{02}=150-40=110$(mm)（长向）

配筋计算如表4-17所示。

4. 配筋图

双向板配筋图见图4-40。有关构造规定如下：

(1)工作平台采用分离式配筋。

(2)沿 l_x 方向的钢筋应放置在沿 l_y 方向钢筋的外侧。

(3)由于跨中配筋量较小，为符合受力钢筋最大间距不大于200 mm的要求，两个方向的钢筋用量均按相应的最大值选用。如果选配较细直径间距较密的钢筋，可对板边带钢筋减半配置。

(4)板与边梁整体浇筑，计算时视为固定支座，因此板中受力钢筋应可靠地锚固于边梁中，锚固长度 l_a 应不小于 $50d$。

表 4-17　双向板配筋

截面	区格 A					区格 B					
	中间支座		跨中		边支座	中间支座		跨中		边支座	
方向	l_x	l_y	l_x	l_y	l_x	l_x	l_y	l_x	l_y	l_x	l_y
M(kN·m)	24.55	20.67	12.49	7.55	27.79	24.55	20.67	11.63	7.62	26.26	22.15
h_0(mm)	120	120	120	110	120	120	120	120	110	120	120
$\alpha_s=\dfrac{KM}{f_c b h_0^2}$	0.213	0.179	0.108	0.078	0.241	0.213	0.179	0.101	0.078	0.228	0.192
$\xi=1-\sqrt{1-2\alpha_s}$	0.242	0.199	0.115	0.081	0.280	0.242	0.199	0.107	0.081	0.262	0.215
$A_s=\dfrac{f_c b\xi h_0}{f_y}$($mm^2$)	774	637	368	237	896	774	637	343	237	838	688
配筋	Φ10@100	Φ10@100	Φ10@200	Φ10@200	Φ10/12@100	Φ10@100	Φ10@100	Φ10@200	Φ10@200	Φ10/12@100	Φ10@100
实配 A_s(mm^2)	785	785	393	393	958	785	785	393	393	958	785
$\rho=\dfrac{A_s}{bh_0}$(%)	0.65	0.65	0.33	0.36	0.80	0.65	0.65	0.33	0.36	0.80	0.65
ρ_{min}(%)	0.15	0.15	0.15	0.15	0.15	0.15	0.15	0.15	0.15	0.15	0.15

注：为计算简单，区格 A 的跨中和内支座的弯矩均未考虑拱作用的折减。

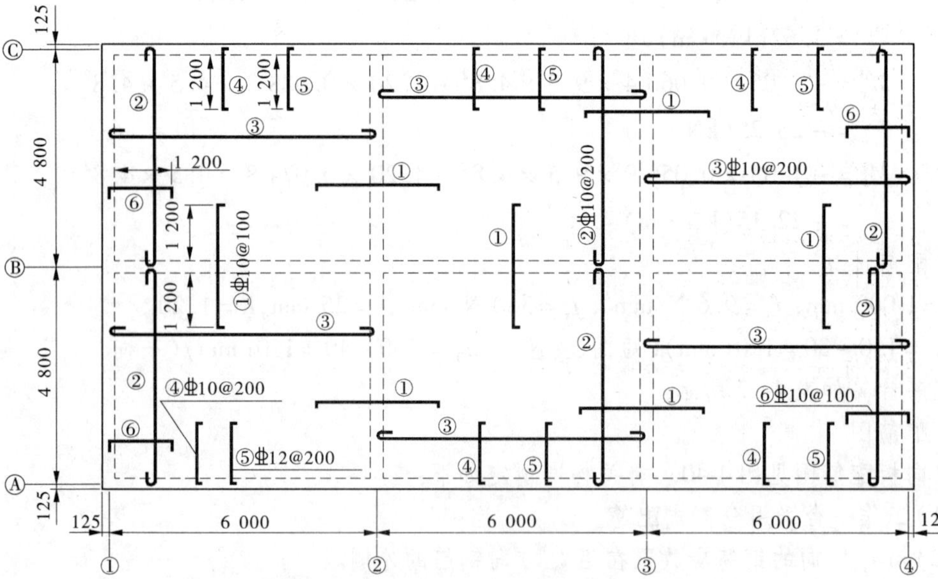

图 4-40　双向板肋形结构配筋图　(单位：mm)

活动2:知识技能训练

一、填空题

1. 在肋形结构中,当梁格布置使区格板的长边与短边之比 $l_2/l_1 \leqslant$ ________时,应按双向板设计。

2. 双向板在两个方向都起承重作用,即双向工作,但两个方向所承担的荷载及弯矩与板的两个方向的________和四边的________有关。

3. 双向板传给支承构件的荷载,并不是沿板边均匀分布的,而在板的________较大,________较小。

4. 双向板的内力计算方法有________和________两种。

5. 对于多跨的连续双向板,需要考虑活荷载的不利位置,求某跨跨中最大弯矩时,活荷载的不利布置为________布置。

6. 双向板的荷载传递到相邻的梁上,短跨梁上的荷载是________分布,长跨梁上的荷载是________分布。

二、选择题

1. 计算双跨连续板时,在满布的荷载作用下,因为荷载对称,可近似地认为板的中间支座都是(　　)支座。

A. 简支　　B. 固定　　C. 铰支　　D. 自由

2. 计算双跨连续板时,在一上一下的荷载的作用下,近似符合反对称关系,可以认为中间支座的弯矩为零,即可以把中间支座都看成(　　)支座。

A. 简支　　B. 固定　　C. 铰支　　D. 自由

3. 双向板跨中两个方向均需配置受力钢筋,钢筋是纵横交叉布置的,短跨方向的弯矩较(　　),受力钢筋应放在(　　)。

A. 大,下层　　B. 小,下层　　C. 大,上层　　D. 小,上层

三、问答题

1. 什么是双向板?双向板的受力、变形、配筋有何特点?

2. 双向板有何破坏特征?双向板的配筋方式有几种?

3. 如何利用弹性理论方法计算双向板跨中、支座处的最不利弯矩?

4. 如何计算双向板支承梁的内力?

项目5　渡槽设计

学习目标

知识目标

(1)熟悉渡槽的组成和类型。
(2)掌握渡槽槽身人行桥的设计要点与构造。
(3)掌握渡槽槽身侧墙的设计要点与构造。
(4)掌握渡槽槽身底板的设计要点与构造。
(5)掌握渡槽槽身纵向结构的设计要点与构造。

能力目标

(1)能进行渡槽槽身横向结构设计计算。
(2)能进行渡槽槽身纵向结构设计计算。
(3)能绘制与识读渡槽配筋图。

任务1　认识渡槽

任务描述:

渡槽是一种应用比较广泛的输水建筑物,本任务是熟悉渡槽的组成和作用,熟悉渡槽的类型及其优缺点,了解渡槽的总体布置的有关内容。

任务分析:

本任务主要是通过课堂学习和现场参观,对渡槽的组成和作用有比较直观的认识,熟悉渡槽的类型,重点掌握梁式渡槽的槽身横断面形式和支承形式,了解渡槽的总体布置步骤、槽址位置的选择原则、槽型选择应考虑的因素等内容,为进行渡槽结构设计提供预备知识。

任务知识点:

1　渡槽的组成与作用

渡槽一般由进出口连接段、槽身、支承结构及基础等组成。槽身放置在支承结构上,槽身重及水重等荷载通过支承结构传给基础,基础再传给地基。渡槽是输送渠道水流跨越河渠、道路、沟谷等的架空输水建筑物。除用于输送渠道水流外,还可以供排洪和导流之用。当挖方渠道与冲沟相交时,为避免山洪及泥沙入渠,还可在渠道上面修建排洪渡槽,用来排泄冲沟来水及泥沙。渡槽一般适用于渠道跨越深宽河谷且洪水流量较大、跨越较广阔的洼地等情况，它与倒虹吸管相比，水头损失小，便于通航，管理运用方便，是灌区水工建筑物中应用最广的交叉建筑物之一。

2　渡槽的类型

渡槽的分类方法很多，按施工方法分为现浇整体式、预制装配式及预应力式等。按建筑材料分为木渡槽、砌石渡槽、钢筋混凝土渡槽等。按支承结构形式分为梁式渡槽、拱式渡槽、桁架式渡槽、悬吊式渡槽、斜拉式渡槽等。其中，梁式渡槽和拱式渡槽是两种最基本也是最常用的渡槽形式。按槽身断面形状分为矩形渡槽、U 形渡槽、梯形渡槽、椭圆形渡槽及圆形渡槽等。

2.1　梁式渡槽

2.1.1　槽身结构纵向支承形式

梁式渡槽槽身置于槽墩或排架上，其纵向受力与梁相同，故称为梁式渡槽。梁式渡槽的跨度不宜过大，一般在 20 m 以下比较经济。槽身在纵向均匀荷载作用下，一部分受压，一部分受拉，故常采用钢筋混凝土结构。为了节约钢筋和水泥用量，还可采用预应力钢筋混凝土及钢丝网水泥结构，如图 5-1 所示。

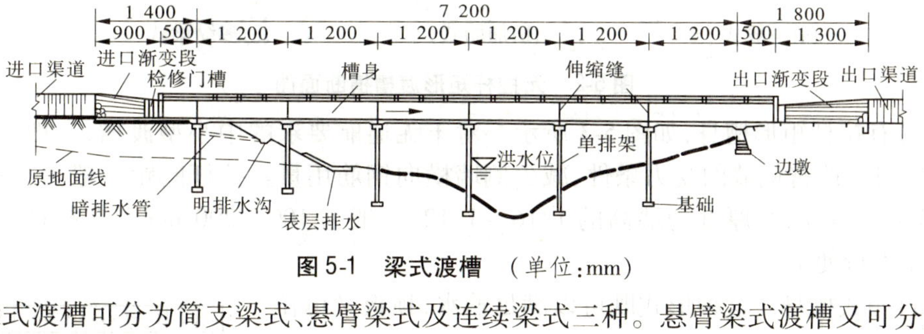

图 5-1　梁式渡槽　（单位：mm）

梁式渡槽可分为简支梁式、悬臂梁式及连续梁式三种。悬臂梁式渡槽又可分为双悬臂式、单悬臂式。

简支梁式渡槽的特点是结构简单，吊装施工方便，接缝止水容易解决。但其跨中弯矩较大，底板全部受拉，对抗裂防渗不利。其常用跨度为 8 ~ 15 m，经济跨度为墩架高度的 0.8 ~ 1.2 倍。

双悬臂梁式渡槽根据其悬臂长度的不同，又可分为等跨双悬臂式和等弯矩双悬臂式。等跨双悬臂式，在纵向受力时，其跨中弯矩为零，底板承受压力，有利于抗渗。等弯矩双悬臂式，跨中弯矩与支座弯矩相等，结构受力合理，但需上下配置受力筋及构造筋，总配筋量常大于等跨双悬臂式，不一定经济，且由于跨度不等，对墩架工作不利，故应用不多。双悬臂梁式渡槽因跨中弯矩较简支梁小，每节槽身长度可为 25 ~ 40 m，但其质量大，整体预制吊装困难。当悬臂顶端变形或地基产生不均匀沉陷时，接缝处的止水容易被拉裂。

单悬臂梁式一般只在双悬臂式向简支梁过渡或与进出口建筑物连接时采用。一般要求悬臂长度不宜过大，以保证槽身在另一支座处有一定的压力。

2.1.2　槽身横断面形式及尺寸

最常用的断面形式是钢筋混凝土矩形和 U 形。

2.1 人行桥设计

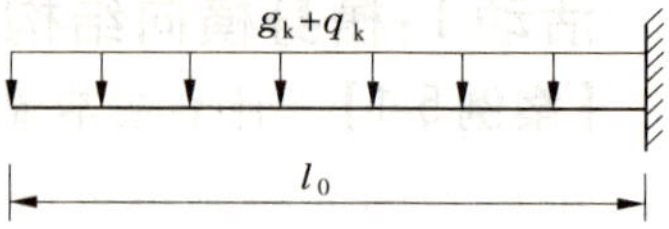

图 5-9 人行桥计算简图

(1)尺寸拟定。取人行桥板外端厚度 $h_{外}=80$ mm,人行桥板内侧厚度 $h_{内}=100$ mm,人行桥板的平均厚度 $h_{板}=(80+100)/2=90$(mm)。

(2)计算简图如图 5-9 所示。

(3)荷载计算。

栏杆自重标准值:$g_{1k}=0.5$(kN/m)

人行桥板自重标准值:$g_{2k}=\gamma_{混} bh_{板}=25\times1\times0.09=2.25$(kN/m)

栏杆自重及人行板自重标准值:$g_{3k}=g_{1k}+g_{2k}=0.5+2.25=2.75$(kN/m)

人群荷载标准值:$q_{1k}=2\times1=2$(kN/m)

(4)内力计算。

计算跨度:

$$l_0 = 1.1l_n = 1.1\times0.8 = 0.88(\text{m})$$

或

$$l_0 = l_n + \frac{a}{2} = 0.8 + \frac{0.2}{2} = 0.9(\text{m})$$

取 $l_0=0.9$ m。

弯矩设计值:

$$M_{桥} = \frac{1}{2}(1.05g_{3k} + 1.20q_{1k})l_0^2 = \frac{1}{2}\times(1.05\times2.75+1.20\times2)\times0.9^2 = 2.14(\text{kN}\cdot\text{m})$$

(5)配筋计算。

C30 混凝土,$f_c=14.3$ N/mm^2,$f_{tk}=2.01$ N/mm^2;HRB335 级钢筋,$f_y=300$ N/mm^2,$\xi_b=0.550$,$K=1.20$。取 $a_s=40$ mm,$h_0=h-a_s=100-40=60$(mm)。

$$\alpha_s = \frac{KM_{桥}}{f_c bh_0^2} = \frac{1.20\times2.14\times10^6}{14.3\times1\,000\times60^2} = 0.050$$

$$\xi = 1-\sqrt{1-2\alpha_s} = 1-\sqrt{1-2\times0.050} = 0.051 < 0.85\xi_b = 0.85\times0.550 = 0.468$$

$$A_s = \frac{f_c b\xi h_0}{f_y} = \frac{14.3\times1\,000\times0.051\times60}{300} = 146(\text{mm}^2) > \rho_{min}bh_0 = 0.15\%\times1\,000\times60 = 90(\text{mm}^2)$$

受拉钢筋选用Φ 10@200(实配钢筋面积 $A_s=393$ mm^2),分布钢筋选用Φ 8@250。

2.2 侧墙设计

(1)尺寸拟定。取侧墙顶部厚度 $h_{上}=200$ mm(按《规范》要求,侧墙顶部厚度不小于 80 mm;取侧墙底部厚度 $h_{下}=300$ mm(《规范》要求不小于 150 mm);纵向取单位宽度 $b=1\,000$ mm。

(2)计算简图。按固结于底板上的悬臂板计算(见图 5-10)。

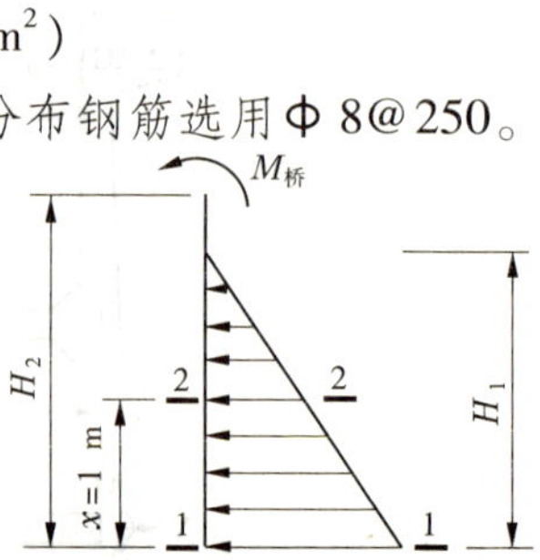

图 5-10 侧墙计算简图

当侧墙较高时，弯矩 M 变化较大，为了节约材料，取墙底 1—1 截面及其上 $x=1$ m 处 2—2 截面来进行计算。

(3)荷载计算(因风荷载所引起的内力较侧向水压力、人群荷载等引起的内力小得多，故这里忽略风荷载的影响)。

侧向水压力：

设计水深　标准值　$q_{2k}=\gamma_{水} bH_1=10\times1\times2=20$(kN/m)

最大水深　标准值　$q_{3k}=\gamma_{水} bH_2=10\times1\times2.5=25$(kN/m)

由上知，人行桥传来的弯矩为：

$$M_{桥}=2.14\ \text{kN}\cdot\text{m}$$

(4)正截面承载力计算。

1—1 截面：

设计水深

$$M_1=\frac{1.20q_{2k}H_1^{\ 2}}{6}+M_{桥}=\frac{1.20\times20\times2^2}{6}+2.14=18.14(\text{kN}\cdot\text{m})$$

最大水深

$$M_1'=\frac{1.10q_{3k}H_2^{\ 2}}{6}+M_{桥}=\frac{1.10\times25\times2.5^2}{6}+2.14=30.79(\text{kN}\cdot\text{m})$$

取最大水深时的弯矩进行计算。

2—2 截面：

设计水深

$$M_2=\frac{1.20\gamma_{水}b(H_1-x)^3}{6}+M_{桥}=\frac{1.20\times10\times1\times(2-1)^3}{6}+2.14$$

$$=4.14(\text{kN}\cdot\text{m})$$

最大水深

$$M_2'=\frac{1.10\gamma_{水}b(H_2-x)^3}{6}+M_{桥}=\frac{1.10\times10\times1\times(2.5-1)^3}{6}+2.14$$

$$=8.33(\text{kN}\cdot\text{m})$$

取最大水深时的弯矩进行计算。

①1—1 截面配筋计算：

取 $a_s=40$ mm，$h_0=h-a_s=300-40=260$(mm)，则

$$\alpha_s=\frac{KM_1'}{f_cbh_0^2}=\frac{1.20\times30.79\times10^6}{14.3\times1\,000\times260^2}=0.038$$

$$\xi=1-\sqrt{1-2\alpha_s}=1-\sqrt{1-2\times0.038}$$

$$=0.039<0.85\xi_b=0.85\times0.550=0.468$$

$$A_s=\frac{f_cb\xi h_0}{f_y}=\frac{14.3\times1\,000\times0.039\times260}{300}=483(\text{mm}^2)$$

$$>\rho_{min}bh_0=0.15\%\times1\,000\times260=390(\text{mm}^2)$$

受拉钢筋选用Φ 10@100(实配钢筋面积 $A_s=785$ mm^2)，分布钢筋选用Φ 8@250。

②2—2 截面配筋计算：

因侧墙顶部厚度为 200 mm，侧墙底部厚度为 300 mm，侧墙高度为 2.5 m，2—2 截面距底部距离为 1 m，可以得出 2—2 截面处的侧墙厚度为 260 mm。

$a_s = 40$ mm，$h_0 = h - a_s = 260 - 40 = 220$(mm)，则

$$\alpha_s = \frac{KM'_2}{f_c b h_0^2} = \frac{1.20 \times 8.33 \times 10^6}{14.3 \times 1\,000 \times 220^2} = 0.014$$

$$\xi = 1 - \sqrt{1 - 2\alpha_s} = 1 - \sqrt{1 - 2 \times 0.014}$$
$$= 0.014 < 0.85\xi_b = 0.85 \times 0.550 = 0.468$$

$$A_s = \frac{f_c b \xi h_0}{f_y} = \frac{14.3 \times 1\,000 \times 0.014 \times 220}{300} = 147(\text{mm}^2)$$
$$< \rho_{min} b h_0 = 0.15\% \times 1\,000 \times 220 = 330(\text{mm}^2)$$

受拉钢筋选用Φ 10@200（实配钢筋面积 $A_s = 393$ mm²），分布钢筋选用Φ 8@250。

计算结果见表 5-1。

表 5-1　侧墙横向计算钢筋用量和实际配筋面积

截面	厚度 h（mm）	弯矩设计值 M（kN·m）	计算钢筋面积（mm²）	实配钢筋面积（mm²）
1—1	300	30.79	483	Φ 10@100（A_s=785）
2—2	260	8.33	330	Φ 10@200（A_s=393）

(5) 抗裂验算。

侧墙内侧受拉且处于临水面，应进行抗裂验算。

按荷载标准值计算的弯矩值：

$$M_k = \frac{q_{3k} H_2^{\ 2}}{6} + \frac{(g_{3k} + q_{1k}) l_0^{\ 2}}{2} = \frac{25 \times 2.5^2}{6} + \frac{(2.75 + 2) \times 0.9^2}{2}$$
$$= 27.97(\text{kN} \cdot \text{m})$$

查表得：混凝土拉应力限制系数 $\alpha_{ct} = 0.85$，HRB335 级钢筋的弹性模量 $E_s = 2.0 \times 10^5$ N/mm²，C30 混凝土，$f_{tk} = 2.01$ N/mm²，$E_c = 3.00 \times 10^4$ N/mm²。

受拉钢筋的配筋率：　$\rho = \dfrac{A_s}{b h_0} \times 100\% = \dfrac{785}{1\,000 \times 260} \times 100\% = 0.30\%$

钢筋与混凝土的弹性模量之比：

$$\alpha_E = \frac{E_s}{E_c} = \frac{2.0 \times 10^5}{3.00 \times 10^4} = 6.67$$

$$y_0 = (0.5 + 0.425\alpha_E \rho) h = (0.5 + 0.425 \times 6.67 \times 0.30\%) \times 300$$
$$= 152.6(\text{mm})$$

$$I_0 = (0.083\,3 + 0.19\alpha_E \rho) b h^3$$
$$= (0.083\,3 + 0.19 \times 6.67 \times 0.30\%) \times 1\,000 \times 300^3$$
$$= 2.35 \times 10^9(\text{mm}^4)$$

$$W_0 = \frac{I_0}{h - y_0} = \frac{2.35 \times 10^9}{300 - 152.6} = 1.59 \times 10^7 (\text{mm}^3)$$

γ_m 值的修正系数为 $0.7 + \frac{300}{h} = 0.7 + \frac{300}{300} = 1.7 > 1.1$，取 1.1，则

$$\gamma_m = 1.1 \times 1.55 = 1.705$$

$$M_k = 27.97\ \text{kN} \cdot \text{m} < \gamma_m \alpha_{ct} f_{tk} W_0 = 1.705 \times 0.85 \times 2.01 \times 1.59 \times 10^7$$
$$= 4.632 \times 10^7 (\text{N} \cdot \text{mm}) = 46.32\ \text{kN} \cdot \text{m}$$

满足抗裂要求。

2.3 底板设计

底板为一偏心受拉构件，应按下列两种情况进行配筋计算：

①两端最大负弯矩（绝对值）及相应的拉力 N。底板两端最大负弯矩发生在最大水深（$H_2 = 2.5$ m）且人行桥上有人群荷载时。

②跨中最大正弯矩及相应的拉力 N。跨中最大正弯矩发生在水深为槽宽（槽宽取底板计算跨度，底板计算跨度为槽内净宽加侧墙底部厚度）的一半，即 $H_3 = B/2 = 3.3/2 = 1.65$ (m)，且人行桥上无人群荷载时。

(1) 尺寸拟定。

底板厚度应为侧墙厚度的 2/3 ~ 1 倍，取底板厚度 $h = 300$ mm，宽度取单位宽度 $b = 1\ 000$ mm。

(2) 计算简图。

底板计算简图如图 5-11 所示，图中 $B = l_n + a = 3 + 0.3 = 3.3$ (m)。

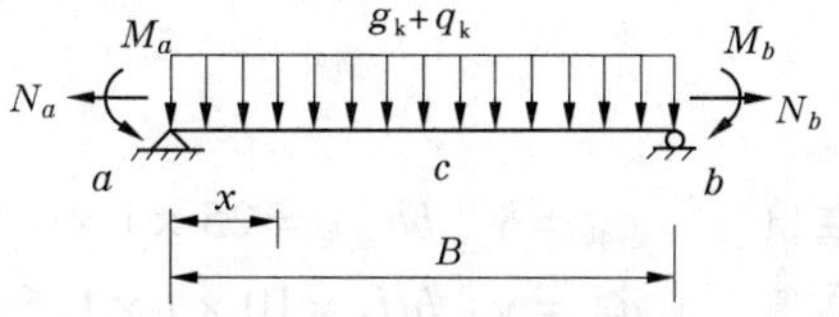

图 5-11 底板计算简图

(3) 内力计算和配筋计算。

支座截面内力设计值：

$$N_a = \frac{1.10 q_{3k} H_2}{2} = \frac{1.10 \times 25 \times 2.5}{2} = 34.38 (\text{kN})$$

$$M_a = \frac{1.10 q_{3k} H_2{}^2}{6} + M_{桥} + \frac{N_a h}{2}$$
$$= \frac{1.10 \times 25 \times 2.5^2}{6} + 2.14 + \frac{34.38 \times 0.3}{2} = 35.95 (\text{kN} \cdot \text{m})$$

支座截面配筋计算：

取 $a_s = a_s' = 40$ mm，$h_0 = h - a_s = 300 - 40 = 260$ (mm)。

$$e_0 = \frac{M_a}{N_a} = \frac{35.95}{34.38} = 1.05 (\text{m}) > \frac{h}{2} - a_s = \frac{0.3}{2} - 0.04 = 0.11 (\text{m})$$

属于大偏心受拉构件。

$$e = e_0 - \frac{h}{2} + a_s = 1\ 050 - \frac{300}{2} + 40 = 940(\text{mm})$$

设 $x = 0.85\xi_b h_0$，对于 HRB335 级钢筋，$\alpha_{smax} = 0.358$，则

$$A'_s = \frac{KNe - \alpha_{smax} f_c b h_0}{f'_y(h_0 - a_s)}$$

$$= \frac{1.20 \times 34.38 \times 10^3 \times 940 - 0.358 \times 14.3 \times 1\ 000 \times 260^2}{300 \times (260 - 40)} < 0$$

取 $A'_s = \rho'_{min} b h_0 = 0.15\% \times 1\ 000 \times 260 = 390(\text{mm}^2)$，受压钢筋选用Φ 10@200（$A'_s = 393$ mm²），则

$$\alpha_s = \frac{KNe - f'_y A'_s(h_0 - a'_s)}{f_c b h_0^2}$$

$$= \frac{1.20 \times 34.38 \times 10^3 \times 940 - 300 \times 393 \times (260 - 40)}{14.3 \times 1\ 000 \times 260^2} = 0.013$$

$$\xi = 1 - \sqrt{1 - 2\alpha_s} = 1 - \sqrt{1 - 2 \times 0.013} = 0.013$$

$$x = \xi h_0 = 0.013 \times 260 = 3.4(\text{mm}) < 2a'_s = 80\ \text{mm}$$

$$e' = \frac{h}{2} - a_s + e_0 = \frac{300}{2} - 40 + 1\ 050 = 1\ 160(\text{mm})$$

$$A_s = \frac{KNe'}{f_y(h_0 - a'_s)} = \frac{1.20 \times 34.38 \times 10^3 \times 1\ 160}{300 \times (260 - 40)} = 725(\text{mm}^2)$$

$$> \rho_{min} b h_0 = 0.15\% \times 1\ 000 \times 260 = 390(\text{mm}^2)$$

受拉钢筋选用Φ 10@100（实配钢筋面积 $A_s = 785$ mm²）（上表面受拉），分布钢筋选用Φ 8@250。

跨中截面内力计算：

底板自重　　标准值　$g_{4k} = \gamma_{混} b h_{底板} = 25 \times 1 \times 0.3 = 7.5(\text{kN/m})$

侧向水压力　标准值　$q_{4k} = \gamma_{水} b H_3 = 10 \times 1 \times 1.65 = 16.5(\text{kN/m})$

槽内水重　　标准值　$q_{5k} = \gamma_{水} b H_3 = 10 \times 1 \times 1.65 = 16.5(\text{kN/m})$

跨中内力

$$N_c = \frac{1.20 q_{4k} H_3}{2} = \frac{1.20 \times 16.5 \times 1.65}{2} = 16.34(\text{kN})$$

$$M_c = \frac{1.05 g_{4k} B^2}{8} + \frac{1.20 q_{5k} B^2}{8} - \frac{1.20 q_{4k} H_3^2}{6} - \frac{1.05 g_{3k} l_0^2}{2}$$

$$= \frac{1.05 \times 7.5 \times 3.3^2}{8} + \frac{1.20 \times 16.5 \times 3.3^2}{8} - \frac{1.20 \times 16.5 \times 1.65^2}{6} - \frac{1.05 \times 2.75 \times 0.9^2}{2}$$

$$= 10.72 + 26.95 - 8.98 - 1.17 = 27.52(\text{kN} \cdot \text{m})$$

跨中截面配筋计算：

$$e_0 = \frac{M_c}{N_c} = \frac{27.52}{16.34} = 1.68(\text{m}) > \frac{h}{2} - a_s = \frac{0.3}{2} - 0.04 = 0.11(\text{m})$$

属于大偏心受拉构件。

$$e = e_0 - \frac{h}{2} + a_s = 1\ 680 - \frac{300}{2} + 40 = 1\ 570(\text{mm})$$

$$A'_s = \frac{KNe - \alpha_{smax} f_c b h_0^2}{f'_y (h_0 - a'_s)}$$

$$= \frac{1.20 \times 16.34 \times 10^3 \times 1\ 570 - 0.358 \times 14.3 \times 1\ 000 \times 260^2}{300 \times (260 - 40)} < 0$$

取 $A'_s = \rho'_{min} b h_0 = 0.15\% \times 1\ 000 \times 260 = 390(\text{mm}^2)$，受压钢筋选用 Φ 10@200（A'_s = 393 mm^2），则

$$\alpha_s = \frac{KNe - f'_y A'_s (h_0 - a'_s)}{f_c b h_0^2}$$

$$= \frac{1.20 \times 16.34 \times 10^3 \times 1\ 570 - 300 \times 393 \times (260 - 40)}{14.3 \times 1\ 000 \times 260^2} = 0.005$$

$$\xi = 1 - \sqrt{1 - 2\alpha_s} = 1 - \sqrt{1 - 2 \times 0.005} = 0.005$$

$$x = \xi h_0 = 0.005 \times 260 = 1.3(\text{mm}) < 2a'_s = 80\ \text{mm}$$

$$e' = \frac{h}{2} - a_s + e_0 = \frac{300}{2} - 40 + 1\ 680 = 1\ 790(\text{mm})$$

$$A_s = \frac{KNe'}{f_y (h_0 - a'_s)} = \frac{1.20 \times 16.34 \times 10^3 \times 1\ 790}{300 \times (260 - 40)} = 532(\text{mm}^2)$$

$$> \rho_{min} b h_0 = 0.15\% \times 1\ 000 \times 260 = 390(\text{mm}^2)$$

受拉钢筋选用 Φ 10@100（实配钢筋面积 A_s = 785 mm^2（下面受拉）），分布钢筋选用 Φ 8@250。

计算及配筋结果见表 5-2。

表 5-2　底板支座与跨中计算钢筋用量和实际配筋面积

截面位置	计算钢筋面积(mm^2)		实配钢筋面积(mm^2)	
	受拉钢筋	受压钢筋	受拉钢筋	受压钢筋
支座	725(上表面)	<0	Φ 10@100(785)	Φ 10@200(393)
跨中	532(下表面)	<0	Φ 10@100(785)	Φ 10@200(393)

(4)抗裂验算。

①底板支座截面。

取底板支座补角边缘截面(x = 0.15 + 0.2 = 0.35(m)处)作为计算截面，并按最大水深加人群荷载的组合按下式进行抗裂验算：

$$N_k = \frac{\gamma_m \alpha_{ct} f_{tk} W_0 A_0}{e_0 A_0 + \gamma_m W_0}$$

混凝土拉应力限制系数 $\alpha_{ct} = 0.85$，同侧墙底部抗裂验算，修正后的 $\gamma_m = 1.705$。

$$A_0 = A_c + \alpha_E A_s + \alpha_E A'_s = 1\ 000 \times 300 + 6.67 \times 785 + 6.67 \times 393$$
$$= 3.08 \times 10^5(\text{mm}^2)$$

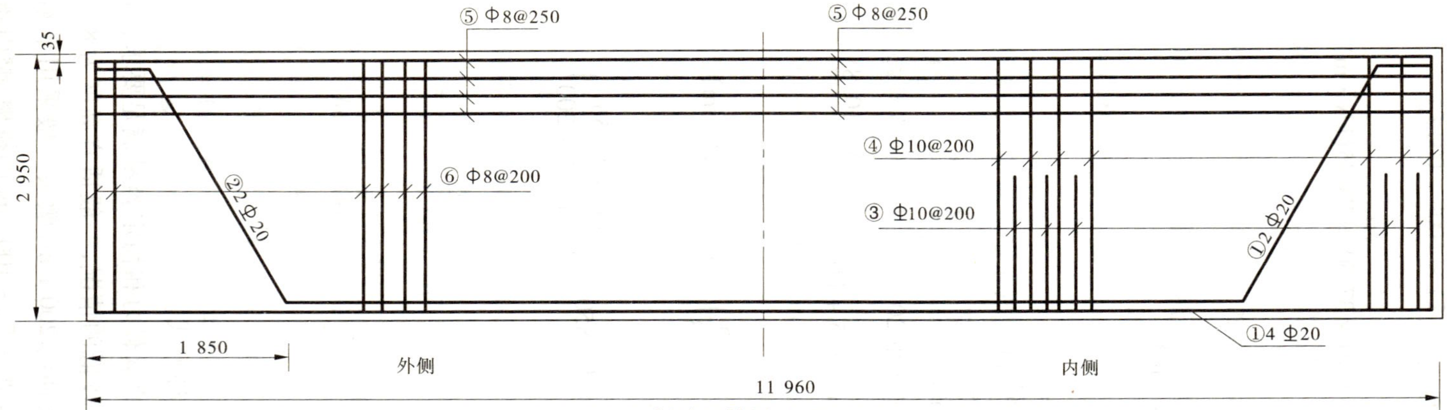

(a)侧墙配筋图(1:50)

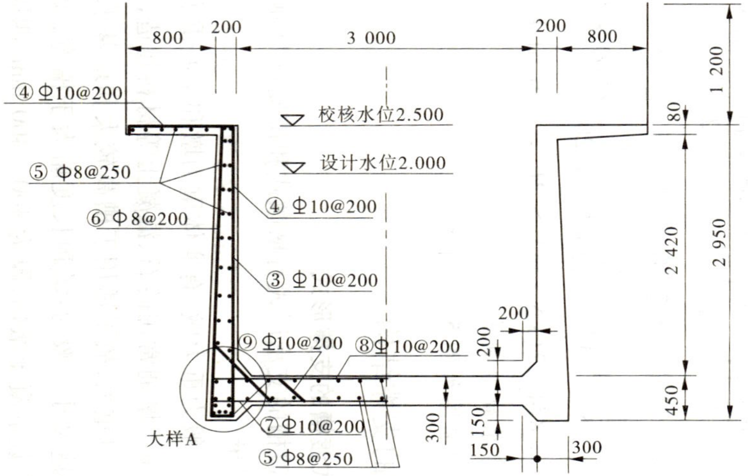

(b)槽身中部断面图

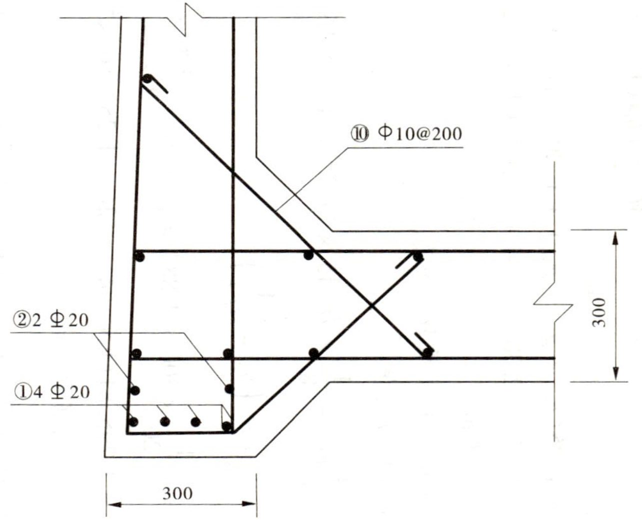

(c)大样 A

图 5-15　渡槽配筋图　(单位:mm)

空心重力墩通常采用现浇混凝土或混凝土预制块砌筑，壁厚约 200 mm，墩高较大时由强度验算决定。该种形式可节约材料，自重小而刚度大，多用于较高的渡槽。其外形尺寸和墩帽构造与实体重力墩基本相同，常用的横断面形状有圆矩形、矩形、双工字形及圆形等几种。墩内沿高每隔 2.5 ~ 4 m 设置两根横梁，并在墩身下部和墩帽中央设进人孔。

3.1.2 排架

排架一般为钢筋混凝土排架，常用的形式有单排架、双排架及 A 字形排架等几种形式。

单排架由两根铅直立柱和横梁组成，在工程中应用广泛，其适用高度一般在 20 m 以内。双排架由两个单排架通过水平横梁连接而成，属空间结构，其结构承载力、稳定性及地基承载力均比单排架易满足要求，其适用高度一般为 15 ~ 25 m。当排架高度较大时，为满足结构承载力和地基承载力要求，可采用 A 字形排架（常由两片 A 字形单排架组成），其适用高度一般为 20 ~ 30 m，但施工复杂，造价较高。

对于单排架，其立柱中心距一般应使槽身传来的荷载 P 的作用线与立柱的中心线重合，使立柱为轴心受压构件，立柱的截面尺寸为：长边（顺槽向）$b_1=(1/30\sim1/20)H$，常取 $b_1=0.4\sim0.7$ m；短边 $h_1=(1/2\sim1/1.5)b_1$，常取 $b_1=0.3\sim0.5$ m。为了改善排架顶部的受力状况，通常排架顶部伸出短悬臂梁（牛腿），悬臂长度 $c\geqslant b_1/2$，高度 $h_1\geqslant b_1$，倾角 $\alpha=30°\sim45°$。横梁间距 l 一般等于或小于立柱间距，常采用 2.5 ~ 4.0 m，梁高 $h_2=(1/8\sim1/6)l$，梁宽 $b_2=(1/1.5\sim1/2)h_2$，横梁一般按等间距布置，但最下一层的间距可以灵活，横梁与立柱连接处常设 200 mm × 200 mm 的贴角，以期改善交角处的应力状况。

双排架和 A 字形排架都是由单排架构成的，其尺寸可参照单排架拟定。

3.2 单排架的结构计算

单排架的计算简图由立柱和横梁的轴线所组成，通常将排架上的荷载均简化为节点荷载，其结构及受力简图如图 5-16 所示。

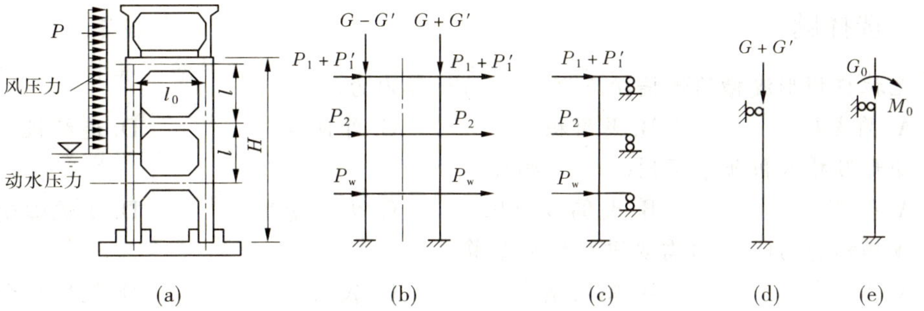

图 5-16　排架的计算简图

排架上的铅直荷载有：槽身自重及槽内水重 G，槽身在槽向风压力作用下通过支座传递给立柱的轴向拉力和压力 G'，排架自重。

排架上的水平荷载有：槽身承受横向风荷载通过支座摩擦作用传给排架的水平力，按两柱各分担 1/2 计算；作用于排架立柱上横向风荷载简化为节点荷载，近似取两立柱的风荷载相等。

任务知识点：

1　预应力混凝土结构的基本知识

1.1　预应力混凝土结构的基本概念

由于混凝土的极限拉应变很小（为 $0.1\times10^{-3}\sim0.15\times10^{-3}$），所以普通钢筋混凝土结构的抗裂性能较差。一般情况下，当钢筋的应力超过20～30 MPa时，混凝土就会开裂。因此，普通钢筋混凝土结构在正常使用时一般都是带裂缝的。对于允许开裂的普通钢筋混凝土结构，当裂缝宽度限制在0.2～0.3 mm时，受拉钢筋的应力只能达到250 MPa左右。可见，在普通钢筋混凝土结构中若配置高强钢筋，钢筋的强度将远不能被充分利用。同时，由于构件开裂，将导致构件刚度降低、变形增大。这样，对于具有较高的密闭性或耐久性要求以及对裂缝控制要求较严的结构，均不能采用普通钢筋混凝土结构，而应采用预应力混凝土结构。

预应力混凝土结构是指在构件承受荷载之前，预先对外荷载作用时的受拉区混凝土施加压应力，造成一种人为的应力状态，以抵消或减小外荷载作用下产生的拉应力，从而控制裂缝开展的结构。

下面我们来举例说明预应力混凝土结构的基本原理。如图6-1所示，一简支梁在外荷载作用前，预先在其外荷载作用下的受拉区施加一对大小相等、方向相反的偏心压力 N，梁跨中下边缘的预压应力为 σ_{pc}（见图6-1(a)），而在外荷载单独作用下梁的下边缘将产生拉应力为 σ_t（见图6-1(b)）。预应力混凝土梁的受力即为上述两种状态的叠加（见图6-1(c)）。此时，梁的下边缘的应力可能是数值很小的拉应力，也可能是压应力或应力为零。由此可见，由于预压应力 σ_{pc} 的作用，可全部或部分抵消外荷载引起的拉应力，从而延缓了混凝土构件的开裂。同时，由于偏心压力作用，梁使用前向上拱，使梁的挠度减小。

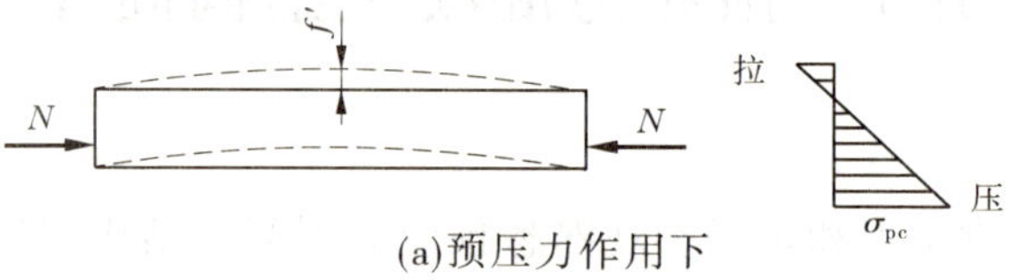

(a)预压力作用下

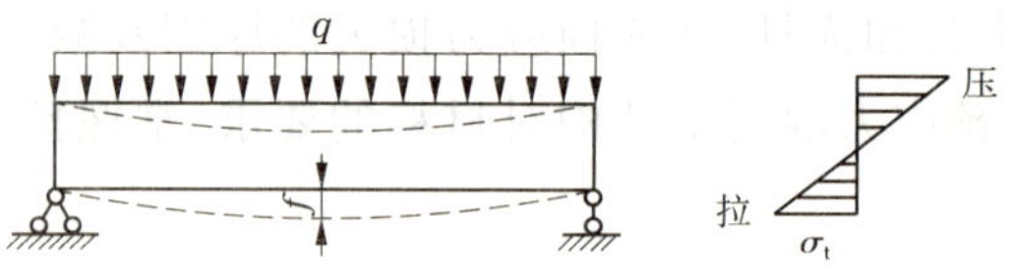

(b)荷载作用下

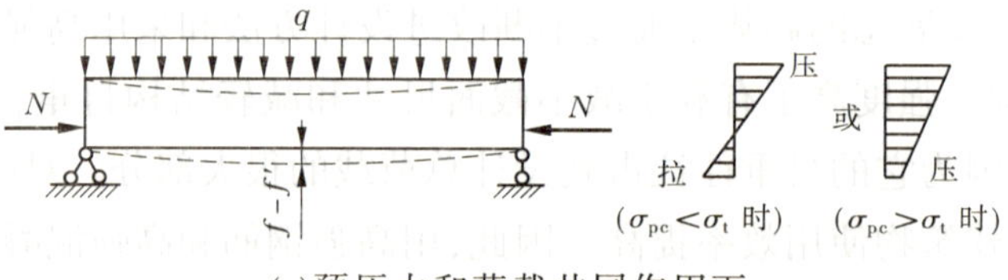

(c)预压力和荷载共同作用下

图6-1　预应力混凝土简支梁的受力原理

预应力混凝土结构与普通混凝土结构相比，主要具有以下优点：

(1)抗裂和耐久性能好。由于混凝土中存在预压应力,可以避免开裂或限制裂缝的开展,从而减少外界有害因素对钢筋的侵蚀,提高构件的抗渗性、抗腐蚀性和耐久性。这对水工结构尤为重要。

(2)刚度大,变形小。因预压应力避免混凝土开裂或限制裂缝开展,从而提高了构件的刚度。预加偏心压力使受弯构件产生反拱,从而减小构件在荷载作用下的挠度。

(3)节省材料,减轻自重。由于预应力构件合理有效地利用高强钢筋和高强混凝土,截面尺寸相对减小,结构自重减轻,节省材料并降低了工程造价。预应力混凝土结构与普通混凝土结构相比,一般可减轻自重20%~30%,特别适合建造大跨度承重结构。

预应力混凝土结构虽然具有一系列的优点,但是也存在一些缺点,如设计计算及施工工艺较复杂、对施工机械设备与技术条件要求高等。上述缺点正在不断地得以克服,这将使预应力混凝土的发展前景更为广阔。

目前,预应力混凝土结构已广泛应用于建筑工程中,如预应力混凝土空心板、屋面梁、屋架及吊车梁等。同时,在交通、水利、海洋及港口工程中,预应力混凝土结构也得到了广泛的应用。预应力混凝土结构在水利方面的应用主要有渡槽、压力水管、水池、大型闸墩、水电站厂房吊车梁、门机轨道梁等。

1.2 施加预应力的方法

施加预应力一般采用张拉钢筋的方法。根据张拉钢筋和浇筑混凝土的先后顺序不同,可分为先张法和后张法。

1.2.1 先张法

先张法是浇筑混凝土前张拉钢筋的方法。其主要工序为:先在台座上或钢模内张拉预应力钢筋,并作临时锚固,然后浇筑混凝土,当混凝土达到其设计强度的75%及其以上时切断预应力钢筋,预应力钢筋回缩挤压混凝土,使混凝土获得预压应力(见图6-2)。先张法构件的预应力是靠预应力钢筋与混凝土之间的黏结力来传递的。

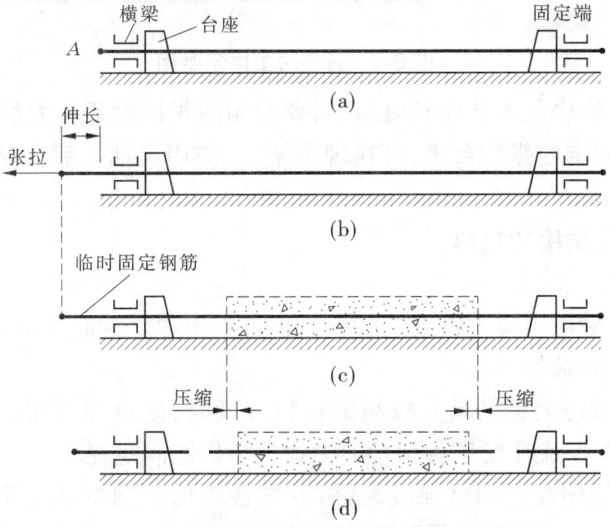

图6-2 先张法工序示意图

先张法适宜于工厂化的生产方式。当前采用较多的是在台座上张拉，台座越长，一次生产的构件就越多。先张法的工序少、工艺简单、成本低、质量容易保证。为方便运输，先张法一般用于生产中小型构件。

1.2.2　后张法

后张法是混凝土结硬后在构件上张拉钢筋的方法。其主要工序为：先浇筑混凝土构件，在构件中预留孔道，当混凝土达到其设计强度的75%及其以上后，在孔道中穿入预应力钢筋，然后利用构件本身作为加力台座，张拉预应力钢筋，则在张拉的同时混凝土受到挤压。张拉完毕，在张拉端用锚具锚住预应力钢筋，并在孔道内实行压力灌浆，使预应力钢筋与构件形成整体（见图6-3）。若采用工厂专门制作的无黏结钢绞线制作无黏结预应力混凝土结构，张拉钢筋后不必压力灌浆。后张法的预应力是靠构件两端的锚具来保持的。

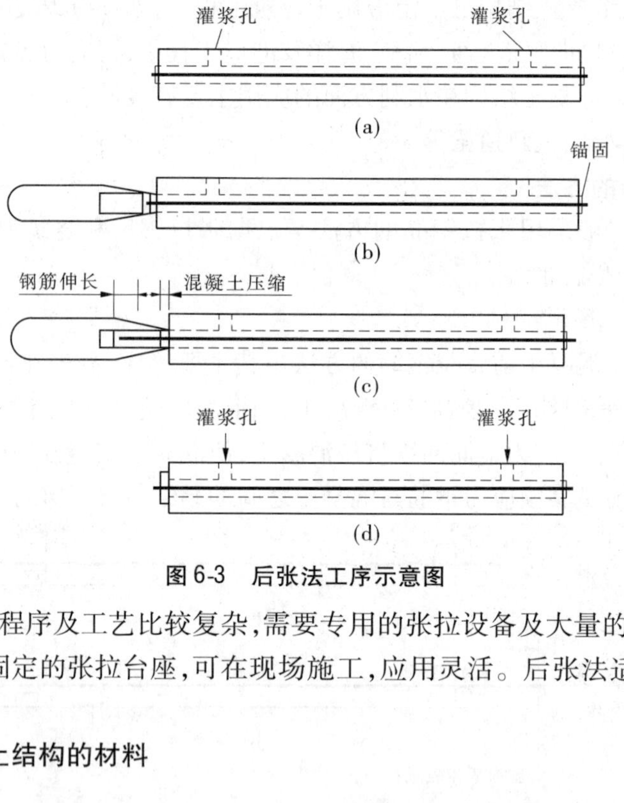

图6-3　后张法工序示意图

后张法的施工程序及工艺比较复杂，需要专用的张拉设备及大量的特制锚具，用钢量较大，但它不需要固定的张拉台座，可在现场施工，应用灵活。后张法适用于不便运输的大型构件。

1.3　预应力混凝土结构的材料

1.3.1　钢筋

预应力钢筋宜采用预应力钢绞线、钢丝，也可采用螺纹钢筋或钢棒。预应力混凝土结构对预应力钢筋的要求如下：

（1）高强度。预应力钢筋具有较高的抗拉强度时，便可通过张拉钢筋对混凝土施加较大的预压应力，以保证在发生各项预应力损失后仍能满足要求。

（2）具有一定的塑性。钢材强度越高，其塑性越低。钢材塑性用拉断钢筋时的延伸率来度量，要求具有一定的塑性是防止发生脆性破坏。对处于低温或承受冲击荷载的构件，更要求注意塑性及抗冲击性的要求。

(3)与混凝土之间具有良好的黏结强度。在先张法构件中，预应力的传递是靠钢筋和混凝土之间的黏结力来完成的，因此钢筋与混凝土之间必须具有良好的黏结强度。当采用光面高强度钢丝时，其表面应进行“刻痕”或“压波”处理。

(4)具有良好的加工性能。要求钢筋具有良好的可焊性，以及当采用镦头锚板时钢筋头部镦粗前后的力学性能应基本不变。

1.3.2 混凝土

预应力混凝土结构对混凝土的要求如下：

(1)高强度。混凝土强度越高，则施加的预应力也可以越大，有利于控制构件的裂缝和变形，并能减小由于混凝土徐变引起的预应力损失。《规范》规定：预应力混凝土结构的混凝土强度等级不应低于 C30，当采用钢丝、钢绞线作预应力钢筋时，混凝土强度等级不宜低于 C40。

(2)收缩、徐变小。这样可减少由于混凝土的收缩、徐变而引起的预应力损失。

(3)快硬、早强。在先张法中可提高设备的周转率，从而降低造价、加快施工进度。

1.4 锚具与夹具

锚具和夹具是锚固与张拉预应力钢筋时所用的工具。先张法中，构件制作完毕后，可取下来重复使用的称为夹具。后张法中，把锚固在构件端部，与构件连成一体共同受力不再取下的称为锚具。

1.4.1 锚具

(1)锥形锚具。锥形锚具由锚圈及带齿的圆锥体锚塞组成，如图 6-4(a)所示。它常与外夹式双作用千斤顶配合张拉钢丝束，如图 6-4(b)所示。锥形锚具可张拉 12 ~ 24 根直径为 5 mm 的碳素钢丝组成的钢丝束。

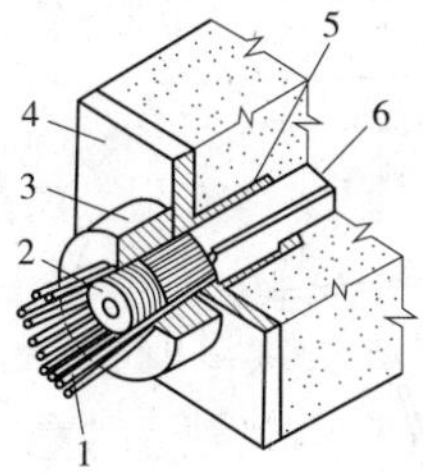

(a)锥形锚具

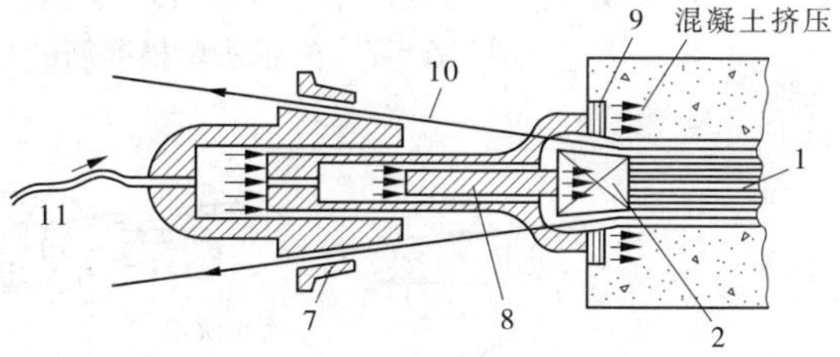

(b)双作用千斤顶

1—钢丝束；2—锚塞；3—钢锚圈；4—垫板；5—孔道；6—套管；

7—钢丝夹具；8—内活塞；9—锚板；10—张拉钢丝；11—油管

图 6-4 锥形锚具及外夹式双作用千斤顶

(2)JM12 型锚具。JM12 型锚具由锚环和楔形夹片组成，如图 6-5 所示。它常与穿心式双作用千斤顶配合张拉钢筋束和钢绞线束。夹片可为 3 片、4 片、5 片、6 片，用以锚固 3 ~ 6根直径为 12 ~ 14 mm 的钢筋或 5 ~ 6 根 7 股直径为 4 mm 的钢绞线束。

(3)XM 型、QM 型锚具。XM 型、QM 型锚具由锚环和夹片组成，如图 6-6 所示。它用于张拉钢绞线和钢丝束，一个锚具可夹 3 ~ 10 根钢绞线或钢丝束。

1.4.2 夹具

(1)锥形夹具、偏心夹具和楔形夹具。如果张拉单根预应力钢筋,则可利用偏心夹具夹住钢筋用卷扬机张拉(如图 6-7 所示),再用锥形夹具或楔形夹具(如图 6-8 所示)将钢筋临时锚固在台座的传力架上。

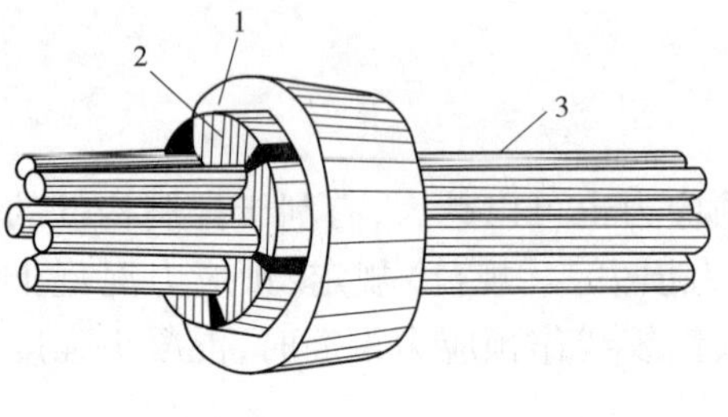

1—锚环;2—夹片;3—钢筋束

图 6-5 JM12 型锚具

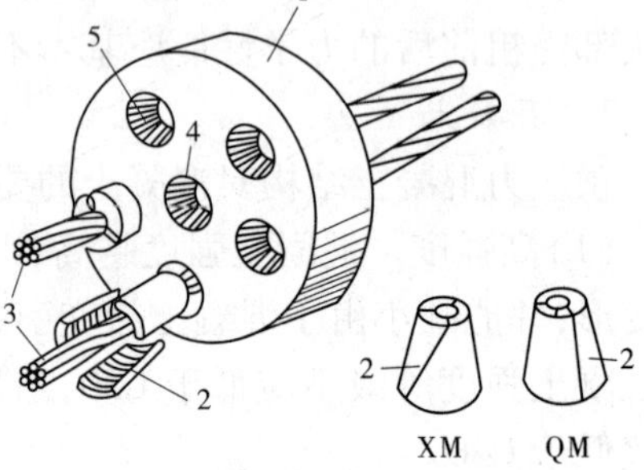

1—锚环;2—夹片;3—钢绞线;4—灌浆孔;5—锥台孔洞

图 6-6 XM 型锚具、QM 型锚具

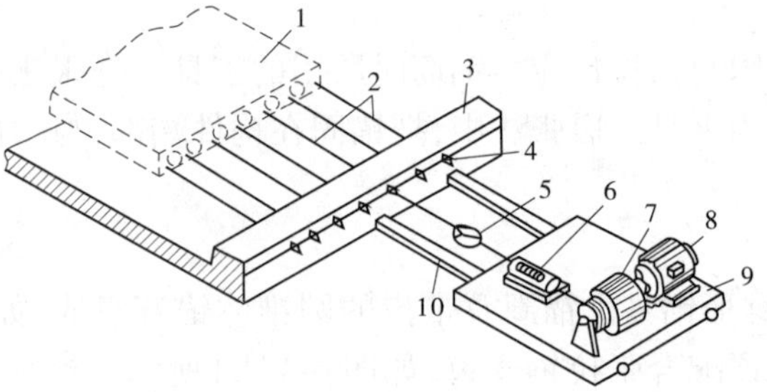

1—预制构件;2—预应力钢筋;3—台座传力架;4—锥形夹具;5—偏心夹具;

6—弹簧称(控制张拉力);7—卷扬机;8—电动机;9—张拉车;10—撑杆

图 6-7 先张法单根钢筋的张拉

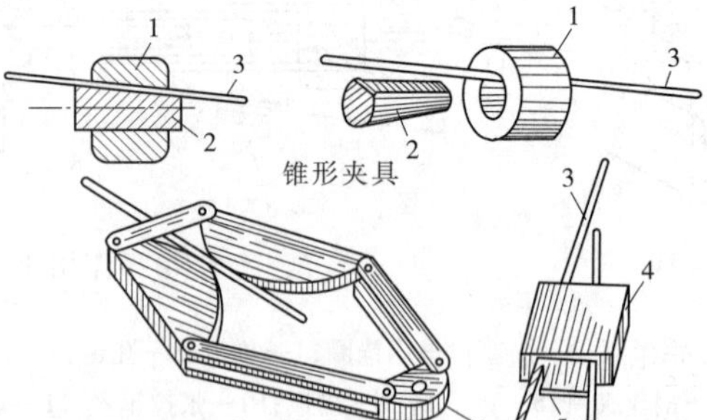

1—套筒;2—锥销;3—预应力钢筋;4—锚板;5—楔块

图 6-8 锥形夹具、偏心夹具和楔形夹具

(2)梳子板夹具。如果在钢模上张拉多根预应力钢丝,可用梳子板夹具,如图 6-9 所示。钢丝两端用镦头锚固,利用安装在普通千斤顶内活塞上的爪子勾住梳子板上两个孔洞施力于梳子板,张拉完毕后立即拧紧螺母,钢丝就临时锚固在钢模横梁上。

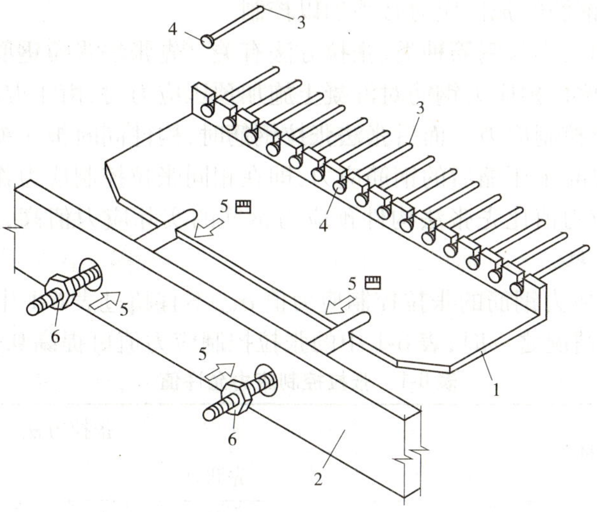

1—梳子板;2—钢模横梁;3—钢丝;4—镦头(冷镦);
5—千斤顶张拉时爪钩孔及支撑位置示意;6—固定用螺母

图 6-9　梳子板夹具

(3)螺杆镦粗夹具和锥形锚块夹具。对于张拉多根预应力钢筋,则可采用螺杆镦粗夹具(如图 6-10 所示)或锥形锚块夹具(如图 6-11 所示)。

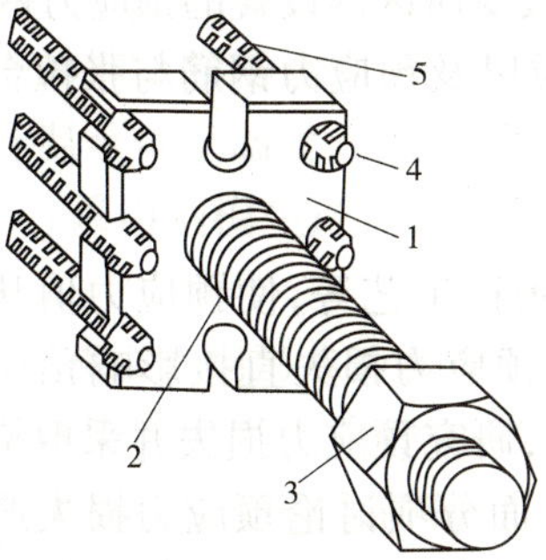

1—锚板;2—螺杆;3—螺帽;
4—镦粗头;5—预应力钢筋

图 6-10　螺杆镦粗夹具

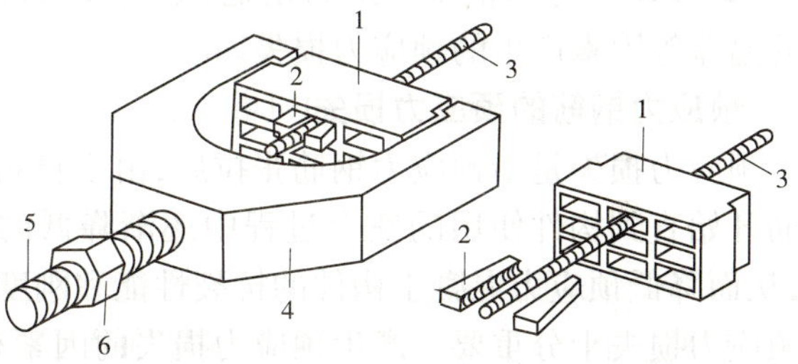

1—锥形锚块;2—锥形夹片;3—预应力钢筋;
4—张拉连接器;5—张拉螺杆;6—固定用螺母

图 6-11　锥形锚块夹具

2　预应力钢筋张拉控制应力及预应力损失

2.1　预应力钢筋的张拉控制应力

张拉控制应力是指在张拉预应力钢筋时所应达到的最大应力,其值为张拉设备所控制的总张拉力除以预应力钢筋截面面积所得出的应力值,用 σ_{con} 表示。张拉控制应力的数值是根据设计和施工经验确定的。σ_{con} 定得越高,混凝土所建立的预压应力就越大,构件的抗裂能力就越高。但考虑到钢筋强度的离散性、张拉操作中的超张拉等因素,若张拉控制应力过高,张拉时可能使钢筋应力达到屈服强度,产生塑性变形,反而达不到预期的预压应力效果。对于高强钢丝,过高的张拉应力甚至会引起断裂。另外,张拉控制应力过高还存在施工阶段预拉区混凝土开裂、后张法构件端部混凝土局部受压承载力不足等问

(4)加强养护,为使水泥水化作用充分,最好采用蒸汽养护,以防止水分散失过多。

2.2.6　环形构件采用螺旋预应力钢筋时由局部挤压变形引起的预应力损失 σ_{l6}

采用环形配筋的预应力混凝土构件如预应力管(见图6-12),由于预应力钢筋对混凝土的局部压陷,使构件直径减小,造成预应力损失,以 σ_{l6} 表示。σ_{l6} 仅在后张法构件中存在。预应力损失 σ_{l6} 与环形构件的直径 D 成反比,《规范》规定,当 $D>3$ m 时,则不计此项损失。

减小此项损失的措施有:采用级配良好的骨料、加强震捣、加强养护,以提高混凝土的密实性。

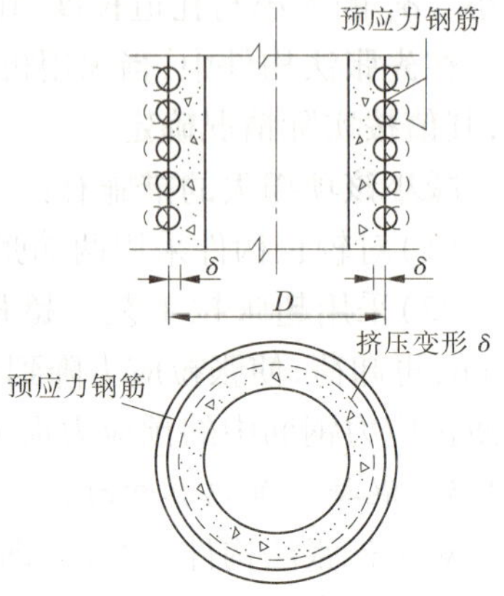

图6-12　环形配筋预应力构件

2.3　各阶段预应力损失的组合

上述各项预应力损失不是每一种构件都同时具有的,有的只发生在先张法构件中,有的只发生在后张法构件中,有的则在两种构件中都存在。就是在同一种构件中,各项损失出现的时间也不一定相同。为了分析和计算的方便,将发生在混凝土预压前的损失称为第一批损失,发生在混凝土预压后的损失称为第二批损失。各阶段预应力损失值的组合见表6-2。

表6-2　各阶段预应力损失值的组合

预应力损失值的组合	先张法	后张法
混凝土预压前(第一批)的损失	$\sigma_{l1}+\sigma_{l2}+\sigma_{l3}+\sigma_{l4}$	$\sigma_{l1}+\sigma_{l2}$
混凝土预压后(第二批)的损失	σ_{l5}	$\sigma_{l4}+\sigma_{l5}+\sigma_{l6}$

预应力损失的计算值与实际值可能有一定的差异,为了保证预应力构件的抗裂性,《规范》规定了预应力总损失值的最小值,当计算求得的预应力总损失值小于下列数值时,则按下列数值取用:先张法构件100 N/mm^2,后张法构件80 N/mm^2。

3　预应力混凝土结构的构造要求

3.1　一般构造要求

3.1.1　截面形式和尺寸

对于预应力混凝土梁及预应力混凝土板,当跨度较小时,多采用矩形截面;当跨度或荷载较大时,为减小构件自重,提高构件的承载能力和抗裂性能可采用T形、工字形或箱形截面。

一般情况下,预应力混凝土梁的截面高度 h 可取(1/20~1/14)l(l 为梁的跨度),翼缘宽度可取(1/3~1/2)h,翼缘高度可取(1/10~1/6)h,腹板宽度可取为(1/15~1/8)h。

3.1.2　预应力纵向钢筋的布置

预应力纵向钢筋的布置方式有三种,即直线布置、曲线布置及折线布置。直线布置如图6-13(a)所示,用于跨度及荷载较小时,施工简单,先张法、后张法均可采用。曲线布置多用于跨度和荷载较大的情况。在预应力混凝土屋面梁、吊车梁等构件靠近支座的斜向主拉应力较大部位,宜将一部分预应力钢筋弯起,使其形成曲线布置,如图6-13(b)所示,一般采用后张法施工。折线布置一般用于有倾斜的受拉边的梁,如图 6-13(c)所示,一般采用先张法施工。

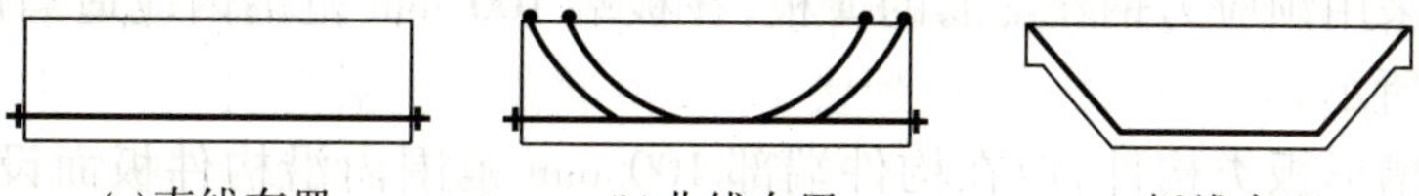

图 6-13　预应力纵向钢筋的布置

3.1.3　非预应力纵向钢筋的布置

为防止构件在制作、运输、堆放或吊装过程中预拉区混凝土开裂或裂缝宽度过大,可在构件预拉区配置一定数量的非预应力纵向钢筋。

3.2　先张法构件的构造要求

3.2.1　并筋配筋的等效直径

当先张法预应力钢丝按单根方式配筋有困难时,可采用相同直径钢丝并筋的配筋方式。并筋的等效直径,对于双并筋,应取单筋直径的 1.4 倍;对于三并筋,应取单筋直径的 1.7 倍。并筋的保护层厚度、锚固长度、预应力传递长度及正常使用极限状态验算均应按等效直径考虑。

3.2.2　预应力钢筋的净间距

先张法预应力钢筋之间的净间距应根据浇筑混凝土、施加预应力及钢筋锚固等要求确定。预应力钢筋之间的净间距不应小于其公称直径或等效直径的 1.5 倍,且应符合下列规定:对于螺纹钢筋及钢丝,不应小于 15 mm;对于三股钢绞线,不应小于 20 mm;对于七股钢绞线,不应小于 25 mm。

3.2.3　构件端部加强措施

对于先张法预应力混凝土构件,预应力钢筋端部周围的混凝土应采取下列加强措施:

(1)对于单根配置的预应力钢筋,其端部宜设置长度不小于 150 mm 且不少于 4 圈的螺旋筋。亦可利用支座垫板上的插筋代替螺旋筋,但插筋数量不应少于 4 根,其长度不宜小于 120 mm,如图 6-14(a)所示。

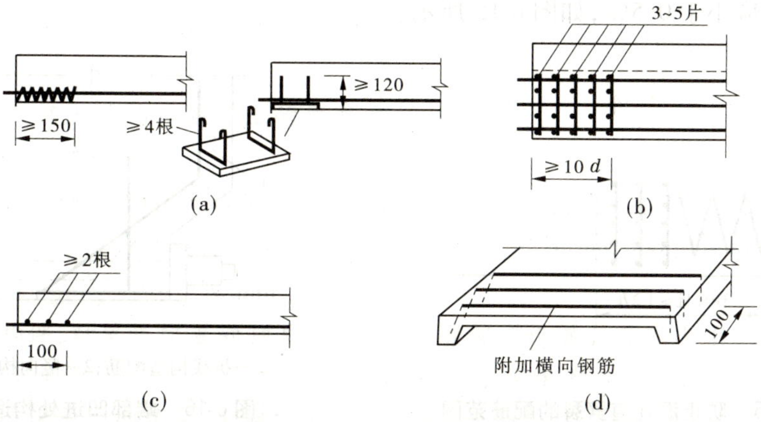

图 6-14　构件端部加强构造钢筋　(单位:mm)

二、选择题

1. 若先张法构件与后张法构件的预应力钢筋采用相同张拉控制应力,则(　　)。

A. 在先张法构件中建立的预应力值大

B. 在后张法构件中建立的预应力值大

C. 在两种构件中建立的预应力值相同

D. 不一定

2. 下列减少锚具变形和钢筋内缩引起的预应力损失措施不正确的是(　　)。

A. 选用变形小及使预应力钢筋内缩小的锚具

B. 尽量减少垫板的块数

C. 对于先张法构件,则应选择较长的台座

D. 在钢模上张拉预应力钢筋

3. 对混凝土构件施加预应力,下列叙述错误的是(　　)。

A. 提高了构件的抗裂能力　　B. 可以减少构件的刚度

C. 可以增大构件的刚度　　D. 可以充分利用高强钢筋

4. 张拉预应力钢筋常用的锚具有(　　)。

A. 锥形锚具　　B. JM12 型锚具　　C. XM 型锚具　　D. QM 型锚具

三、问答题

1. 预应力混凝土结构对其组成材料有哪些要求?

2. 预应力混凝土结构的主要优点是什么?

3. 先张法和后张法的主要区别是什么?

4. 张拉预应力钢筋常用的夹具有哪几种?

5. 什么是张拉控制应力? 其大小与哪些因素有关?

6. 预应力损失有哪几种? 减少各种预应力损失的措施有哪些?

7. 对先张法和后张法预应力构件,其端部构造措施有哪些?

任务2　钢－混凝土组合结构简介

任务描述:

本任务主要通过课堂学习和现场参观熟悉钢－混凝土组合结构的概念及分类,了解各类钢－混凝土组合结构的优点,掌握钢－混凝土组合梁、压型钢板混凝土组合楼板、钢骨混凝土结构、外包钢混凝土结构及钢管混凝土结构的截面形式和构造要求。

任务分析:

目前,建筑结构向着超高层、大柱网、大跨度及多功能方向发展,传统的结构在某些方面已经满足不了要求,而钢－混凝土组合结构以其承载力高、自重轻、节约材料、截面尺寸小、抗震性能好及改善结构功能等突出特点,迎合了建筑结构的发展。钢－混凝土组合结构在很多实际工程中得到了应用,尤其是近30年来在大跨度桥梁、工业厂房、高层与超高

层建筑等重要工程中得到了广泛应用。本任务从各类组合结构的构件截面形式、结构的优点、结构的构造要求等方面入手，引导学习，以期对新型结构有关内容有所了解。

任务知识点：

1　钢－混凝土组合结构的概念与分类

钢－混凝土组合结构是指利用型钢或用钢板焊接成钢骨架，再在其上、四周或内部浇筑混凝土，使钢骨架与混凝土形成整体而共同受力、变形协调的结构。钢－混凝土组合结构通常分为钢－混凝土组合梁、压型钢板混凝土组合楼板、钢骨混凝土结构、外包钢混凝土结构及钢管混凝土结构五大类。钢－混凝土组合结构能充分发挥两种材料各自的优点，克服各自的缺点，因此其工作性能比单一材料制成的结构更为优越，在土木工程中有着广阔的应用前景。

2　钢－混凝土组合梁

2.1　钢－混凝土组合梁及截面形式

钢－混凝土组合梁是通过剪力连接件将钢梁与混凝土板连接起来而共同受力、变形协调的一种梁，广泛应用于工业与民用建筑工程及桥梁工程。其截面形式见图6-18。

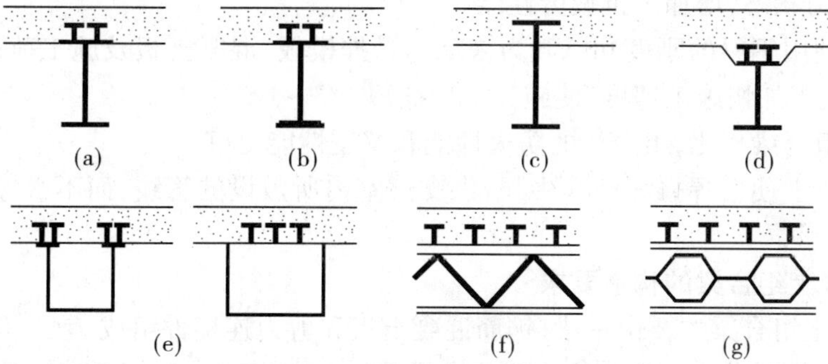

图6-18　组合梁截面形式

(1)工字形钢梁。当跨度小、荷载小时，一般采用小型工字形钢梁(如图6-18(a)所示)；当荷载较大时，根据组合梁的受力特点，可在工字形钢下翼缘加焊一块钢板条，形成不对称工字形截面(如图6-18(b)所示)；当跨度较大时，也可采用焊接拼制的不对称工字形钢。工字形钢通常通过剪力连接件将钢梁与混凝土板连接起，也可将工字形钢上翼缘埋入混凝土板中，而不需另加剪力连接件(如图6-18(c)所示)。

(2)箱形钢梁。适用于公路和铁路桥梁及大跨重载大梁(如图6-18(e)所示)。

(3)轻钢桁架梁及普通钢桁架梁。轻钢桁架采用角钢做上弦，圆钢做下弦及腹杆；普通钢桁架的各杆件采用双角钢或单角钢。桁架上弦采用剪力连接件与混凝土板连接(如图6-18(f)所示)，或将桁架上弦节点伸入到混凝土板中作为桁架与混凝土板的连接件，这样可以减小弦杆型钢的截面尺寸。

(4)蜂窝式梁。将工字形钢沿腹板纵向割成锯齿形的两半，然后将凸出部分错开对齐焊接，形成腹部有六角形孔的蜂窝式梁(如图6-18(g)所示)。蜂窝式梁不仅节省钢材，并使梁的承载力和刚度得到增加。

桁架梁和蜂窝式梁适用于跨度大而荷载较轻的多层建筑，而且梁是空腹的，布置设备管线不需要另占楼层空间。

带有混凝土板托的组合梁（如图6-18(d)所示）增加了组合梁混凝土板与钢梁间的中心距，钢梁全截面基本处于受拉状态，使组合梁的抗弯能力和刚度增强，同时混凝土板托也增强了组合梁的抗剪能力。此外，与无板托的组合梁相比，带有混凝土板托的组合梁能节省更多钢材。

2.2 钢－混凝土组合梁的优点

(1)组合梁截面，混凝土主要受压，钢梁受拉，充分发挥了混凝土优越的抗压性能和钢材优越的抗拉性能，增加了梁的承载力，比非组合梁节约钢材达15%～25%。

(2)混凝土板参加梁的工作，使截面高度增大，增加了梁的刚度。因此，对同样刚度要求的楼盖结构来说，组合梁比非组合梁减少截面高度26%～30%，自重减轻40%～60%。对于高层建筑，降低楼层结构高度，不仅可以节约竖向结构材料，而且可以大大减小地基荷载。

(3)组合梁具有较宽大的翼缘板，增强了钢梁的侧向刚度，防止侧向失稳。对于组合吊车梁，混凝土翼缘板可使吊车轮压在钢梁上的分布长度增加，从而改善了组合吊车梁受压区钢梁的受力状态，增加了抗疲劳性能。

(4)可以利用钢梁的刚度和承载力来承担悬挂模板、混凝土板及施工荷载，无须设置满堂脚手架，便于加快施工速度，使施工工期缩短1/3～1/2。

(5)与非组合梁相比，组合梁的防火性能和抗震性能更好。

(6)在钢梁上便于焊接托架或牛腿，供支撑室内所敷设的管线，而不必像混凝土梁那样埋设预埋件。

2.3 钢－混凝土组合梁的构造要求

钢－混凝土组合梁主要由钢梁、钢筋混凝土板和剪力连接件组成。

(1)钢梁。钢梁截面高度不应小于组合梁截面总高度的1/2.5（简支组合梁的高跨比为1/15～1/20，连续组合梁的高跨比为1/20～1/25）。另外，为了保证组合梁腹板的局部稳定，可按《规范》规定布置加劲肋。

(2)钢筋混凝土板。组合梁中的钢筋混凝土板可根据具体情况采用预制板或现浇板。预制混凝土板的强度等级可选C20～C40。现浇混凝土板的强度等级不低于C20。板的厚度一般采用100 mm、120 mm、140 mm、160 mm，对于承受荷载特别大的平台结构的混凝土板，厚度可采用180 mm、200 mm。混凝土板下部纵向钢筋在支座处不能截断，板中纵向钢筋不够长时可以搭接。在组合梁设计中一般不考虑板托截面的影响，但板托增加了组合截面高度，增强了组合梁抗弯和抗剪能力，便于连接件的布置，节约钢材，增加刚度和可靠度。因此，在组合梁设计中，宜优先采用带板托的组合梁。当采用混凝土板托时，板托的顶部宽度应≥$1.5d_n$（d_n为板托高度），板托高度d_n不大于1.5倍钢筋混凝土板厚度。

(3)剪力连接件。连接件顶面位置距板底部位钢筋不得小于30 mm。当采用带板托的组合梁时，板托中横向钢筋距连接件顶面位置应不小于40 mm。连接件上部混凝土保护层厚度不小于 20 mm。连接件的纵向间距不应大于 600 mm 或 4 倍板厚。连接件底部周围的混凝土应浇捣密实。当处于边梁位置时，板中横向钢筋应在板边与相邻连接件之间完全锚固。连接件应采用焊接性能良好的材料制作，并保证与钢梁的焊接可靠。

3　压型钢板混凝土组合楼板

3.1　压型钢板混凝土组合楼板及截面形式

压型钢板混凝土组合楼板是在带有各种形式的凸凹肋或各种形式槽纹的钢板上浇筑混凝土而制成的组合楼板，它依靠各种形式的凸凹肋或槽纹将钢板与混凝土连接在一起，其截面形式见图 6-19。

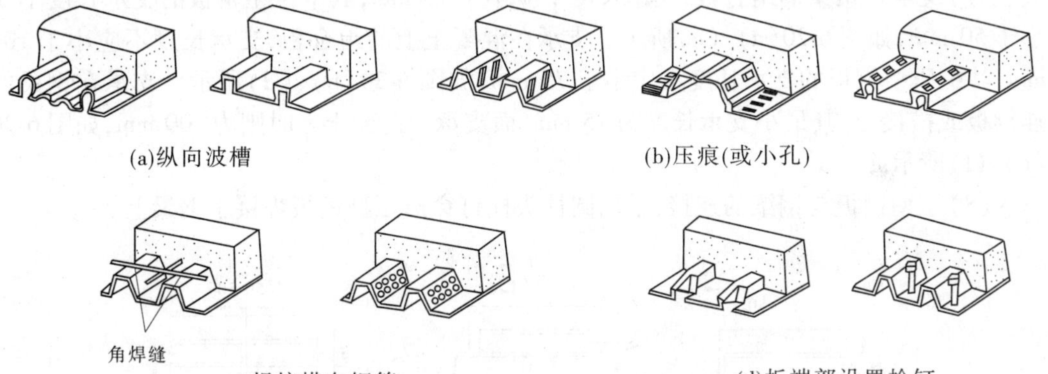

图 6-19　压型钢板混凝土组合楼板截面形式

压型钢板混凝土组合楼板是通过剪力连接件与钢梁连接起来，形成整体而共同受力和协调变形的一种新型组合楼板体系。在这种组合楼板体系中，钢板除在施工阶段起模板作用外，在使用阶段兼作混凝土组合楼板的受力钢筋。钢梁是钢框架结构中的主梁或次梁。这种结构是多层、高层钢结构房屋非常重要的组成部分之一。

3.2　压型钢板混凝土组合楼板的优点

(1)压型钢板轻便，易于搬运和铺设，大大缩短了安装时间，节省了劳动力。

(2)压型钢板具有一定刚度和承载力，能承受施工荷载及混凝土的重量，有利于推广多层作业，大大加快施工进度。

(3)压型钢板可作为楼板的受力钢筋，节省钢材。

(4)压型钢板的凹槽内便于铺设电力、通信、通风、空调等管线，还能敷设保温、隔音、隔热等材料，也便于设置顶棚或吊顶。

(5)压型钢板的运输、储存、堆放和装卸都极为方便。

3.3　压型钢板混凝土组合楼板的构造要求

(1)组合板的总厚度 h 不应小于 90 mm，压型钢板翼缘以上混凝土的厚度 h_c 不应小于 50 mm。

(2)压型钢板应设置分布钢筋网，其作用是承受收缩和温度应力，并可以提高火灾时的安全性，对集中荷载也可起到分布作用。分布钢筋两个方向的配筋率均不宜小于

0.2%。

(3)在有较大集中荷载区段和开洞周围应配置附加钢筋。当防火等级较高时，可配置附加纵向受力钢筋。

(4)为提高组合作用，在剪跨区应布置Φ6@150～Φ6@300的横向钢筋，并将钢筋焊在压型钢板的上翼缘上，每个纵肋翼板上焊缝长度应小于50 mm。

(5)对于简支板，支座上部应配置构造负弯矩钢筋，以控制裂缝宽度。负弯矩钢筋的配筋率不少于0.2%，截断点距支承边的长度不小于1/4跨度，且每米不少于5根。

(6)对于连续板，在支座负弯矩区段应配置附加负弯矩钢筋。负弯矩钢筋的计算同一般钢筋混凝土板。

(7)支承在钢梁的组合板，支承长度不应小于75 mm，其中压型钢板的支承长度不应小于50 mm，如图6-20(a)、(c)所示。支承在混凝土上的组合板，支承长度不应小于100 mm，其中压型钢板的支承长度不应小于75 mm，如图6-20(b)、(d)所示。支承在钢梁的连续板或搭接板，其最小支承长度为75 mm，而支承于混凝土上时则为100 mm，如图6-20(e)、(f)所示。

(8)压型钢板与钢梁的连接，采用圆柱头栓钉穿透压型钢板焊接于钢梁上。

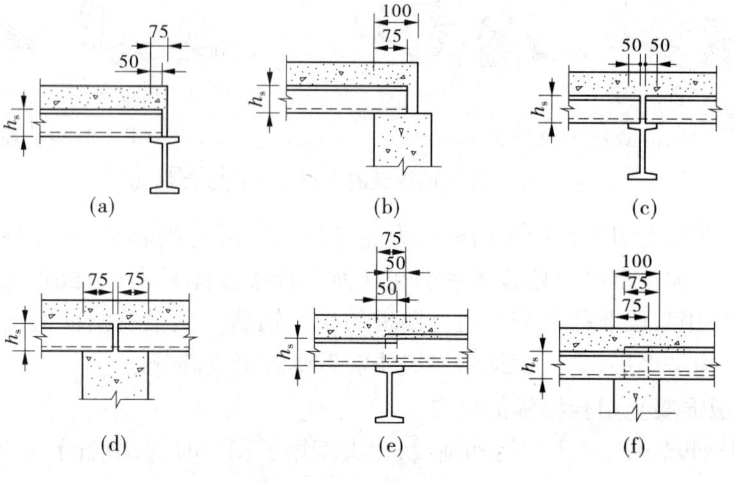

图6-20　压型钢板混凝土组合楼板的支承长度　(单位:mm)

4　钢骨混凝土结构

4.1　钢骨混凝土结构及截面形式

钢骨混凝土结构是在钢筋混凝土内部埋置型钢或焊接钢构件而形成的结构，主要有钢骨混凝土梁和钢骨混凝土柱。主要应用于桥梁结构和高层建筑的框架结构中。

钢骨混凝土梁的截面形式主要有矩形和T形，如图6-21所示。

钢骨混凝土柱的截面形式如图6-22所示。工字形钢骨适用于单向受弯柱，十字形钢骨常用于中柱，T字形钢骨适用于边柱，L形钢骨适用于角柱。

4.2　钢骨混凝土结构的优点

(1)承载力高，截面面积小。由于钢骨混凝土结构不受含钢率限制，其承载力比相同

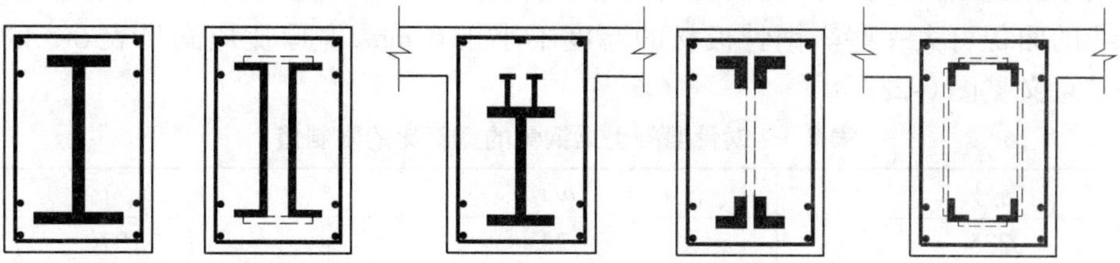

图 6-21　钢骨混凝土梁的截面形式

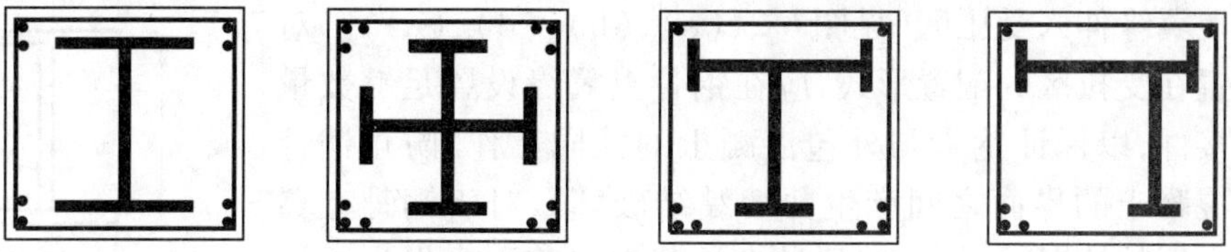

(a)实腹式钢骨钢筋混凝土柱截面

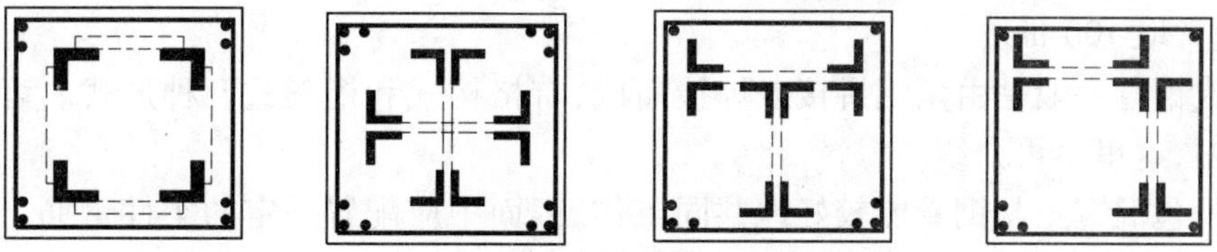

(b)空腹式钢骨钢筋混凝土柱截面

图 6-22　钢骨混凝土柱的截面形式

截面的钢筋混凝土结构高出一倍还多。

(2)节省支模劳动力和材料。钢骨在浇筑混凝土以前即形成钢结构,它具有相当大的承载力,能够承受构件自重和施工荷载,并可以将模板悬挂在钢骨上,而不必为模板设置支柱,因而减少了劳动力和材料。

(3)施工速度快,工期短。钢骨混凝土结构的多层及高层建筑不必等待混凝土达到一定强度就可以进行上一层施工,因而缩短了施工工期。另外,由于施工中不需架立临时支柱,因而留出设备安装工作面,可以让土建和安装工序实行平行作业,使整个建设工期大为缩短。

(4)抗震性能好。钢骨混凝土结构内部设置钢骨,从而提高了结构的延性与耗能能力,因而具有良好的抗震性能。

(5)抗火与抗腐蚀性能优良。由于钢骨混凝土结构外包混凝土,混凝土的抗火性能、抗腐蚀性能优越于钢结构。

4.3　钢骨混凝土结构的构造要求

4.3.1　钢骨混凝土梁的构造要求

梁中配置的钢骨有实腹式和空腹式两种。

实腹式钢骨一般为工字形截面,可以采用轧制工字形型钢和 H 形型钢,也可以由钢板或型钢焊接拼制而成。焊接拼制钢骨截面可以根据需要确定,上、下翼缘不必相等。一般下翼缘的面积可大一些。钢骨板材的厚度不小于 6 mm,宽厚比应满足表 6-3 的规定,表中符号意义见图 6-23。

表 6-3　钢骨混凝土梁钢骨的宽厚比的限制值

钢号	b/t_f	h_w/t_w
Q235	23	107
Q345	19	91

钢骨截面可以偏置在梁截面的受拉区(见图 6-21(c)),也可以使钢骨上翼缘伸入受压区(见图 6-21(a)、(b)、(d)、(e))。对于钢骨偏置在受拉区的配置形式,应在钢骨上翼缘设置足够数量的剪力连接件,以保证钢骨与外包混凝土的共同工作,防止钢骨上翼缘与混凝土的界面之间产生剪切黏结破坏。对于钢骨上翼缘伸入受压区的情况,一般在达到最大承载力以前不会发生剪切黏结破坏。钢骨的保护层厚度一般不小于 50 mm,为便于混凝土的浇筑,通常取 100 mm。

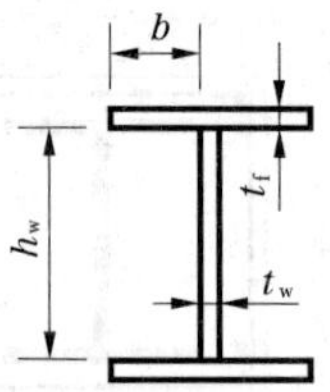

图 6-23　钢骨混凝土梁钢骨的宽厚比

空腹式钢骨一般是由角钢拼接或焊接而成,有格构式和桁架式两种形式。可参考有关书籍学习,这里不再介绍。

为使外包混凝土与钢骨能较好地共同工作,截面中应配置一定的柔性钢筋。一般至少应在截面四角配置 4 根纵向钢筋,钢筋直径不宜小于 12 mm。纵向钢筋应布置在梁两侧,不宜超过 2 排。纵向钢筋的保护层厚度及净距不小于 25 mm。纵向钢筋到钢骨截面的最短净距不小于 25 mm,且不小于混凝土骨料粒径的 1.5 倍,以便于混凝土的浇筑。梁中箍筋配置应满足表 6-4 的要求,箍筋间距也不应大于梁高的 1/2。对有抗震设防要求的梁,在距梁端 1.5 倍梁高的范围内,箍筋间距应加密,当梁净跨小于梁截面高度的 4 倍时,梁全跨按箍筋加密要求配置。钢骨混凝土梁的截面构造细节见图 6-24。

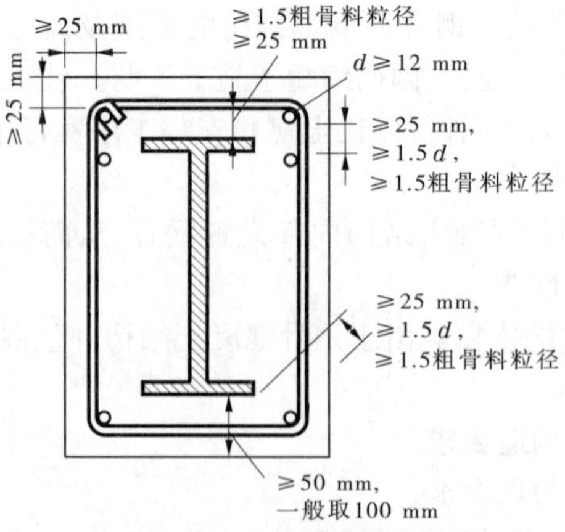

图 6-24　钢骨混凝土梁的截面构造

表 6-4 梁箍筋直径和间距的要求

设防烈度	箍筋直径	箍筋间距	加密区箍筋间距
非抗震	≥8 mm	≤250 mm	
6 度、7 度	≥8 mm	≤250 mm	≤150 mm
8 度、9 度	≥10 mm	≤200 mm	≤100 mm

4.3.2 钢骨混凝土柱的构造要求

柱中钢骨板材的厚度不小于 6 mm，宽厚比应满足表 6-5 的要求。表中符号意义见图 6-25。

表 6-5 钢骨钢筋混凝土柱钢骨的宽厚比的限制值

钢号	b/t_f	h_w/t_w
Q235	23	96
Q345	19	81

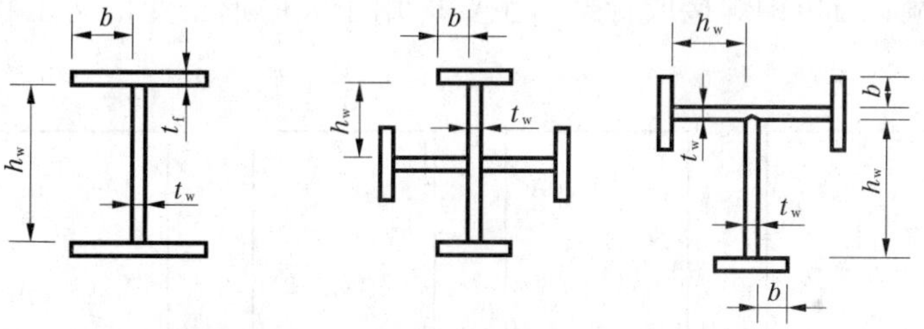

图 6-25 钢骨钢筋混凝土柱钢骨的宽厚比

钢骨混凝土柱至少应在四角配置一根直径 12 mm 的纵向钢筋，受压侧纵向钢筋的配筋率不应小于 0.2%。柱中箍筋的体积配箍率不小于 0.5%，箍筋直径、间距应满足表 6-6 的要求。对有抗震设防的结构，在距柱上下端 1.5 倍截面高度的范围内，箍筋间距应加密，当柱净高小于柱截面高度的 4 倍时，柱全高按箍筋加密要求配置。钢骨混凝土柱的截面构造见图 6-26。

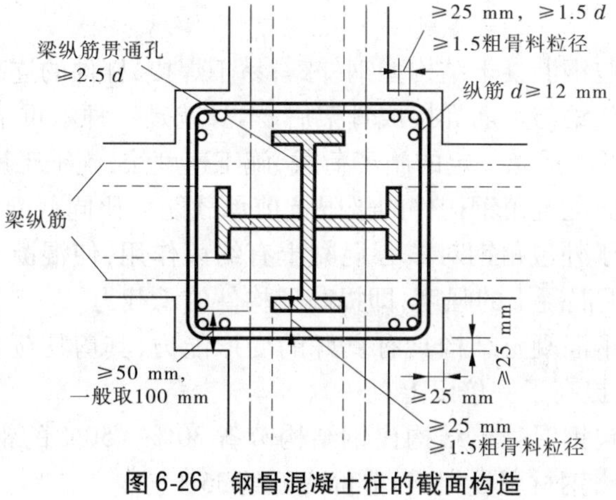

图 6-26 钢骨混凝土柱的截面构造

表 6-6　柱箍筋直径和间距的要求

设防烈度	箍筋直径	箍筋间距	加密区箍筋间距
非抗震	≥8 mm	≤200 mm	
6 度、7 度	≥10 mm	≤200 mm	≤150 mm
8 度、9 度	≥12 mm	≤150 mm	≤100 mm

5　外包钢混凝土结构

5.1　外包钢混凝土结构及截面形式

外包钢混凝土结构是在钢筋混凝土构件外侧包有钢板或角钢的结构。其构件有外包钢混凝土梁和外包钢混凝土柱。它是在克服装配式钢筋混凝土结构的某些缺陷的基础上发展起来的，同时效仿钢结构的构造方式，构件中的受力主筋通常由角钢代替并设置在构件的四角，横向箍筋与角钢焊接成骨架。主要应用于大中形工业厂房工程。其截面形式如图 6-27 所示。

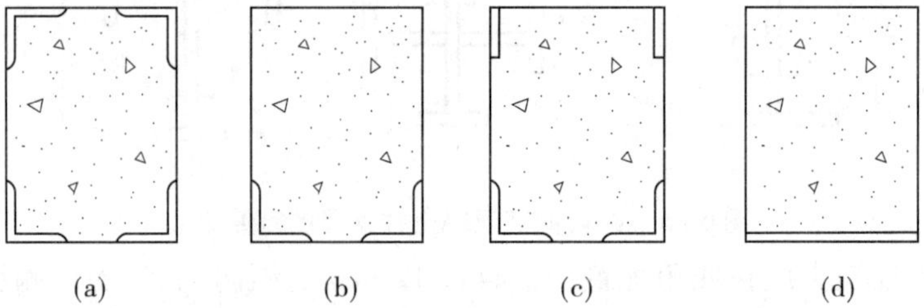

图 6-27　外包钢骨混凝土结构构件的截面形式

5.2　外包钢混凝土结构的优点

(1)构造简单。外包钢混凝土结构取消了钢筋混凝土结构中的纵向柔性钢筋和预埋件，有利于混凝土的捣实，也有利于采用高强混凝土，以减小构件截面尺寸，便于构件规格化，简化了设计和施工。

(2)连接方便。外包钢混凝土结构型钢外露，易于焊接，杆件的连接采用钢板焊接。

(3)使用灵活。外包钢与钢筋焊接成骨架后，本身就是一种承重结构，在施工中可以用来直接支撑模板，并可以承受一定的施工荷载，施工速度快，施工工期短。

(4)承载力高。双面配置角钢构件的极限抗剪承载能力比同截面的钢筋混凝土构件提高 20% 左右，并且由于外包角钢对核心混凝土有约束作用，使混凝土由单向受力转变为三向受力，从而提高了混凝土的强度，即提高了构件的承载力。

(5)延性好。外包钢混凝土结构具有良好的变形能力，其剪切延性系数与条件相同的钢筋混凝土结构相比提高了一倍以上。

(6)节约材料。外包钢混凝土结构比钢结构节省 30% ~50% 的钢材；比钢筋混凝土结构节省 50% 的混凝土，钢材用量相当，造价降低约 35% 。

6　钢管混凝土结构

6.1　钢管混凝土结构及截面形式

钢管混凝土结构是指在钢管内填充混凝土而形成的一种结构，通常管内不配置钢筋，只有当构件承受特别大的压力或压力小而弯矩比较大时才在管内配置纵向钢筋和箍筋。钢管常用的截面形式主要有圆形、方形和多边形，如图 6-28 所示。钢管混凝土一般用作受压构件，包括轴心受压和偏心受压构件，主要应用于单柱承载力大的高层、大跨度、重负荷的结构，如工业厂房框架或排架柱、高层房屋柱、地下结构柱及大跨度桥梁的受压构件等。

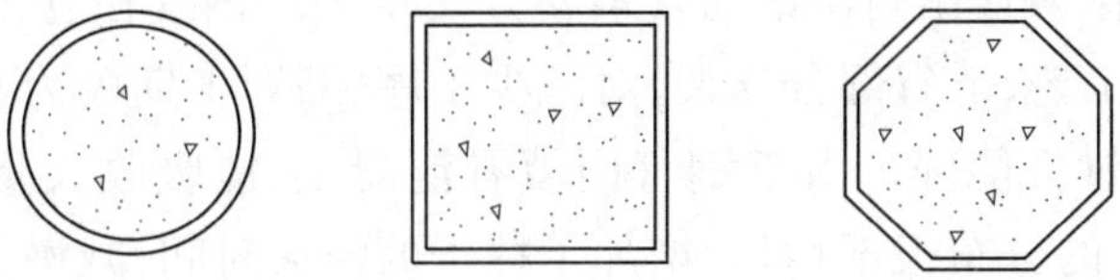

图 6-28　钢管混凝土结构构件的截面形式

6.2　钢管混凝土结构的优点

(1)承载力高。钢管混凝土构件中，钢管对混凝土的紧箍作用使混凝土三向受压，从而延缓了混凝土受压时的纵向开裂，使混凝土的抗压强度提高几倍。薄壁钢管的承载力取决于薄壁的局部稳定性，而不取决于其屈服强度。而当其用作钢管混凝土构件时，由于内部存在混凝土，提高了薄壁钢管的局部稳定性，其屈服强度可以充分利用。在钢管混凝土构件中，两种材料能互相弥补对方的弱点，发挥各自的长处。在图 6-29 中，N_1 是空心钢管柱的承载力，N_2 是素混凝土柱的承载力，N_3 是钢管混凝土柱的承载力，试验结果表明，$N_3 > N_1 + N_2$。

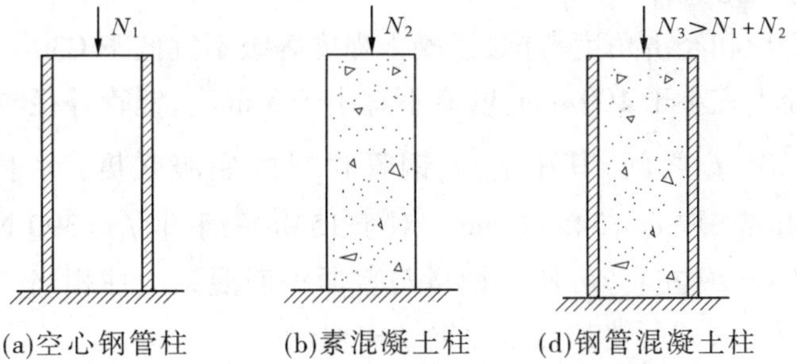

图 6-29　三种柱的承载力对比

(2)具有良好的塑性和抗震性能。单纯受压混凝土的破坏属于脆性破坏，但钢管内的混凝土在钢管的约束下，不但在使用阶段提高了弹性性质，而且破坏时产生很大的塑性变形。钢管混凝土短柱轴心受压试验表明，当试件压缩到原长的 2/3、纵向应变达 30% 以上时，试件仍有承载力。钢管和混凝土之间的相互作用使钢管内部混凝土的破坏由脆性破坏转变为塑性破坏，构件的延性性能明显改善，具有优越的抗震性能。

(3)经济效益显著,建筑布局灵活。与钢结构柱子相比,钢管混凝土柱所用的钢管对材质要求低,用量少,可节约钢材50%左右,工程造价降低。与钢筋混凝土柱相比,用钢量大致相当,节约混凝土50%以上,减轻结构自重50%以上,工程造价比钢筋混凝土结构低。采用钢管混凝土的框架结构,可以减小构件截面尺寸,提高建筑利用空间。

(4)施工简单,工期短。钢管混凝土结构施工时,不受混凝土养护时间的影响,而且柱脚构造简单,可直接插入混凝土基础的预留杯口中,免去了复杂的柱脚构造。多层住宅钢管混凝土构件可以在工厂中预制。与钢筋混凝土柱相比,免除了支模、绑扎钢筋和拆模等工序。钢管内的核心混凝土部分没有钢筋,浇筑混凝土方便,易振捣密实,并且很适用于泵送混凝土。制作钢管比制作钢筋骨架要方便得多。钢管在施工阶段可起支撑作用,可以简化施工安装工艺,节省部分支架,对减少工序、缩短工期极为有利。

(5)耐火、耐腐蚀性能强。由于钢管内填有混凝土,能吸收大量的热能,因此遭受火灾时,其截面温度场的分布很不均匀,增加了柱子的耐火时间,减慢了钢管的升温速度,并且当钢管屈服时,外部钢管壁仍对内部混凝土存在"套箍"作用,混凝土还可以承受大部分的轴向荷载,因此火灾发生时钢管混凝土柱仍具有较好的整体性能,可以避免结构坍塌,修复和加固也比较容易。同时,钢管中浇筑混凝土使钢管的外露面积减少,受外界气体腐蚀面积比钢结构少得多,抗腐和防腐所需费用也比钢结构少。

(6)有利于采用高强混凝土。高强混凝土强度高,在很多工程中得到了应用,但其延性差、脆性大,作为结构特性是不容忽视的缺点。为此,克服高强混凝土的延性差、脆性大的缺点是工程应用高强混凝土的关键,将高强混凝土填充到钢管内,可以提高高强混凝土的延性,进一步发挥高强混凝土的性能。

6.3 钢管混凝土结构的构造要求

(1)钢材的选用应符合现行《钢结构设计规范》的有关规定。钢管可采用直缝焊接管、螺旋形焊接管和无缝管。

(2)从减小变形和经济角度考虑,混凝土强度等级不宜低于C30。

(3)钢管外径不宜小于100 mm,壁厚不宜小于3 mm。钢管外径与壁厚之比值d/t宜限制在$20\sim85\sqrt{235/f_y}$之间,其中f_y为钢管材料的屈服强度:对于Q235,取$f_y=235$ N/mm^2;对于16Mn钢,取$f_y=345$ N/mm^2;对于15MnV钢,取$f_y=390$ N/mm^2。由经验知,对于承重柱,取$d/t=70$左右,可使用钢量与普通钢筋混凝土柱相当;对于桁架结构的压杆,若取$d/t=25$左右,则可使其自重与钢结构相近。

(4)套箍指标$\theta=\dfrac{f_yA_s}{f_cA_c}$宜限制在0.3~3。套箍指标$\theta\geqslant0.3$的规定,是防止混凝土等级过高时钢管的套箍能力不足而引起脆性破坏;$\theta\leqslant3$的规定,是防止混凝土等级过低时结构在使用荷载作用下产生塑性变形。

(5)框架柱允许长细比l_0/d不宜超过20,桁架柱长细比l_0/d不宜超过30。

(6)应注意钢管的防腐,采取必要的措施。有特殊防火要求的结构,可在钢管外涂上耐火涂料或厚度不小于50 mm的钢丝网水泥石灰砂浆。

(7)钢管混凝土浇筑质量不易检查,故应采取合适的工艺及组织措施,保证管内核心混凝土的浇筑质量。

(8)混凝土的配合比很重要,除满足强度要求外,必须选择合适的工作度,坍落度不宜小于150 mm。为此,可在混凝土拌和过程中掺入适当的减水剂。

活动:知识技能训练

一、填空题

1. 钢 - 混凝土组合结构通常分为__________、__________、__________、__________及__________等五大类。

2. 钢 - 混凝土组合梁中钢梁的截面形式有__________、__________、__________、__________。

3. 钢 - 混凝土组合梁比非组合梁减少截面高度__________,自重减轻__________。

4. 压型钢板混凝土组合楼板是在带有各种形式的凸凹肋或各种形式槽纹的__________上浇筑混凝土而制成的组合楼板,它依靠各种形式的__________将钢板与混凝土连接在一起。

5. 钢骨混凝土结构是把型钢埋入钢筋混凝土中的一种结构形式,主要有__________和__________。

6. 在钢骨混凝土梁中,为使外包混凝土与钢骨能较好地共同工作,一般至少应在截面四角配置__________根纵向钢筋,钢筋直径不宜小于__________ mm。

7. 钢骨混凝土柱至少应在__________配置一根直径__________的纵向钢筋,受压侧纵向钢筋的配筋率不应小于__________。

8. 外包钢混凝土结构是在钢筋混凝土构件外侧包有__________的结构。其构件有__________和__________。

9. 外包钢混凝土结构比钢结构节省__________的钢材,比钢筋混凝土结构节省__________的混凝土,钢材用量相当,造价降低约__________。

10. 钢管混凝土结构是指在__________而形成的一种结构。钢管混凝土一般用作__________构件,包括__________和__________构件。

11. 钢管混凝土柱与钢结构柱子相比,可节约钢材__________左右,工程造价低;与钢筋混凝土柱相比,用钢量大致相当,节约混凝土__________以上,减轻结构自重__________以上,工程造价比钢筋混凝土结构低。

二、选择题

1. 钢 - 混凝土组合梁主要由(　　)组成。

A. 钢梁　　B. 钢筋混凝土板　　C. 剪力连接件　　D. 钢筋混凝土梁

2. 在组合梁设计中,宜优先采用(　　)的组合梁。

A. 带板托　　B. 带剪力连接件

C. 不带板托　　D. 不带剪力连接件

3. 钢骨混凝土梁的截面形式主要有(　　)。

A. 矩形　　B. T 形　　C. 工字形　　D. 箱形

4. 钢骨混凝土柱中钢骨截面形式有(　　)。

A. 工字形　　B. 十字形　　C. T 形　　D. L 形

5. 钢管混凝土柱承载能力 N_3 与其空心钢管柱承载力 N_1、核心素混凝土柱承载力 N_2 的关系是(　　)。

A. $N_3 > N_1 + N_2$　　B. $N_3 = N_1 + N_2$

C. $N_3 < N_1 + N_2$　　D. 不一定

三、问答题

1. 什么是钢-混凝土组合结构？可分为哪几类？
2. 钢-混凝土组合梁有哪些优点？
3. 压型钢板混凝土组合楼板有哪些优点？
4. 钢骨混凝土结构有哪些优点？
5. 外包钢混凝土结构有哪些优点？
6. 钢管混凝土结构有哪些优点？

附　录

附录表1　钢筋的计算截面面积及公称质量

公称直径(mm)	不同根数钢筋的公称截面面积(mm^2)									单根钢筋公称质量(kg/m)
	1	2	3	4	5	6	7	8	9	
6	28.3	57	85	113	142	170	198	226	255	0.222
6.5	33.2	66	100	133	166	199	232	265	299	0.260
8	50.3	101	151	201	252	302	352	402	453	0.395
10	78.5	157	236	314	393	471	550	628	707	0.617
12	113.1	226	339	452	565	678	791	904	1 017	0.888
14	153.9	308	461	615	769	923	1 077	1 231	1 385	1.210
16	201.1	402	603	804	1 005	1 206	1 407	1 608	1 809	1.580
18	254.5	509	763	1 017	1 272	1 527	1 781	2 036	2 290	2.000
20	314.2	628	942	1 256	1 570	1 884	2 199	2 513	2 827	2.470
22	380.1	760	1 140	1 520	1 900	2 281	2 661	3 041	3 421	2.980
25	490.9	982	1 473	1 964	2 454	2 945	3 436	3 927	4 418	3.850
28	615.8	1 232	1 847	2 463	3 079	3 695	4 310	4 926	5 542	4.830
32	804.2	1 609	2 413	3 217	4 021	4 826	5 630	6 434	7 238	6.310
36	1 017.9	2 036	3 054	4 072	5 089	6 107	7 125	8 143	9 161	7.990
40	1 256.6	2 513	3 770	5 027	6 283	7 540	8 796	10 053	11 310	9.870
50	1 964.0	3 928	5 892	7 856	9 820	11 784	13 748	15 712	17 676	15.420

附录表2　每米板宽内的钢筋截面面积表

钢筋间距(mm)	钢筋直径(mm)为下列数值时的钢筋截面面积(mm^2)												
	6	6/8	8	8/10	10	10/12	12	12/14	14	14/16	16	16/18	18
70	404	561	718	920	1 122	1 369	1 616	1 907	2 199	2 536	2 872	3 254	3 635
75	377	524	670	859	1 047	1 278	1 508	1 780	2 053	2 367	2 681	3 037	3 393
80	353	491	628	805	982	1 198	1 414	1 669	1 924	2 218	2 513	2 847	3 181
85	333	462	591	758	924	1 127	1 331	1 571	1 811	2 088	2 365	2 680	2 994
90	314	436	559	716	873	1 065	1 257	1 484	1 710	1 972	2 234	2 531	2 827
95	298	413	529	678	827	1 009	1 190	1 405	1 620	1 868	2 116	2 398	2 679
100	283	393	503	644	785	958	1 131	1 335	1 539	1 775	2 011	2 278	2 545
110	257	357	457	585	714	871	1 028	1 214	1 399	1 614	1 828	2 071	2 313
120	236	327	419	537	654	798	942	1 113	1 283	1 480	1 676	1 899	2 121
125	226	314	402	515	628	767	905	1 068	1 232	1 420	1 608	1 822	2 036

续附录表 2

钢筋间距（mm）	钢筋直径（mm）为下列数值时的钢筋截面面积（mm^2）												
	6	6/8	8	8/10	10	10/12	12	12/14	14	14/16	16	16/18	18
130	217	302	387	495	604	737	870	1 027	1 184	1 366	1 547	1 752	1 957
140	202	280	359	460	561	684	808	954	1 100	1 268	1 436	1 627	1 818
150	188	262	335	429	524	639	754	890	1 026	1 183	1 340	1 518	1 696
160	177	245	314	403	491	599	707	834	962	1 110	1 257	1 424	1 590
170	166	231	296	379	462	564	665	785	906	1 044	1 183	1 340	1 497
180	157	218	279	358	436	532	628	742	855	985	1 117	1 266	1 414
190	149	207	265	339	413	504	595	703	810	934	1 058	1 199	1 339
200	141	196	251	322	393	479	565	668	770	888	1 005	1 139	1 272
220	129	178	228	293	357	436	514	607	700	807	914	1 036	1 157
240	118	164	209	268	327	399	471	556	641	740	838	949	1 060
250	113	157	201	258	314	383	452	534	616	710	804	911	1 018
260	109	151	193	248	302	369	435	514	592	682	773	858	979
280	101	140	180	230	280	342	404	477	550	634	718	814	909
300	94	131	168	215	262	319	377	445	513	592	670	759	848
320	88	123	157	201	245	299	353	417	481	554	630	713	795
330	86	119	152	195	238	290	343	405	466	538	609	690	771

附录表 3　钢筋混凝土构件纵向受力钢筋的最小配筋率 ρ_{min}　（%）

项次	分类	钢筋等级		
		HPB235	HRB335	HRB400、RRB400
1	受弯构件、偏心受拉构件的受拉钢筋			
	梁	0.25	0.20	0.20
	板	0.20	0.15	0.15
2	轴心受压柱的全部纵向钢筋	0.60	0.60	0.55
3	偏心受压构件的受拉或受压钢筋			
	柱、肋拱	0.25	0.20	0.20
	墩墙、板、板拱	0.20	0.15	0.15

注：1. 项次 1、3 中的配筋率是指钢筋截面面积与构件肋宽乘以有效高度的混凝土截面面积的比值，即 $\rho=\frac{A_s}{bh_0}$ 或 $\rho'=\frac{A'_s}{bh_0}$；项次 2 中的配筋率是指全部纵向钢筋截面面积与柱截面面积的比值。

2. 温度、收缩等因素对结构产生的影响较大时，纵向受拉钢筋的最小配筋率应适当增大。

3. 当结构有抗震设防要求时，钢筋混凝土框架结构构件的最小配筋率应按《规范》第 13 章有关规定取值。

附录表 4　均布荷载和集中荷载作用下等跨连续梁的内力系数

计算公式：均布荷载　$M = 1.05\alpha_1 g_k l_0^2 + 1.20\alpha_2 q_k l_0^2$　　$V = 1.05\beta_1 g_k l_n + 1.20\beta_2 q_k l_n$

集中荷载　$M = 1.05\alpha_1 G_k l_0 + 1.20\alpha_2 Q_k l_0$　　$V = 1.05\beta_1 G_k + 1.20\beta_2 Q_k$

附录表 4-1　二跨梁

序号	荷载简图	跨中最大弯矩		支座弯矩	剪力			
		M_1	M_2	M_B	V_A	V_B^L	V_B^R	V_C
1	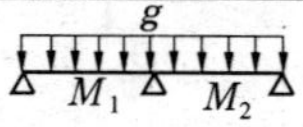	0.070	0.070	−0.125	0.375	−0.625	0.625	−0.375
2	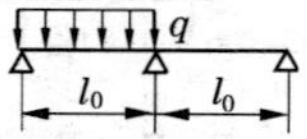	0.096	−0.025	−0.063	0.437	−0.563	0.063	0.063
3	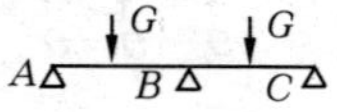	0.156	0.156	−0.188	0.312	−0.688	0.688	−0.312
4	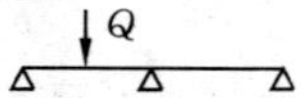	0.203	−0.047	−0.094	0.406	−0.594	0.094	0.094
5	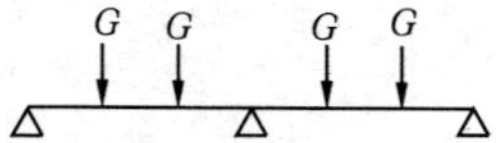	0.222	0.222	−0.333	0.667	−1.334	1.334	−0.667
6	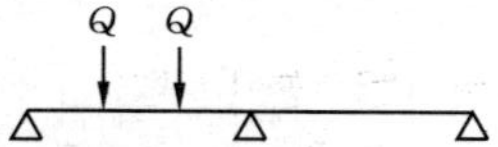	0.278	−0.056	−0.167	0.833	−1.167	0.167	0.167
7	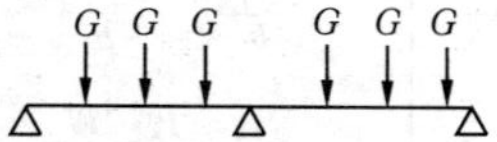	0.266	0.266	−0.469	1.042	−1.958	1.958	−1.042
8	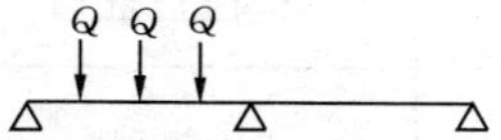	0.383	−0.117	−0.234	1.266	−1.734	0.234	0.234

附录表 4-2　三跨梁

序号	荷载简图	跨中最大弯矩		支座弯矩		剪力					
		M_1	M_2	M_B	M_C	V_A	V_B^{L}	V_B^{R}	V_C^{L}	V_C^{R}	V_D
1	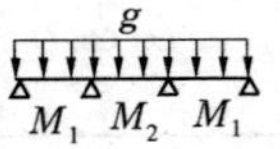	0.080	0.025	-0.100	-0.100	0.400	-0.600	0.500	-0.500	0.600	-0.400
2	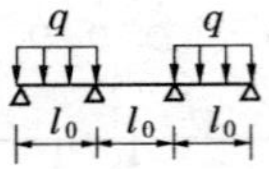	0.101	-0.050	-0.050	-0.050	0.450	-0.550	0.000	0.000	0.500	-0.450
3	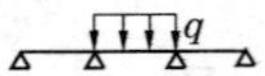	-0.025	0.075	-0.050	-0.050	-0.050	-0.050	0.500	-0.500	0.500	0.050
4	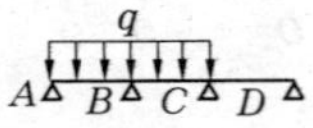	0.073	0.054	-0.117	-0.033	0.383	-0.617	0.583	-0.417	0.033	0.033
5	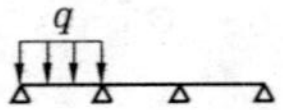	0.094	—	-0.067	0.017	0.433	-0.567	0.083	0.083	-0.017	-0.017
6	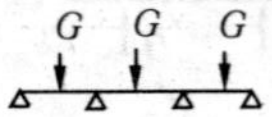	0.175	0.100	-0.150	-0.150	0.350	-0.650	0.500	-0.500	0.650	-0.350
7	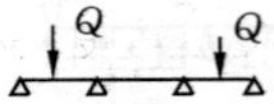	0.213	-0.075	-0.075	-0.075	0.425	-0.575	0.000	0.000	0.575	-0.425
8	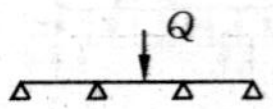	-0.038	-0.175	-0.075	-0.075	-0.075	-0.075	0.500	-0.500	0.075	0.075
9	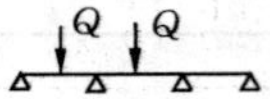	0.162	0.137	-0.175	-0.050	0.325	-0.675	0.625	-0.375	0.050	0.050
10	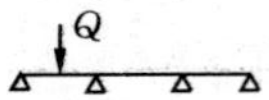	0.200	—	-0.100	0.025	0.400	-0.600	0.125	0.125	-0.025	-0.025

续附录表 4-2

序号	荷载简图	跨中最大弯矩		支座弯矩		剪力					
		M_1	M_2	M_B	M_C	V_A	V_B^L	V_B^R	V_C^L	V_C^R	V_D
11	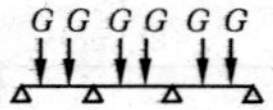	0.244	0.067	-0.267	-0.267	0.733	-1.267	1.000	-1.000	1.267	-0.733
12	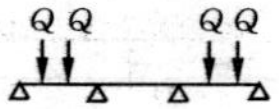	0.289	-0.133	-0.133	-0.133	0.866	-1.133	0.000	0.000	1.134	-0.866
13	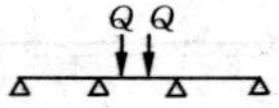	-0.044	0.200	-0.133	-0.133	-0.133	-0.133	1.000	-1.000	0.133	0.133
14	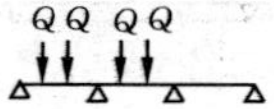	0.229	0.170	-0.311	-0.089	0.689	-1.311	1.222	-0.778	0.089	0.089
15	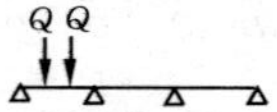	0.274	—	-0.178	0.044	0.822	-1.178	0.222	0.222	-0.044	-0.044
16	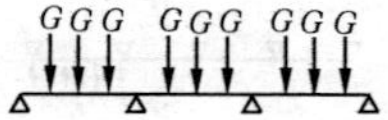	0.313	0.125	-0.375	-0.375	1.125	-1.875	1.500	-1.500	1.875	-1.125
17	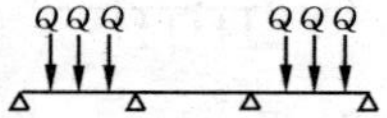	0.406	-0.188	-0.188	-0.188	1.313	-1.688	0.000	0.000	1.688	-1.313
18	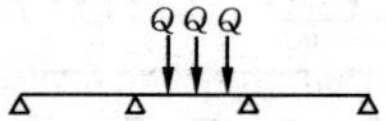	-0.094	0.313	-0.188	-0.188	-0.188	-0.188	1.500	-1.500	0.188	0.188
19	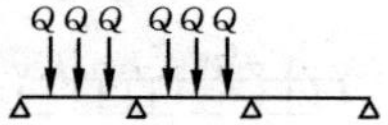	—	—	-0.437	-0.125	1.063	-1.938	1.812	-1.188	0.125	0.125
20	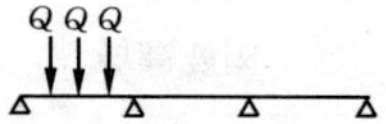	—	—	-0.250	0.062	1.250	-1.750	0.312	0.312	-0.062	-0.062

附录表 4-3　四跨梁

序号	荷载简图	跨中最大弯矩				支座弯矩			剪力								
		M_1	M_2	M_3	M_4	M_B	M_C	M_D	V_A	V_B^{L}	V_B^{R}	V_C^{L}	V_C^{R}	V_D^{L}	V_D^{R}	V_E
1	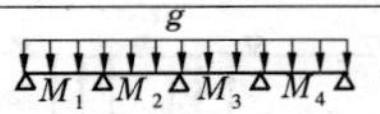	0.077	0.036	0.036	0.077	-0.107	-0.071	-0.107	0.393	-0.607	0.536	-0.464	0.464	-0.536	0.607	-0.393
2	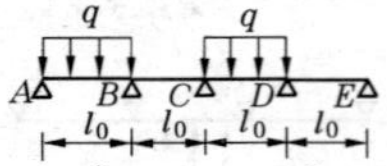	0.100	-0.045	0.081	-0.023	-0.054	-0.036	-0.054	0.446	-0.554	0.018	0.018	0.482	-0.518	0.054	0.054
3	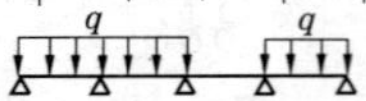	0.072	0.061	—	0.098	-0.121	-0.018	-0.058	0.380	-0.620	0.603	-0.397	-0.040	-0.040	0.558	-0.442
4	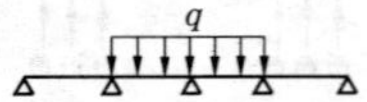	—	0.056	0.056	—	-0.036	-0.107	-0.036	-0.036	-0.036	0.429	-0.571	0.571	-0.429	0.036	0.036
5	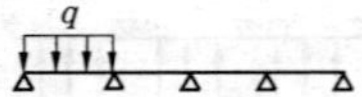	0.094	—	—	—	-0.067	0.018	-0.004	0.433	-0.567	0.085	0.085	-0.022	-0.022	0.004	0.004
6	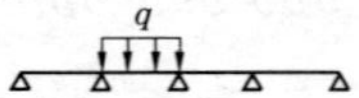	—	0.074	—	—	-0.049	-0.054	0.013	-0.049	-0.049	0.496	-0.504	0.067	0.067	-0.013	-0.013
7	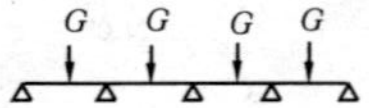	0.169	0.116	0.116	0.169	-0.161	-0.107	-0.161	0.339	-0.661	0.553	-0.446	0.446	-0.553	0.661	-0.339
8	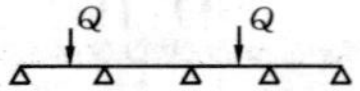	0.210	-0.067	0.183	-0.040	-0.080	-0.054	-0.080	0.420	-0.580	0.027	0.027	0.473	-0.527	0.080	0.080
9	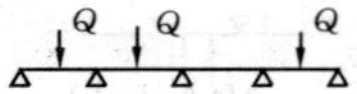	0.159	0.146	—	0.206	-0.181	-0.027	-0.087	0.319	-0.681	0.654	-0.346	-0.060	-0.060	0.587	-0.413
10	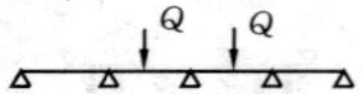	—	0.142	0.142	—	-0.054	-0.161	-0.054	-0.054	-0.054	0.393	-0.607	0.607	-0.393	0.054	0.054
11	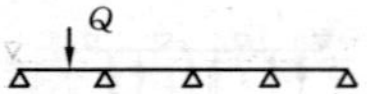	0.202	—	—	—	-0.100	0.027	-0.007	0.400	-0.600	0.127	0.127	-0.033	-0.033	0.007	0.007
12	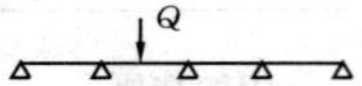	—	0.173	—	—	-0.074	-0.080	0.020	-0.074	-0.074	0.493	-0.507	0.100	0.100	-0.020	-0.020

续附录表 4-3

序号	荷载简图	跨中最大弯矩				支座弯矩			剪力								
		M_1	M_2	M_3	M_4	M_B	M_C	M_D	V_A	V_B^{L}	V_B^{R}	V_C^{L}	V_C^{R}	V_D^{L}	V_D^{R}	V_E
13	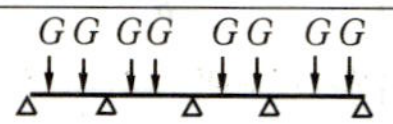	0.238	0.111	0.111	0.238	-0.286	-0.191	-0.286	0.714	-1.286	1.095	-0.905	0.905	-1.095	1.286	-0.714
14	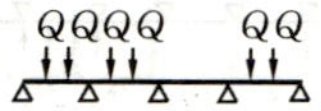	0.226	0.194	—	0.282	-0.321	-0.048	-0.155	0.679	-1.321	1.274	-0.726	-0.107	-0.107	1.155	-0.845
15	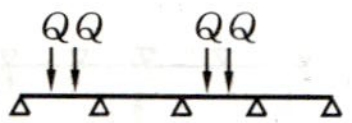	0.286	-0.111	-0.222	-0.048	-0.143	-0.095	-0.143	0.857	-1.143	0.048	0.048	0.952	-1.048	0.143	0.143
16	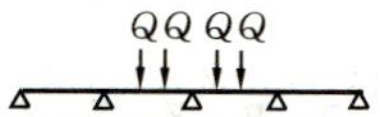	—	0.175	0.175	—	-0.095	-0.286	-0.095	-0.095	-0.095	0.810	-1.190	1.190	-0.810	0.095	0.095
17	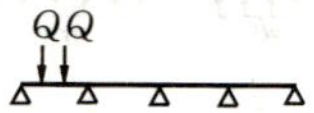	0.274	—	—	—	-0.178	0.048	-0.012	0.821	-1.178	0.226	0.226	-0.060	-0.060	0.012	0.012
18	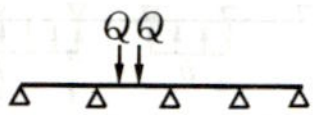	—	0.198	—	—	-0.131	-0.143	0.036	-0.131	-0.131	0.988	-1.012	0.178	0.178	-0.036	-0.036
19	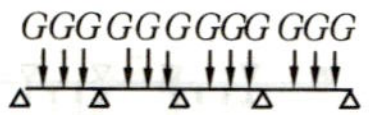	0.299	0.165	0.165	0.299	-0.402	-0.268	-0.402	1.098	-1.902	1.634	-1.336	1.336	-1.634	1.902	-1.098
20	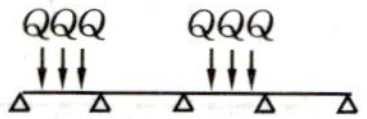	0.400	-0.167	0.333	-0.101	-0.201	-0.134	-0.201	1.299	-1.701	0.067	0.067	1.433	-1.567	0.201	-0.201
21	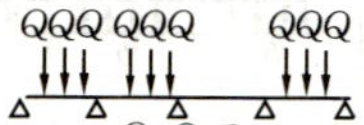	—	—	—	—	-0.452	-0.067	-0.218	1.048	-1.952	1.885	-1.115	-0.151	-0.151	1.718	1.282
22	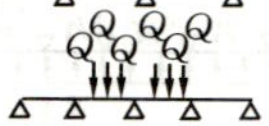	—	—	—	—	-0.134	-0.402	-0.134	-0.134	-0.134	1.232	-1.768	1.768	-1.232	0.134	0.134
23	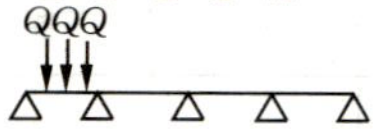	—	—	—	—	-0.251	0.067	-0.017	1.249	-1.751	0.318	0.318	-0.084	-0.084	0.017	0.017
24	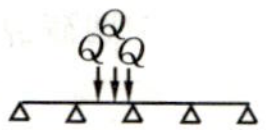	—	—	—	—	-0.184	-0.201	0.050	-0.184	-0.184	1.483	-1.517	0.251	0.251	-0.050	-0.050

续附录表 4-4

序号	荷载简图	跨中最大弯矩			支座弯矩				剪力										
		M_1	M_2	M_3	M_B	M_C	M_D	M_E	V_A	V_B^L	V_B^R	V_C^L	V_C^R	V_D^L	V_D^R	V_E^L	V_E^R	V_F
17	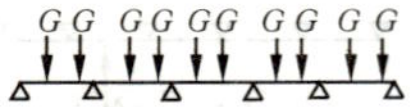	0.246	0.100	0.122	-0.281	-0.211	-0.211	-0.281	0.719	-1.281	1.070	-0.930	1.000	-1.000	0.930	-1.070	1.281	-0.719
18	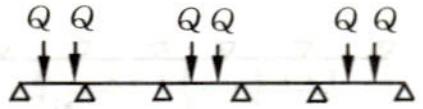	0.287	-0.117	0.228	-0.140	-0.105	-0.105	-0.140	0.860	-1.140	0.035	0.035	1.000	-1.000	-0.035	-0.035	1.140	-0.860
19	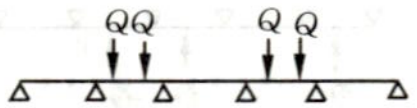	-0.047	0.216	-0.105	-0.140	-0.105	-0.105	-0.140	-0.140	-0.140	1.035	-0.965	0.000	0.000	0.965	-1.035	0.140	0.140
20	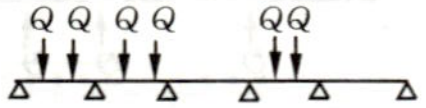	0.227	0.189	—	-0.319	-0.057	-0.118	-0.137	0.681	-1.319	1.262	-0.738	-0.061	-0.061	0.981	-1.019	0.137	0.137
21	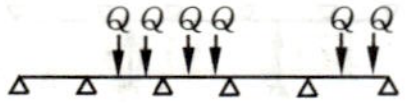	—	0.172	0.198	-0.093	-0.297	-0.054	-0.153	-0.093	-0.093	0.766	-1.204	1.243	-0.757	-0.099	-0.099	1.153	-0.847
22	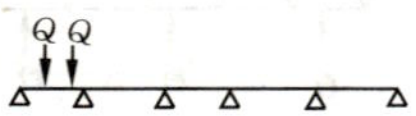	0.274	—	—	-0.179	0.048	-0.013	0.003	0.821	-1.179	0.227	0.227	-0.061	-0.061	0.016	0.016	-0.003	-0.003
23	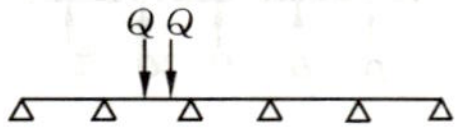	—	0.798	—	-0.131	-0.144	0.038	-0.010	-0.131	-0.131	0.987	-1.013	0.182	0.182	-0.048	-0.048	0.010	0.010
24	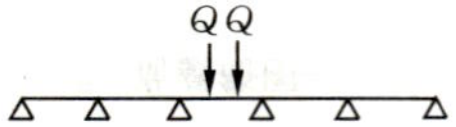	—	—	0.193	0.035	-0.140	-0.140	0.035	0.035	0.035	-0.175	-0.175	1.000	-1.000	0.175	0.175	-0.035	-0.035

续附录表 4-4

序号	荷载简图	跨中最大弯矩			支座弯矩				剪力										
		M_1	M_2	M_3	M_B	M_C	M_D	M_E	V_A	V_B^L	V_B^R	V_C^L	V_C^R	V_D^L	V_D^R	V_E^L	V_E^R	V_F
25	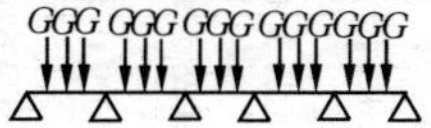	0.302	0.155	0.204	-0.395	-0.296	-0.296	-0.395	1.105	-1.895	1.599	1.401	1.500	-1.500	1.401	-1.599	1.895	-1.105
26	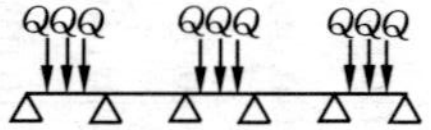	0.401	-0.173	0.352	-0.198	-0.148	-0.148	-0.198	1.302	-1.697	0.050	0.050	1.500	-1.500	-0.050	-0.050	1.697	-1.302
27	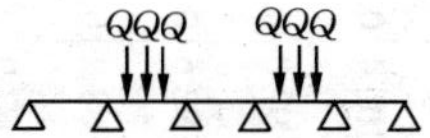	-0.099	0.327	-0.148	-0.198	-0.148	-0.148	-0.198	-0.197	-0.197	1.550	-1.450	0.000	0.000	1.450	-1.550	0.197	0.197
28		—	—	—	-0.449	-0.081	-0.166	-0.193	1.051	-1.949	1.867	-1.133	-0.085	-0.085	1.473	-1.527	0.193	0.193
29	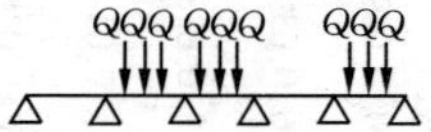	—	—	—	-0.130	-0.417	-0.076	-0.215	-0.130	-0.130	1.213	-1.787	1.841	-1.159	-0.139	-0.139	1.715	-1.285
30	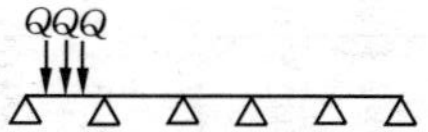	—	—	—	-0.251	0.067	-0.018	0.004	1.249	-1.751	0.318	0.318	-0.085	-0.085	0.022	0.022	-0.004	-0.004
31	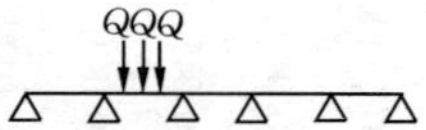	—	—	—	-0.184	-0.202	0.054	-0.013	-0.184	-0.184	1.482	-1.518	0.256	0.256	-0.067	-0.067	0.013	0.013
32	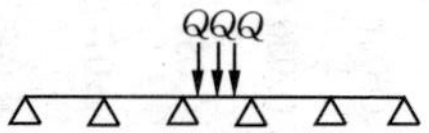	—	—	—	-0.049	-0.197	-0.197	0.049	0.049	0.049	-0.247	-0.247	1.500	-1.500	0.247	0.247	-0.049	-0.049

附录表 5　按弹性理论计算在均布荷载作用下矩形双向板的弯矩系数

1. 符号说明

M_x、$M_{x\max}$——平行于 l_x 方向板中心点弯矩和板跨内的最大弯矩；

M_y、$M_{y\max}$——平行于 l_y 方向板中心点弯矩和板跨内的最大弯矩；

M_x^0——固定边中点沿 l_x 方向的弯矩；

M_y^0——固定边中点沿 l_y 方向的弯矩；

M_{0x}——平行于 l_x 方向自由边的中点弯矩；

M_{0x}^0——平行于 l_x 方向自由边上固定端的支座弯矩。

代表固定边　　代表简支边　　代表自由边

2. 计算公式

$$弯矩 = 表中系数 \times pl_x^2$$

式中　p——作用在双向板上的均布荷载，kN/m；

l_x——板跨，见表中插图所示。

表内弯矩系数均为单位板宽的弯矩系数。

弯矩系数表

边界条件	(1)四边简支		(2)三边简支、一边固定									
	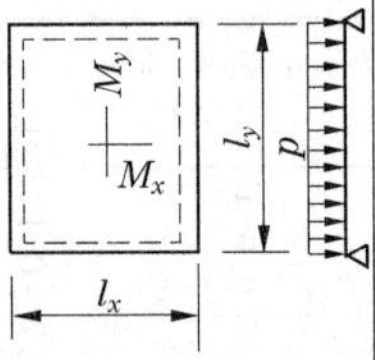		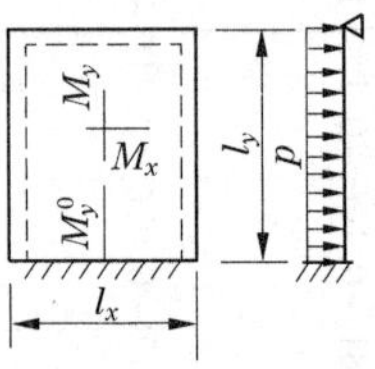					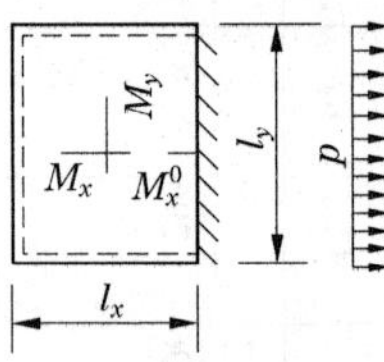				
l_x/l_y	M_x	M_y	M_x	$M_{x\max}$	M_y	$M_{y\max}$	M_y^0	M_x	$M_{x\max}$	M_y	$M_{y\max}$	M_x^0
0.50	0.099 4	0.033 5	0.091 4	0.093 0	0.035 2	0.039 7	-0.121 5	0.059 3	0.065 7	0.015 7	0.017 1	-0.121 2
0.55	0.092 7	0.035 9	0.083 2	0.084 6	0.037 1	0.040 5	-0.119 3	0.057 7	0.063 3	0.017 5	0.019 0	-0.118 7
0.60	0.086 0	0.037 9	0.075 2	0.076 5	0.038 6	0.040 9	-0.116 6	0.055 6	0.060 8	0.019 4	0.020 9	-0.115 8
0.65	0.079 5	0.039 6	0.067 6	0.068 8	0.039 6	0.041 2	-0.113 3	0.053 4	0.058 1	0.021 2	0.022 6	-0.112 4
0.70	0.073 2	0.041 0	0.060 4	0.061 6	0.040 0	0.041 7	-0.109 6	0.051 0	0.055 5	0.022 9	0.024 2	-0.108 7
0.75	0.067 3	0.042 0	0.053 8	0.054 9	0.040 0	0.041 7	-0.105 6	0.048 5	0.052 5	0.024 4	0.025 7	-0.104 8
0.80	0.061 7	0.042 8	0.047 8	0.049 0	0.039 7	0.041 5	-0.101 4	0.045 9	0.049 5	0.025 8	0.027 0	-0.100 7
0.85	0.056 4	0.043 2	0.042 5	0.043 6	0.039 1	0.041 0	-0.097 0	0.043 4	0.046 6	0.027 1	0.028 3	-0.096 5
0.90	0.051 6	0.043 4	0.037 7	0.038 8	0.038 2	0.040 2	-0.092 6	0.040 9	0.043 8	0.028 1	0.029 3	-0.092 2
0.95	0.047 1	0.043 2	0.033 4	0.034 5	0.037 1	0.039 3	-0.088 2	0.038 4	0.040 9	0.029 0	0.030 1	-0.088 0
1.00	0.042 9	0.042 9	0.029 6	0.030 6	0.036 0	0.038 8	-0.083 9	0.036 0	0.038 8	0.029 6	0.030 6	-0.083 9

续附录表 5

边界条件	(3)两对边简支、两对边固定						(4)两邻边简支、两邻边固定					
	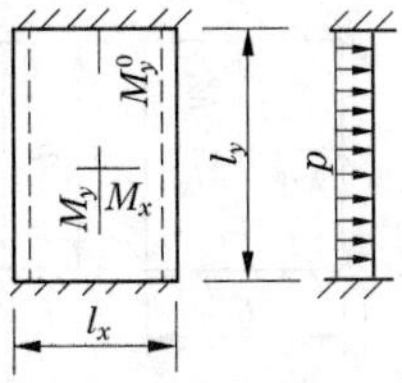			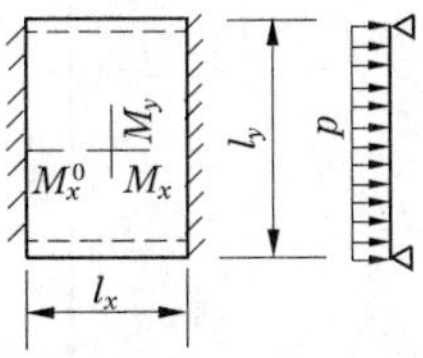			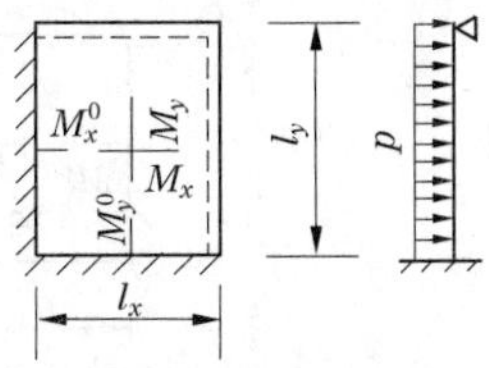					
l_x/l_y	M_x	M_y	M_y^0	M_x	M_y	M_x^0	M_x	$M_{x\max}$	M_y	$M_{y\max}$	M_x^0	M_y^0
0.50	0.083 7	0.036 7	−0.119 1	0.041 9	0.008 6	−0.084 3	0.057 2	0.058 4	0.017 2	0.022 9	−0.117 9	−0.078 6
0.55	0.074 3	0.038 3	−0.115 6	0.041 5	0.009 6	−0.084 0	0.054 6	0.055 6	0.019 2	0.024 1	−0.114 0	−0.078 5
0.60	0.065 3	0.039 3	−0.111 4	0.040 9	0.010 9	−0.083 4	0.051 8	0.052 6	0.021 2	0.025 2	−0.109 5	−0.078 2
0.65	0.056 9	0.039 4	−0.106 6	0.040 2	0.012 2	−0.082 6	0.048 6	0.049 6	0.022 8	0.026 1	−0.104 5	−0.077 7
0.70	0.049 4	0.039 2	−0.101 3	0.039 1	0.013 5	−0.081 4	0.045 5	0.046 5	0.024 3	0.026 7	−0.099 2	−0.077 0
0.75	0.042 8	0.038 3	−0.095 9	0.038 1	0.014 9	−0.079 9	0.042 2	0.043 0	0.025 4	0.027 2	−0.093 8	−0.076 0
0.80	0.036 9	0.037 2	−0.090 4	0.036 8	0.016 2	−0.078 2	0.039 0	0.039 7	0.026 3	0.027 8	−0.088 3	−0.074 8
0.85	0.031 8	0.035 8	−0.085 0	0.035 5	0.017 4	−0.076 3	0.035 8	0.036 6	0.026 9	0.028 4	−0.082 9	−0.073 3
0.90	0.027 5	0.034 3	−0.076 7	0.034 1	0.018 6	−0.074 3	0.032 8	0.033 7	0.027 3	0.028 8	−0.077 6	−0.071 6
0.95	0.023 8	0.032 8	−0.074 6	0.032 6	0.019 6	−0.072 1	0.029 9	0.030 8	0.027 3	0.028 9	−0.072 6	−0.069 8
1.00	0.020 6	0.031 1	−0.069 8	0.031 1	0.020 6	−0.069 8	0.027 3	0.028 1	0.027 3	0.028 9	−0.067 7	−0.067 7

边界条件	(5)一边简支、三边固定					
	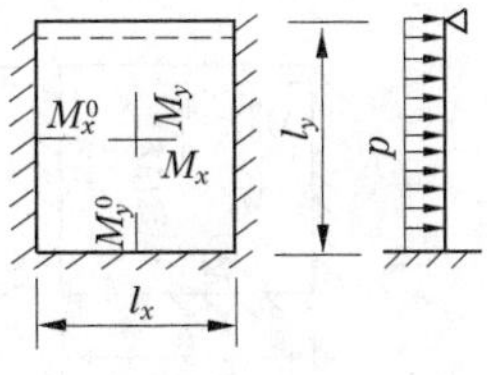					
l_x/l_y	M_x	$M_{x\max}$	M_y	$M_{y\max}$	M_x^0	M_y^0
0.50	0.041 3	0.042 4	0.009 6	0.015 7	−0.083 6	−0.056 9
0.55	0.040 5	0.041 5	0.010 8	0.016 0	−0.082 7	−0.057 0
0.60	0.039 4	0.040 4	0.012 3	0.016 9	−0.081 4	−0.057 1
0.65	0.038 1	0.039 0	0.013 7	0.017 8	−0.079 6	−0.057 2
0.70	0.036 6	0.037 5	0.015 1	0.018 6	−0.077 4	−0.057 2
0.75	0.034 9	0.035 8	0.016 4	0.019 3	−0.075 0	−0.057 2
0.80	0.033 1	0.033 9	0.017 6	0.019 9	−0.072 2	−0.057 0
0.85	0.031 2	0.031 9	0.018 6	0.020 4	−0.069 3	−0.056 7
0.90	0.029 5	0.030 0	0.020 1	0.020 9	−0.066 3	−0.056 3
0.95	0.027 4	0.028 1	0.020 4	0.021 4	−0.063 1	−0.055 8
1.00	0.025 5	0.026 1	0.020 6	0.021 9	−0.060 0	−0.050 0

续附录表 5

边界条件	(5)一边简支、三边固定						(6)四边固定			
	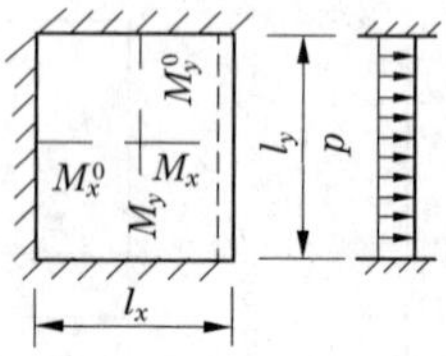						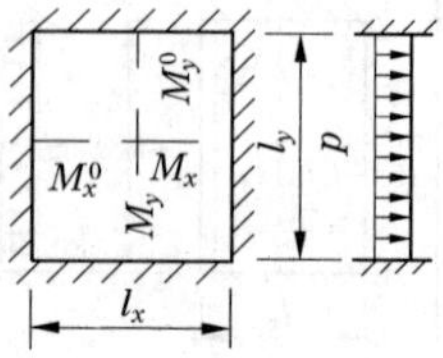			
l_x/l_y	M_x	$M_{x\max}$	M_y	$M_{y\max}$	M_y^0	M_x^0	M_x	M_y	M_x^0	M_y^0
0.50	0.055 1	0.060 5	0.018 8	0.020 1	−0.078 4	−0.114 6	0.040 6	0.010 5	−0.082 9	−0.057 0
0.55	0.051 7	0.056 3	0.021 0	0.022 3	−0.078 0	−0.109 3	0.039 4	0.012 0	−0.081 4	−0.057 1
0.60	0.048 0	0.052 0	0.022 9	0.024 2	−0.077 3	−0.103 3	0.038 0	0.013 7	−0.079 3	−0.057 1
0.65	0.044 1	0.047 6	0.024 4	0.025 6	−0.076 2	−0.097 0	0.036 1	0.0152	−0.076 6	−0.057 1
0.70	0.040 2	0.043 3	0.025 6	0.026 7	−0.074 8	−0.090 3	0.034 0	0.016 7	−0.073 5	−0.056 9
0.75	0.036 4	0.039 0	0.026 3	0.027 3	−0.072 9	−0.083 7	0.031 8	0.017 9	−0.070 1	−0.056 5
0.80	0.032 7	0.034 8	0.026 7	0.027 6	−0.070 7	−0.077 2	0.029 5	0.018 9	−0.066 4	−0.055 9
0.85	0.029 3	0.031 2	0.026 8	0.027 7	−0.068 3	−0.071 1	0.027 2	0.019 7	−0.062 6	−0.055 1
0.90	0.026 1	0.027 7	0.026 5	0.027 3	−0.065 6	−0.065 3	0.024 9	0.020 2	−0.058 8	−0.054 1
0.95	0.023 2	0.024 6	0.026 1	0.026 9	−0.062 9	−0.059 9	0.022 7	0.020 5	−0.055 0	−0.052 8
1.00	0.020 6	0.021 9	0.025 5	0.026 1	−0.060 0	−0.055 0	0.020 5	0.020 5	−0.051 3	−0.051 3

边界条件	(7)三边固定、一边自由											
	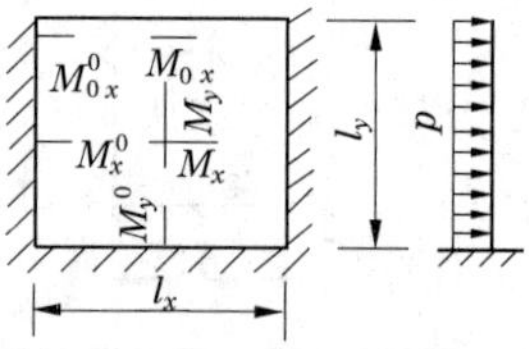											
l_y/l_x	M_x	M_y	M_x^0	M_y^0	M_{0x}	M_{0x}^0	l_x/l_y	M_x	M_y	M_x^0	M_y^0	M_{0x}	M_{0x}^0
0.30	0.001 8	−0.003 9	−0.013 5	−0.034 4	0.006 8	−0.034 5	0.85	0.026 2	0.012 5	−0.055 8	−0.056 2	0.040 9	−0.065 1
0.35	0.003 9	−0.002 6	−0.017 9	−0.040 6	0.011 2	−0.043 2	0.90	0.027 7	0.012 9	−0.061 5	−0.056 3	0.041 7	−0.064 4
0.40	0.006 3	−0.000 8	−0.022 7	−0.045 4	0.016 0	−0.050 6	0.95	0.029 1	0.013 1	−0.063 9	−0.056 4	0.042 2	−0.063 8
0.45	0.009 0	0.001 4	−0.027 5	−0.048 9	0.020 7	−0.056 4	1.00	0.030 4	0.013 3	−0.066 2	−0.056 5	0.042 7	−0.063 2
0.50	0.011 6	0.003 4	−0.032 2	−0.051 3	0.025 0	−0.060 7	1.10	0.032 7	0.013 3	−0.070 1	−0.056 6	0.043 1	−0.062 3
0.55	0.014 2	0.005 4	−0.036 8	−0.053 0	0.028 8	−0.063 5	1.20	0.034 5	0.013 0	−0.073 2	−0.056 7	0.043 3	−0.061 7
0.60	0.016 6	0.007 2	−0.041 2	−0.054 1	0.032 0	−0.065 2	1.30	0.036 8	0.012 5	−0.075 8	−0.056 8	0.043 4	−0.061 4
0.65	0.018 8	0.008 7	−0.045 3	−0.054 8	0.034 7	−0.066 1	1.40	0.038 0	0.011 9	−0.077 8	−0.056 8	0.043 3	−0.061 4
0.70	0.020 9	0.010 0	−0.049 0	−0.055 3	0.036 8	−0.066 3	1.50	0.039 0	0.011 3	−0.079 4	−0.056 9	0.043 3	−0.061 6
0.75	0.022 8	0.011 1	−0.052 6	−0.055 7	0.038 5	−0.066 1	1.75	0.040 5	0.009 9	−0.081 9	−0.056 9	0.043 1	−0.062 5
0.80	0.024 6	0.011 9	−0.055 8	−0.056 0	0.039 9	−0.065 6	2.00	0.041 3	0.008 7	−0.083 2	−0.056 9	0.043 1	−0.063 7

参 考 文 献

[1] 中华人民共和国水利部. SL 191—2008 水工混凝土结构设计规范[S]. 北京:中国水利水电出版社,2009.

[2] 中华人民共和国住房和城乡建设部. GB 50010—2010 混凝土结构设计规范[S]. 北京:中国建筑工业出版社,2011.

[3] 中华人民共和国电力工业部. DL 5077—1997 水工建筑物荷载设计规范[S]. 北京:中国电力出版社,2002.

[4] 中华人民共和国水利部. SL 252—2000 水利水电工程等级划分及洪水标准[S]. 北京:中国水利水电出版社,2000.

[5] 王建伟,郭遂安. 水工钢筋混凝土结构[M]. 郑州:黄河水利出版社,2011.

[6] 彭明,王建伟. 建筑结构[M]. 郑州:黄河水利出版社,2009.

[7] 毕守一. 水工混凝土结构设计与施工[M]. 北京:中国水利水电出版社,2010.

[8] 刘洁. 建筑力学与结构[M]. 北京:中国水利水电出版社,2009.

[9] 河海大学等. 水工钢筋混凝土结构学[M]. 北京:中国水利水电出版社,2009.

[10] 罗向荣. 钢筋混凝土结构[M]. 北京:高等教育出版社,2007.

[11] 曾燕,曹广占. 钢筋混凝土与砌体结构[M]. 北京:中国水利水电出版社,2007.

[12] 赵国藩. 高等钢筋混凝土结构学[M]. 北京:机械工业出版社,2005.

[13] 江见鲸. 混凝土结构工程学[M]. 北京:中国建筑工业出版社,1998.

[14] 叶列平. 混凝土结构[M]. 北京:清华大学出版社,2002.

[15] 侯治国. 混凝土结构[M]. 武汉:武汉理工大学出版社,2004.

[16] 张国栋,彭刚. 现代混凝土理论与设计[M]. 武汉:武汉工业大学出版社,2002.

[17] 王连广. 钢与混凝土组合结构理论与计算[M]. 北京:科学出版社,2005.

[18] 聂建国,刘明,叶列平. 钢-混凝土组合结构[M]. 北京:中国建工出版社,2005.

